· 최신판 ·

강현민 NCS

공기업 전기 전공필기 합격보장

최신 기출 유형별 문제집

강현민, 김환준 공저

BM (주)도서출판 성안당

이 책의 구성과 공부 방법

01 공기업 전기 전공 시험의 모든 기출유형을 이 한 권에 담았습니다.

최근 6개년 주요 공기업의 전기 전공 기출문제의 유형을 수집·분석한 문제를 수록하여 충분한 문제 풀이 연습이 가능합니다.

02 모든 문제를 대단원, 소테마별로 분석하여 유형화하였습니다

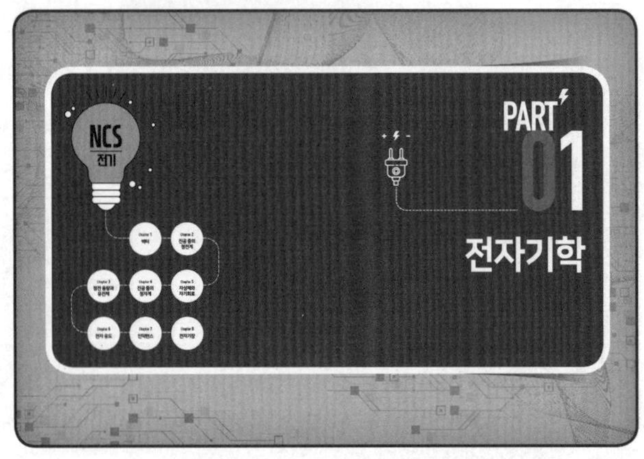

대단원을 전기기기/전기설비기준/전력계통/전자기학/제어공학/회로이론으로 크게 분류하여 전기 전공 관련 공기업의 모든 시험 범위를 담았습니다.

소단원으로 개별 유형을 테마별로 분석하여 개념 연습과 관련된 유형을 학습할 수 있습니다.

03 단계별 학습으로 충분한 개념 연습과 기출유형 문제 풀이 연습으로 고득점을 목표로 합니다.

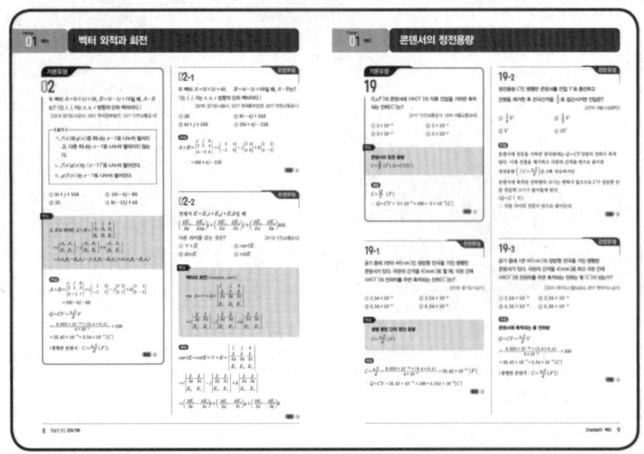

가장 많이 출제되는 유형을 기본유형으로 정리하였고 그 이하 관련유형의 문제들을 위치시켜 동일한 소제목하에 여러 형태의 문제들을 한 번에 접할 수 있도록 하였습니다. 공통된 내용이거나 서로 연결되는 이론적 배경을 가지고 있는 문제들을 한 번에 풀어보고 정리함으로써 공통 이론을 확실히 숙지하고 다양한 형태로 출제될 수 있는 문제를 접하여 문제 풀이에 필요한 힘을 기르고자 합니다.

테마별 유형 분석

1단계 기본유형

각 회사의 기출문제 중 테마별 유형 분석을 통한 기본유형 대표문제와 핵심 개념을 함께 제시하였습니다.

2단계 관련유형

기본유형 대표문제를 풀기 위해 필요한 각 개념들을 따로 연습할 수 있는 문제와 응용문제를 제시하여 완벽하게 문제 풀이 연습을 할 수 있도록 하였습니다.

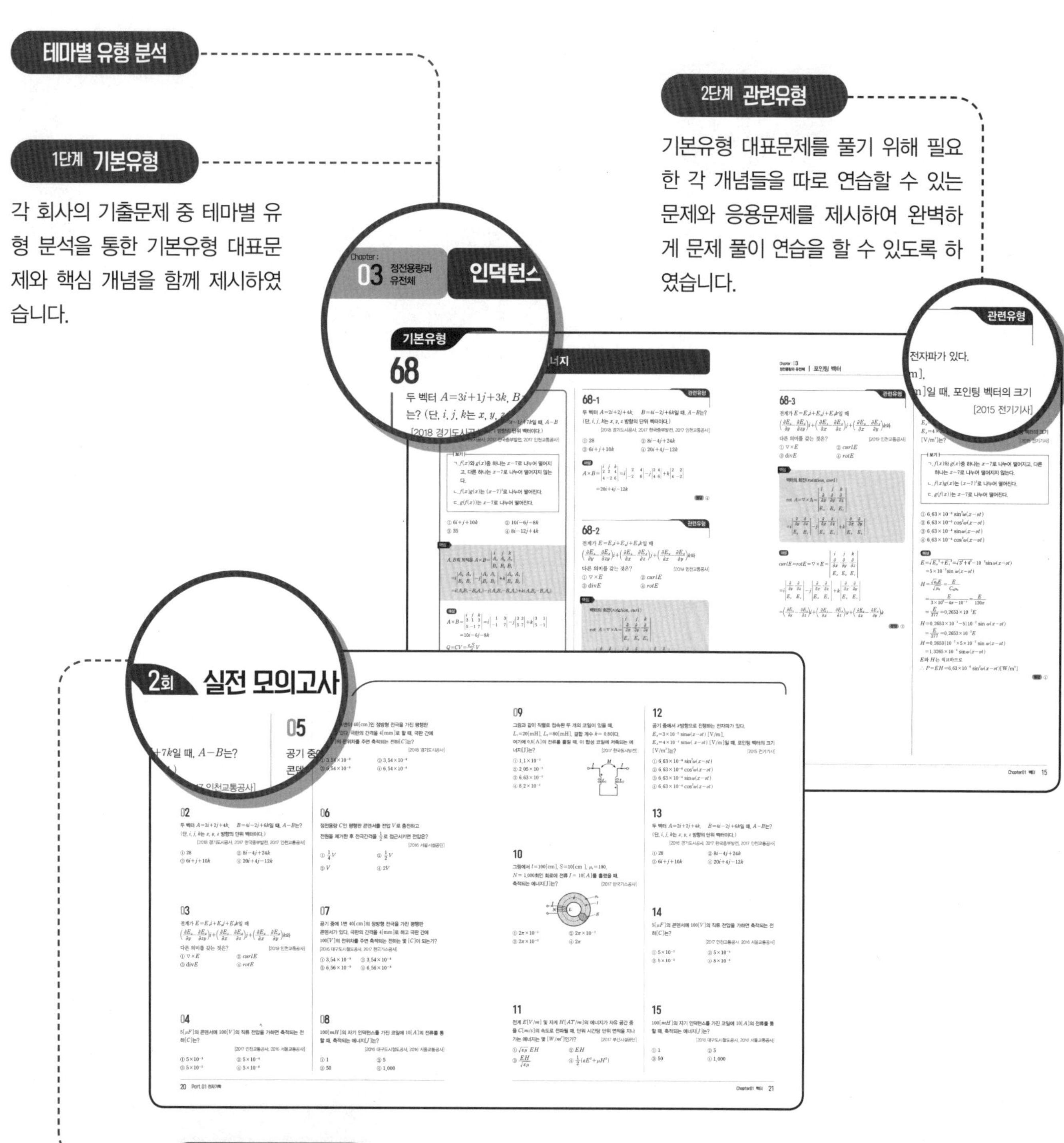

3단계 실전 모의고사

기출문제를 분석하여 회사들이 자주 출제한 유형문제와 예상문제들로 실전 모의고사를 구성하고 문제를 풀어보며 자기실력을 점검할 수 있도록 하였습니다.

CONTENTS

PART* 01 전자기학

Chapter 1 벡터 10
Chapter 2 진공 중의 정전계 16
Chapter 3 정전 용량과 유전체 32
Chapter 4 진공 중의 정자계 44
Chapter 5 자성체와 자기 회로 54
Chapter 6 전자 유도 60
Chapter 7 인덕턴스 64
Chapter 8 전자기장 72

PART* 02 회로 이론

Chapter 1 직류 회로 80
Chapter 2 단상 교류 회로 84
Chapter 3 다상 교류 회로 106
Chapter 4 비정현파 교류 회로의 이해 114
Chapter 5 대칭 좌표법 118
Chapter 6 회로망 해석 122
Chapter 7 4단자망 회로 해석 130
Chapter 8 분포 정수 회로 136
Chapter 9 과도 현상 142
Chapter 10 라플라스 변환 150

PART* 03 제어 공학

Chapter 1 제어계와 전달 함수 160
Chapter 2 안정도 판별법 166
Chapter 3 시퀀스 회로 172

PART 04 전기 기기

Chapter 1 직류기 178
Chapter 2 동기기 188
Chapter 3 변압기 208
Chapter 4 유도기 224
Chapter 5 정류기와 특수 기기 236

PART 05 전력 공학

Chapter 1 선로 및 코로나 현상 244
Chapter 2 송전 특성 및 조상 설비 250
Chapter 3 고장 계산 및 안정도 258
Chapter 4 중성점 접지와 이상 전압 262
Chapter 5 송전 선로 보호 방식 268
Chapter 6 배전 특성 및 설비 운용 272
Chapter 7 발전 276

PART 06 전기 설비 기술 기준 및 판단 기준

Chapter 1 절연 및 접지 286
Chapter 2 발·변전소 기계 기구 시설 보호 292
Chapter 3 전선로 296
Chapter 4 전기 사용 장소 시설 300

실전 모의고사

1회 실전 모의고사 304
1회 실전 모의고사 정답과 해설 311
2회 실전 모의고사 318
2회 실전 모의고사 정답과 해설 326

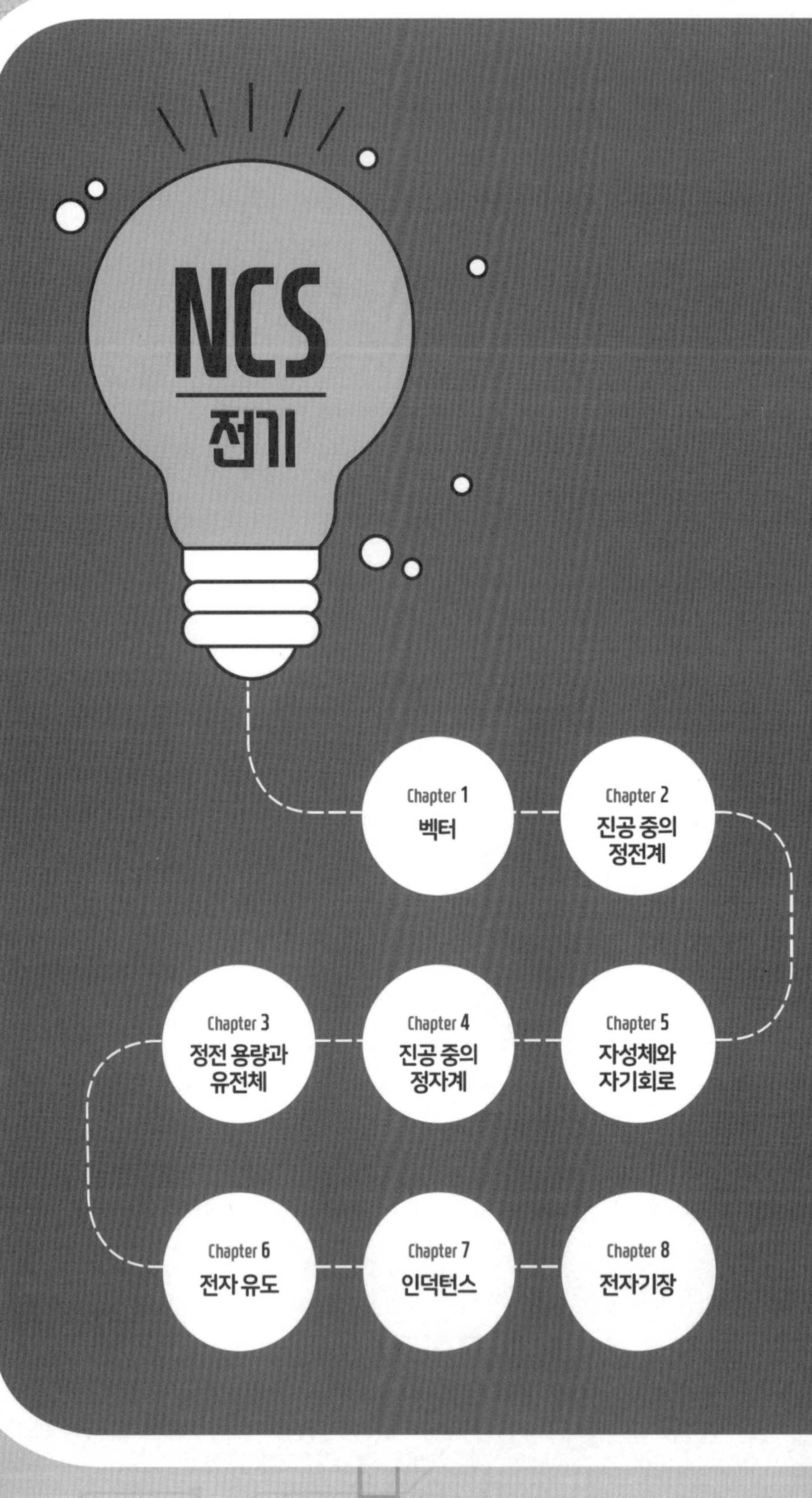
NCS
전기
Chapter 1
벡터
Chapter 2
진공 중의
정전계
Chapter 3
정전 용량과
유전체
Chapter 4
진공 중의
정자계
Chapter 5
자성체와
자기회로
Chapter 6
전자 유도
Chapter 7
인덕턴스
Chapter 8
전자기장

PART 01

전자기학

National Competency Standards

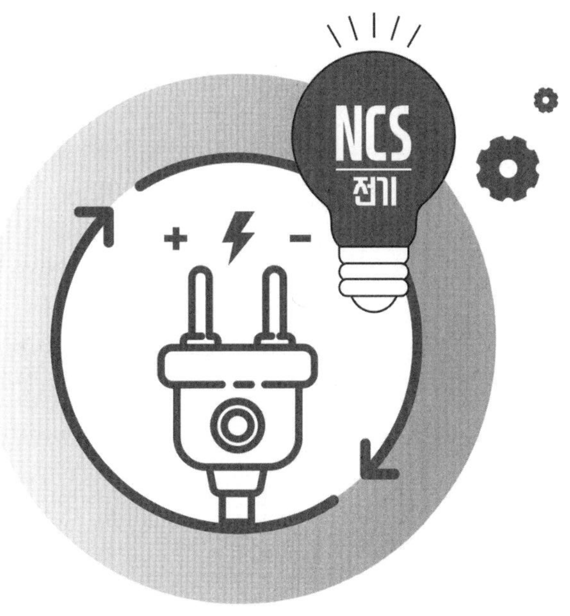

Chapter 1
벡터

힘의 평형

기본유형

01

P(x, y, z)점에 3개의 힘 $F_1 = -i - 4j + 2k$, $F_2 = 3i + 2j + k$, $F_3 = ai + bj + ck$이 작용하여 세 힘이 평형이 되었다. a, b, c의 값으로 옳은 것은?
[대구도시철도공사, 한전KPS]

① $a = -1$, $b = 2$, $c = 3$
② $a = -2$, $b = 3$, $c = 2$
③ $a = -3$, $b = 1$, $c = -2$
④ $a = -2$, $b = 2$, $c = -3$

핵심

세 힘이 평형이 되기 위한 조건
$F_1 + F_2 + F_3 = 0$

해설

$F_3 = -(F_1 + F_2)$
$= -\{(-i - 4j + 2k) + (3i + 2j + k)\}$
$= -2i + 2j - 3k$
$\therefore a = -2, b = 2, c = -3$

정답 ④

관련유형

01-1

P(x, y, z)점에 3개의 힘 $F_1 = -2i + 5j - 3k$, $F_2 = 7di + 3j - k$, F_3이 작용하여 0이 되었다. $|F_3|$을 구하면? [한전KPS]

① 5
② 7
③ 8
④ 10

해설

$F_3 = -(F_1 + F_2)$
$= -\{(-2i + 5j - 3k) + (7i + 3j - k)\}$
$= -5i - 8j + 4k$
따라서 $|F_3| = \sqrt{(-5)^2 + (-8)^2 + 4^2} = \sqrt{105} \fallingdotseq 10$

정답 ④

벡터 외적과 회전

기본유형

02

두 벡터 $A=3i+1j+3k$, $B=5i-1j+7k$일 때, $A\times B$는? (단, i, j, k는 x, y, z 방향의 단위 벡터이다.) [한국중부발전, 인천교통공사, 경기도시공사]

① $6i+j+10k$ ② $10i-6j-8k$
③ 35 ④ $8i-12j+4k$

핵심

A, B의 외적은 $A\times B=\begin{vmatrix} i & j & k \\ A_x & A_y & A_z \\ B_x & B_y & B_z \end{vmatrix}$

$$=i\begin{vmatrix} A_y & A_z \\ B_y & B_z \end{vmatrix}-j\begin{vmatrix} A_x & A_z \\ B_x & B_z \end{vmatrix}+k\begin{vmatrix} A_x & A_y \\ B_x & B_y \end{vmatrix}$$

$$=i(A_yB_z-B_yA_z)-j(A_xB_z-B_xA_z)+k(A_xB_y-B_xA_y)$$

해설

$$A\times B=\begin{vmatrix} i & j & k \\ 3 & 1 & 3 \\ 5 & -1 & 7 \end{vmatrix}=i\begin{vmatrix} 1 & 3 \\ -1 & 7 \end{vmatrix}-j\begin{vmatrix} 3 & 3 \\ 5 & 7 \end{vmatrix}+k\begin{vmatrix} 3 & 1 \\ 5 & -1 \end{vmatrix}$$

$$=10i-6j-8k$$

정답 ②

관련유형

02-1

전계가 $E=E_xi+E_yj+E_zk$일 때 $\left(\frac{\partial E_z}{\partial y}-\frac{\partial E_y}{\partial z}\right)i+\left(\frac{\partial E_z}{\partial x}-\frac{\partial E_x}{\partial z}\right)j+\left(\frac{\partial E_y}{\partial x}-\frac{\partial E_x}{\partial y}\right)k$와 다른 의미를 갖는 것은? [인천교통공사]

① $\nabla\times E$ ② $curl E$
③ $\mathrm{div} E$ ④ $rot E$

핵심

벡터의 회전(rotation, curl)

$$\mathrm{rot}\ A=\nabla\times A=\begin{vmatrix} i & j & k \\ \frac{\partial}{\partial x} & \frac{\partial}{\partial y} & \frac{\partial}{\partial z} \\ A_x & A_y & A_z \end{vmatrix}$$

$$=i\begin{vmatrix} \frac{\partial}{\partial y} & \frac{\partial}{\partial z} \\ A_y & A_z \end{vmatrix}-j\begin{vmatrix} \frac{\partial}{\partial x} & \frac{\partial}{\partial z} \\ A_x & A_z \end{vmatrix}+k\begin{vmatrix} \frac{\partial}{\partial x} & \frac{\partial}{\partial y} \\ A_x & A_y \end{vmatrix}$$

해설

$$curl E=rot E=\nabla\times E=\begin{vmatrix} i & j & k \\ \frac{\partial}{\partial x} & \frac{\partial}{\partial y} & \frac{\partial}{\partial z} \\ E_x & E_y & E_z \end{vmatrix}$$

$$=i\begin{vmatrix} \frac{\partial}{\partial y} & \frac{\partial}{\partial z} \\ E_y & E_z \end{vmatrix}-j\begin{vmatrix} \frac{\partial}{\partial x} & \frac{\partial}{\partial z} \\ E_x & E_z \end{vmatrix}+k\begin{vmatrix} \frac{\partial}{\partial x} & \frac{\partial}{\partial y} \\ E_x & E_y \end{vmatrix}$$

$$=(\frac{\partial E_z}{\partial y}-\frac{\partial E_y}{\partial z})i+(\frac{\partial E_z}{\partial x}-\frac{\partial E_x}{\partial z})j+(\frac{\partial E_y}{\partial x}-\frac{\partial E_x}{\partial y})k$$

정답 ③

스칼라 기울기

기본유형

03

전위 함수 $V = 2xy^2 + xz^3$가 주어질 때 점$(2, 0, 1)$에서 기울기를 구하면 다음 중 어느 것인가?

[대구도시공사, 경기도시공사]

① $i+6\,k$　　② $i-2\,j$
③ $-i+2\,j+6\,k$　　④ $j\times 6k$

핵심

스칼라의 기울기(gradient)

$$grad\phi = \nabla \cdot \phi = \left(i\frac{\partial}{\partial x} + j\frac{\partial}{\partial y} + k\frac{\partial}{\partial z}\right)\cdot \phi$$

$$= i\frac{\partial}{\partial x}\phi + j\frac{\partial}{\partial y}\phi + k\frac{\partial}{\partial z}\phi$$

해설

$grad\,V$

$= \nabla V = (\frac{\partial}{\partial x}i + \frac{\partial}{\partial y}j + \frac{\partial}{\partial z}k)(2xy^2 + xz^3)$

$= \frac{\partial}{\partial x}(2xy^2 + xz^3)i + \frac{\partial}{\partial y}(2xy^2 + xz^3)j + \frac{\partial}{\partial z}(2xy^2 + xz^3)k$

$= (2y^2 + z^3)i + 4xy\,j + 3xz^2\,k \;\Big|\; x=2,\ y=0,\ z=1$

$= i+6\,k$

정답 ①

관련유형

03-1

점$(1, 0, 3)$에서 $F = xyz^2$의 기울기를 구하면 다음 중 어느 것인가?

[대구도시공사]

① $3k$　　② $j\times 3k$
③ $9j$　　④ $6k$

해설

$gradF = \nabla F = (\frac{\partial}{\partial x}i + \frac{\partial}{\partial y}j + \frac{\partial}{\partial z}k)xyz^2$

$= \frac{\partial}{\partial x}xuz^2\,i + \frac{\partial}{\partial y}xyz^2\,j + \frac{\partial}{\partial z}xyz^2\,k$

$= yz^2\,i + xz^2\,j + 2xyz\,k \;\Big|\; x=1,\ y=0=9j,\ z=3$

정답 ③

직교하는 벡터의 내적

기본유형

04

벡터 $\vec{A}=2i-j+3k$, $\vec{B}=i+yj$일 때 벡터 $\vec{A}$와 벡터 $\vec{B}$가 서로 직교한다면 y의 값은? (단, i, j, k는 x, y, z 방향의 기본 벡터이다.)

[대전도시철도공사, 서울교통공사, 서울시설공단, 대구시설공단, 부산시설공단, 한국가스공사]

① 0　　② 2

③ $-\frac{1}{2}$　　④ $\frac{1}{3}$

핵심

$A \cdot B = AB\cos\theta$
두 벡터가 서로 직교하면 두 벡터의 사이각은 $90°$이므로 내적은 0이 된다.

해설

$A \cdot B = |A||B|\cos 90° = 0$
따라서 $\vec{A} \cdot \vec{B} = (2i-j+3k) \cdot (i+yj) = 2-y=0$
$\therefore\ y=2$

 ②

관련유형

04-1

벡터 $\vec{A}=ai-j+3k$, $\vec{B}=i+2j+bk$일 때 벡터 $\vec{A}$와 벡터 $\vec{B}$가 수직이 되기 위해 a와 b에 들어갈 수 있는 값이 아닌 것은? (단, i, j, k는 x, y, z 방향의 기본 벡터이다.) [한국남동발전]

① $a=-4, b=2$　　② $a=2, b=0$

③ $a=-1, b=1$　　④ $a=4, b=-1$

해설

수직인 두 벡터($\vec{A} \perp \vec{B}$)에 내적을 취하면 0이 되므로
$\vec{A} \cdot \vec{B} = (ai-j+3k) \cdot (i+2j+bk) = a-2+3b=0$이다.

정답 ④

National Competency Standards

Chapter 2

진공 중의 정전계

쿨롱의 법칙 – 정전계

기본유형

05

진공 중에 +3[μC]과 -4[μC]인 두 개의 점전하 사이의 거리가 0.3[m]일 때 두 전하 사이에 작용하는 힘[N]과 작용력은? [대전도시철도공사, 서울교통공사, 인천교통공사, 한국중부발전, 한국전력기술, 한국지역난방공사]

① 3.6[N], 반발력 ② 3.6[N], 흡인력
③ 1.2[N], 반발력 ④ 1.2[N], 흡인력

핵심

쿨롱의 법칙

$$F = k\frac{Q_1 Q_2}{r^2} = \frac{Q_1 Q_2}{4\pi\varepsilon_0 r^2} = 9\times 10^9 \times \frac{Q_1 Q_2}{r^2}[\text{N}]$$

여기서, F : 두 대전체 사이에 작용하는 힘[N]
F가 음수이면 흡인력, 양수이면 반발력
Q_1, Q_2 : 두 대전체가 갖는 전기량[C]
r : 두 대전체 사이의 거리[m]

해설

$$F = \frac{Q_1 Q_2}{4\pi\varepsilon_0 r^2} = 9\times 10^9 \times \frac{Q_1 Q_2}{r^2}$$
$$= 9\times 10^9 \times \frac{3\times 10^{-6}\times -4\times 10^{-6}}{0.3^2}$$
$$= -1.2[\text{N}] \ (F<0\text{이면 흡인력})$$

정답 ④

관련유형

05-1

공기 중에서 정, 부 1[C]의 전하가 1[m]의 거리에 놓여 있을 때, 작용하는 흡인력[t]은? [한국중부발전]

① 9×10^3 ② 9×10^4
③ 9×10^5 ④ 9×10^6

해설

$$F = \frac{Q_1 Q_2}{4\pi\varepsilon_0 r^2} = 9\times 10^9 \times \frac{Q_1 Q_2}{r^2} = 9\times 10^9 \times \frac{1\times(-1)}{1^2}$$
$$= -9\times 10^9[\text{N}] = 9\times 10^5[\text{t}](\text{흡인력})$$

정답 ③

관련유형

05-2

진공 중에 같은 크기의 전하량을 가진 2개의 점전하를 30[cm] 거리에 두었을 때 두 점전하 사이에는 9×10^{-3}[N]의 반발력이 작용하였다. 점전하 1개의 전하량은 몇 [μC]인가? [대구도시철도공사, 부산교통공사]

① 0.3 ② 0.9
③ 9 ④ 0.03

해설

$$F = \frac{Q_1 Q_2}{4\pi\varepsilon_0 r^2} = 9\times 10^9 \times \frac{Q_1 Q_2}{r^2}[\text{N}]$$
$$\therefore\ 9\times 10^{-3} = 9\times 10^9 \times \frac{Q^2}{0.3^2}$$
$$\therefore\ Q = \sqrt{\frac{9\times 10^{-3}\times 0.3^2}{9\times 10^9}} = 3\times 10^{-7}[\text{C}]$$

정답 ①

전계의 세기

기본유형 06

진공 중에 놓인 점전하에서 3[m] 되는 점의 전계의 세기가 10^3[V/m]일 때 점전하의 크기는 몇 [μC]인가?

[서울교통공사, 대구시설공단, 대구도시철도공사, 부산교통공사]

① 10　　② 10^{-1}
③ 10^2　　④ 1

핵심

전계의 세기

$E=\dfrac{Q}{4\pi\varepsilon_0 r^2}=9\times10^9\dfrac{Q}{r^2}$[V/m]

해설

$E=\dfrac{Q}{4\pi\varepsilon_0 r^2}$ 에서

$Q=4\pi\varepsilon_0 r^2 E=\dfrac{1}{9\times10^9}\times r^2 E=\dfrac{1}{9\times10^9}\times3^2\times10^3=1[\mu C]$

정답 ④

관련유형 06-1

진공 중 전하량 16[μC]인 점전하로부터 x[m] 떨어진 지점의 전계의 세기는 10[V/m]였다. x는 몇 [m]인가? [대구시설공단]

① 160　　② 140
③ 120　　④ 100

해설

$E=\dfrac{Q}{4\pi\varepsilon_0 r^2}$ 에서

$r^2=\dfrac{Q}{4\pi\varepsilon_0 E}=9\times10^9\times\dfrac{16\times10^{-6}}{10}=14{,}400$

$\therefore r=120[m]$

정답 ③

관련유형 06-2

그림과 같이 $q_1=6\times10^{-8}$[C], $q_2=-12\times10^{-8}$[C]의 두 전하가 서로 100[cm] 떨어져 있을 때 전계의 세기가 0이 되는 점은?

[한국남동발전]

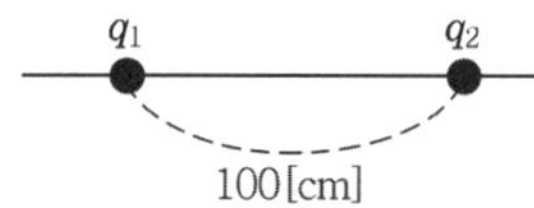

① q_1과 q_2의 연장선상 q_1으로부터 왼쪽으로 약 24.1[m] 지점이다.
② q_1과 q_2의 연장선상 q_1으로부터 오른쪽으로 약 14.1[m] 지점이다.
③ q_1과 q_2의 연장선상 q_1으로부터 왼쪽으로 약 2.41[m] 지점이다.
④ q_1과 q_2의 연장선상 q_1으로부터 오른쪽으로 약 1.41[m] 지점이다.

해설

전계의 세기 0인 점은 그림과 같이 작은 전하(q_1) 외측에 존재한다.

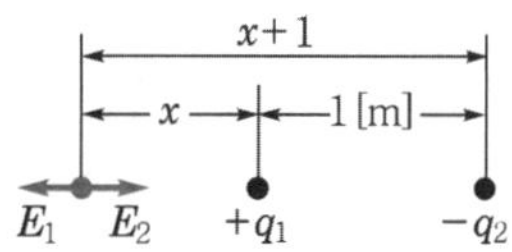

q_1으로 x[m] 떨어진 점에서 전계의 세기가 0이 되려면 $E_1=E_2$이므로

$\dfrac{6\times10^{-8}}{4\pi\varepsilon_0 x^2}=\dfrac{12\times10^{-8}}{4\pi\varepsilon_0(x+1)^2}$

$(x+1)^2=2x^2$

$x+1=x\sqrt{2}$

$x(\sqrt{2}-1)=1$

$\therefore\ x=\dfrac{1}{\sqrt{2}-1}$

$=2.41[m]$

즉, q_1의 왼쪽으로 2.41[m] 지점이 된다.

정답 ③

전기력선

기본유형

07

전기력선의 설명 중 틀린 것은?

[대구도시철도공사, 경기도시공사, 한국전력기술]

① 단위 전하(±1[C])에서는 $1/\varepsilon_0$개의 전기력선이 출입한다.
② 전기력선은 전하가 없는 곳에서도 발생하고 소멸한다.
③ 전기력선의 방향은 그 점의 전계의 방향과 일치하며 밀도는 그 점에서의 전계의 크기와 같다.
④ 전기력선은 폐곡선을 이루지 않고 정전하에서 시작하여 부전하에서 그친다.

핵심

전기력선의 성질

㉠ 전기력선은 정(+)전하에서 시작하여 부(−)전하에서 끝난다.
㉡ 전기력선의 방향은 그 점의 전계의 방향과 같다.
㉢ 전기력선은 스스로 폐곡선(루프)을 만들지 않는다.
㉣ 전기력선은 전위가 높은 점에서 낮은 점으로 향한다.
㉤ 도체 내부에는 전기력선이 존재하지 않는다.
㉥ 전기력선이 조밀할수록 전기장의 세기가 크다.
㉦ 전하가 없는 곳에서는 전기력선의 발생과 소멸이 없고 연속적이다.
㉧ 전기력선은 도체 표면에 수직으로 출입한다.
㉨ 단위 전하에서는 $\frac{1}{\varepsilon_0}$개의 전기력선이 출입한다.
㉩ 전계가 0이 아닌 곳에서 2개의 전기력선은 교차하지 않는다.

해설

전기력선은 전하가 없는 곳에서는 전기력선의 발생과 소멸이 없고 연속적이다.

정답 ②

관련유형

07-1

전기력선의 기본 성질에 관한 설명으로 틀린 것은?

[대전도시철도공사, 한국서부발전]

① 전기력선의 방향은 그 점의 전계의 방향과 일치한다.
② 전기력선은 전위가 높은 점에서 낮은 점으로 향한다.
③ 전기력선은 그 자신만으로도 폐곡선을 만든다.
④ 전계가 0이 아닌 곳에서는 전기력선은 도체 표면에 수직으로 만난다.

해설

전기력선은 스스로 폐곡선(루프)을 만들지 않는다.

정답 ③

전계의 세기 - 무한 직선 전하

기본유형

08

진공 중에 무한히 긴 균일한 선전하로부터 3[m] 거리에 있는 점의 전계 세기가 9×10^3[V/m]일 때, 선전하 밀도는 몇 [μC/m]인가? [부산시설공단, 한국전력거래소]

① 1.5 ② 3×10^{-6}
③ 3 ④ 1.5×10^4

핵심

무한 직선 전하에 의한 전계의 세기(E)

$$E=\frac{\rho_L}{2\pi\varepsilon_0 r}=18\times10^9\frac{\rho_L}{r}[\text{V/m}]$$

해설

$$E=\frac{\rho_L}{2\pi\varepsilon_0 r}[\text{V/m}]=18\times10^9\frac{\rho_L}{r}$$

$$\therefore\ \rho_L=2\pi\varepsilon_0 r\cdot E=\frac{1}{18\times10^9}\times rE$$

$$=\frac{1}{18\times10^9}\times3\times9\times10^3$$

$$=1.5\times10^{-6}[\text{C/m}]$$

$$=1.5[\mu\text{C/m}]$$

정답 ①

관련유형

08-1

진공 중에 선전하 밀도 $+\lambda$[C/m]의 무한장 직선 전하 A와 $-\lambda$[C/m]의 무한장 직선 전하 B가 d[m]의 거리에 평행으로 놓여 있을 때, A에서 거리 $\frac{d}{3}$[m]되는 점의 전계의 크기는 몇 [V/m]인가?

[부산시설공단]

① $\frac{3\lambda}{4\pi\varepsilon_0 d}$ ② $\frac{9\lambda}{4\pi\varepsilon_0 d}$
③ $\frac{3\lambda}{8\pi\varepsilon_0 d}$ ④ $\frac{9\lambda}{8\pi\varepsilon_0 d}$

해설

$$E_P=E_A+E_B$$

$$=\frac{\lambda}{2\pi\varepsilon_0\left(\frac{d}{3}\right)}+\frac{\lambda}{2\pi\varepsilon_0\left(\frac{2}{3}d\right)}=\frac{3\lambda}{2\pi\varepsilon_0 d}+\frac{3\lambda}{4\pi\varepsilon_0 d}$$

$$=\frac{9\lambda}{4\pi\varepsilon_0 d}[\text{V/m}]$$

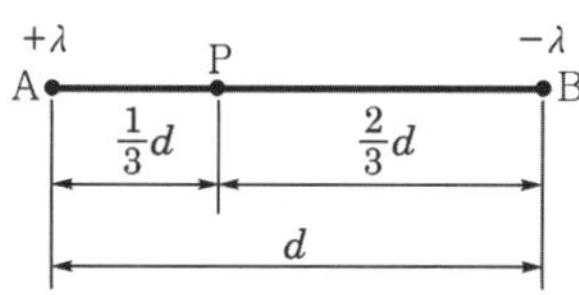

정답 ②

전계의 세기 – 무한 평면 전하

기본유형

09

무한히 넓은 평면 전하로부터 떨어진 거리에 따른 전계의 세기는? [서울교통공사, 서울시설공단, 대구시설공단, 한국전력거래소]

① 거리에 반비례한다.
② 거리에 관계없다.
③ 거리의 제곱에 반비례한다.
④ 거리에 비례한다.

핵심

무한 평면 전하에 의한 전계의 세기(E)

$E=\dfrac{\rho_s}{2\varepsilon_0}$ [V/m]

따라서, 거리에 관계없는 평등 전계이다.

해설

무한 평면 전하

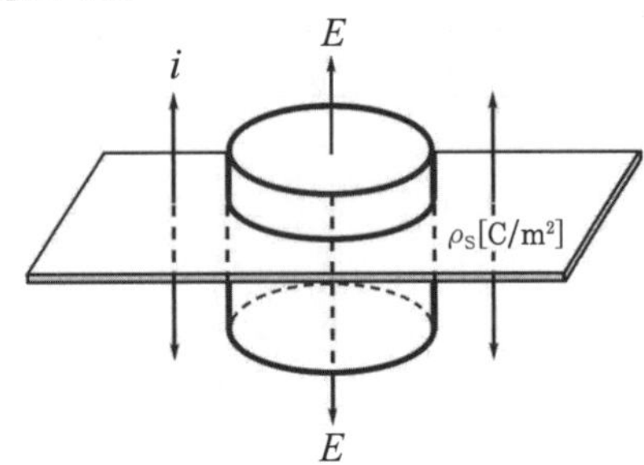

$\displaystyle\int_s Eds=\frac{Q}{\varepsilon_0}$

$Q=\rho_s\cdot S,\ 2ES=\dfrac{\rho_s S}{\varepsilon_0}$

$\therefore E=\dfrac{\rho_s}{2\varepsilon_0}$ [V/m]

정답 ②

관련유형

09-1

면전하 밀도가 ρ_s[C/m^2]인 무한히 넓은 도체판에서 R[m]만큼 떨어져 있는 점의 전계 세기[V/m]는? [대구시설공단]

① $\dfrac{\rho_s}{\varepsilon_0}$　② $\dfrac{\rho_s}{2\varepsilon_0}$

③ $\dfrac{\rho_s}{4\pi R^2}$　④ $\dfrac{\rho_s}{2R}$

해설

무한 평면 전하에 의한 전계

$E=\dfrac{\rho_s}{2\varepsilon_0}$ [V/m]

따라서, 거리와 관계없다.

정답 ②

관련유형

09-2

무한히 넓은 두 장의 평면판 도체를 간격 d[m]로 평행하게 배치하고 각각의 평면판에 면전하 밀도 $\pm\sigma$[C/m^2]로 분포되어 있는 경우 전기력선은 면에 수직으로 나와 평행하게 발산한다. 이 평면판 내부의 전계의 세기는 몇 [V/m]인가? [한국전력거래소, 경기도시공사, 한국지역난방공사]

① $\dfrac{\sigma}{\varepsilon_0}$　② $\dfrac{\sigma}{2\varepsilon_0}$

③ $\dfrac{\sigma}{2\pi\varepsilon_0}$　④ $\dfrac{\sigma}{4\pi\varepsilon_0}$

해설

무한 평행판에서의 전계의 세기

- 평행판 외부 전계의 세기
  $E=0$
- 평행판 사이의 전계의 세기
  $E=\dfrac{\sigma}{2\varepsilon_0}+\dfrac{\sigma}{2\varepsilon_0}=\dfrac{\sigma}{\varepsilon_0}$ [V/m]

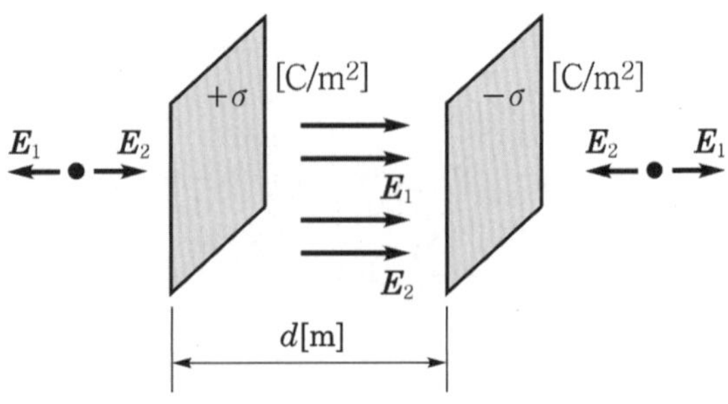

정답 ①

관련유형

09-3

$x=0$ 및 $x=a$ 인 무한 평면에 각각 면전하 $-\rho_s$[C/m^2], ρ_s[C/m^2]가 있는 경우, $x>a$ 인 영역에서 전계 E는?

[서울교통공사]

① $E=0$

② $E=\dfrac{\rho_s}{2\pi\varepsilon_0}a_x$

③ $E=\dfrac{\rho_s}{2\pi\varepsilon_0}$

④ $E=\dfrac{\rho_s}{\varepsilon_0}a_x$

핵심

- 평행판 외부 전계의 세기
  $E=0$
- 평행판 사이의 전계의 세기
  $E=\dfrac{\rho_s}{\varepsilon_o}$[V/m]

해설

$x>a$인 영역은 평행판 외부의 전계의 세기이므로 0이다.

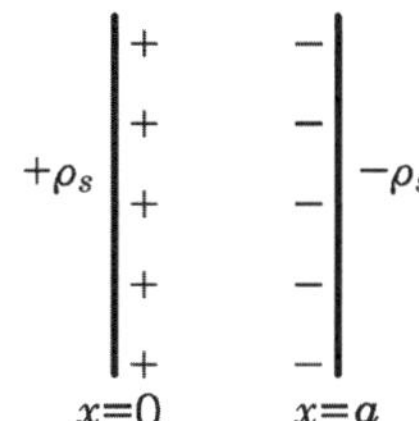

정답 ①

전계의 세기 - 구도체

기본유형 10

진공 중에서 Q[C]의 전하가 반지름 a[m]인 구에 내부까지 균일하게 분포되어 있는 경우, 구의 중심으로부터 $\frac{a}{2}$인 거리에 있는 점의 전계 세기[V/m]는?

[대구시설공단, 한국전력거래소]

① $\frac{Q}{16\pi\varepsilon_0 a^2}$　② $\frac{Q}{8\pi\varepsilon_0 a^2}$

③ $\frac{Q}{4\pi\varepsilon_0 a^2}$　④ $\frac{Q}{\pi\varepsilon_0 a^2}$

핵심

전하가 균일하게 분포된 구도체의 내부 전계의 세기

$E = \frac{r \cdot Q}{4\pi\varepsilon_0 a^3}$[V/m]

해설

$$E = \frac{\frac{a}{2}Q}{4\pi\varepsilon_0 a^3} = \frac{Q}{8\pi\varepsilon_0 a^2}\text{[V/m]}$$

정답 ②

관련유형 10-1

반지름 a[m]인 구대칭 전하에 의한 구내외 전계의 세기에 해당되는 것은?

[전기기사]

①

② 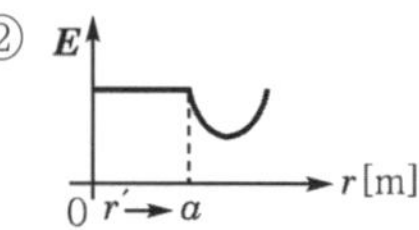

③

④ 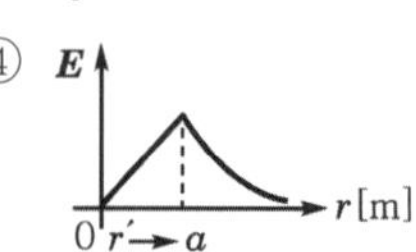

해설

전하가 균일하게 분포된 구도체

㉠ 외부에서의 전계의 세기($r > a$)

$E = \frac{Q}{4\pi\varepsilon_0 r^2}$[V/m]

㉡ 표면에서의 전계의 세기($r = a$)

$E = \frac{Q}{4\pi\varepsilon_0 a^2}$[V/m]

㉢ 내부에서의 전계의 세기($r < a$)

$Q : Q' = \frac{4}{3}\pi a^3 : \frac{4}{3}\pi r^3$

$Q' = \frac{r^3}{a^3}Q$

$\therefore E = \frac{\frac{r^3}{a^3}Q}{4\pi\varepsilon_0 r^2} = \frac{r \cdot Q}{4\pi\varepsilon_0 a^3}$[V/m]

※ 전계의 세기와 거리와의 관계

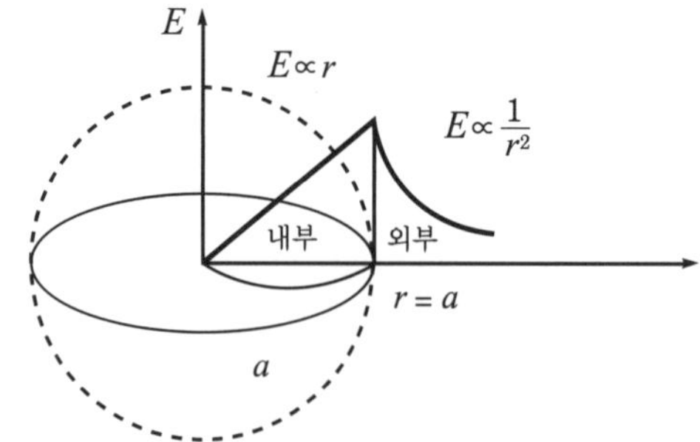

정답 ④

점전하에 의한 전위

기본유형

11

진공 중의 원점에 점전하 0.01[μC]이 있을 때, A(2, 0, 0)[m]와 B(0, 3, 0)[m] 두 점 간의 전위차 V_{AB}는 몇 [V]인가? [한국동서발전, 한국중부발전, 한국지역난방공사]

① 10 ② 15
③ 18 ④ 20

핵심

점 B에 대한 점 A의 전위

$$V_{AB} = V_A - V_B = \frac{Q}{4\pi\varepsilon_0}\left(\frac{1}{r_1} - \frac{1}{r_2}\right)$$
$$= 9\times 10^9 \times Q\left(\frac{1}{r_1} - \frac{1}{r_2}\right)[\mathrm{V}]$$

해설

전위차 $V_{AB} = 9\times 10^9 \times Q\left(\frac{1}{r_1} - \frac{1}{r_2}\right)$

$$= 9\times 10^9 \times 0.01\times 10^{-6} \times \left(\frac{1}{2} - \frac{1}{3}\right)$$
$$= 15\,[\mathrm{V}]$$

정답 ②

관련유형

11-1

진공 중에 놓인 두 개의 점전하 −10[μC], 20[μC]의 거리가 2[m]일 때, 두 점전하 사이 중앙에서의 전위 [kV]는 얼마인가? [한국동서발전]

① 70 ② 80
③ 90 ④ 100

해설

$$V = \frac{1}{4\pi\varepsilon_0}\left(\frac{Q_1}{r_1} + \frac{Q_1}{r_2}\right)$$
$$= 9\times 10^9 \times \left(\frac{20\times 10^{-6}}{1} - \frac{10\times 10^{-6}}{1}\right) = 90\,[kV]$$

정답 ③

전위 경도와 전계의 세기

기본유형

12

전위 분포가 $V = 2x + 5yz + 3$[V]일 때, 점 (2, 1, 0)[m]에서의 전계 세기[V/m]는?

[서울시설공단, 대구도시철도공사, 한국중부발전, 한국가스공사, 한국전력거래소]

① $-i-j5-k3$
② $i-j2+k3$
③ $-i2-k5$
④ $j4+k3$

핵심

전위 경도

$E = -\text{grad}V = -\nabla V = -\left(i\frac{\partial}{\partial x} + j\frac{\partial}{\partial y} + k\frac{\partial}{\partial z}\right) \cdot V$

해설

$$E = -\text{grad}\,V = -\nabla V$$
$$= -\left(\frac{\partial}{\partial x}i + \frac{\partial}{\partial y}j + \frac{\partial}{\partial z}k\right)(2x + 5yz + 3)$$
$$= -(2i + 5zj + 5yk)[\text{V/m}]$$
$$\therefore\ [E]_{x=2,\,y=1,\,z=0} = -2i - 5k[\text{V/m}]$$

정답 ③

관련유형

12-1

다음 중 전위 경도 V와 전계의 세기 E의 관계로 옳은 것은?

[한국중부발전]

① $-\nabla V$
② $\text{grad}\,V$
③ $\nabla \times V$
④ $\frac{V}{4\pi\varepsilon_0 r}$

해설

전계의 세기는 $E = \frac{Q}{4\pi\varepsilon_0 r^2}[V/m]$

전위 $V = \frac{Q}{4\pi\varepsilon_0 r}[V]$

전계의 세기는 전위 경도의 음수 방향이고 크기는 같다.

$E = -\text{grad}V = -\nabla V$

정답 ①

푸아송의 방정식

기본유형

13

푸아송의 방정식으로 옳은 것은? [부산교통공사]

① $\nabla E = \frac{\rho}{\varepsilon_0}$ ② $E = -\nabla V$

③ $\nabla^2 V = -\frac{\rho}{\varepsilon_0}$ ④ $\nabla^2 V = 0$

핵심

• 푸아송의 방정식

$\text{div}E = \nabla \cdot E = -\nabla \cdot \nabla V = \frac{\rho}{\varepsilon_0}$, $\nabla^2 V = -\frac{\rho}{\varepsilon_0}$

• 라플라스 방정식

$\nabla^2 V = 0$

해설

푸아송의 방정식

$\nabla^2 V = -\frac{\rho}{\varepsilon_0}$

정답 ③

관련유형

13-1

전위 함수 $V = 2xy^2 + x^2 + yz^2$[V]일 때, 점 (1, 0, 0)[m]의 공간 전하 밀도[C/m^3]는? [부산시설공단]

① $4\varepsilon_0$ ② $-4\varepsilon_0$

③ $6\varepsilon_0$ ④ $-6\varepsilon_0$

핵심

푸아송의 방정식

$\nabla^2 V = -\frac{\rho}{\varepsilon_0}$

해설

$$\nabla^2 V = \frac{\partial^2 V}{\partial x^2} + \frac{\partial^2 V}{\partial y^2} + \frac{\partial^2 V}{\partial z^2} = 2 + 4x + 2y = -\frac{\rho}{\varepsilon_0}$$

$$\therefore\ [\nabla^2 V]_{x=1,\,y=0,\,z=0} = 6 = -\frac{\rho}{\varepsilon_0}$$

$$\therefore\ \rho = -6\varepsilon_0\,[\text{C/m}^3]$$

정답 ④

관련유형

13-2

진공 내에서 전위 함수가 $V = x^2 + y^2$과 같이 주어질 때 점 (2, 2, 0)[m]에서 체적 전하 밀도 ρ[C/m^3]를 구하면? [인천교통공사, 한국가스공사]

① $-4\varepsilon_0$ ② $-\frac{4}{\varepsilon_0}$

③ $-2\varepsilon_0$ ④ $-\frac{2}{\varepsilon_0}$

해설

체적 전하 밀도는 푸아송의 방정식 $\left(\nabla^2 V = -\frac{\rho}{\varepsilon_0}\right)$을 이용하여 구할 수 있다.

좌항을 정리하면

$$\nabla^2 V = \left(\frac{\partial^2}{\partial x^2} + \frac{\partial^2}{\partial y^2} + \frac{\partial^2}{\partial z^2}\right)(x^2 + y^2)$$

$$= 2 + 2 + 0 = 4$$

$\nabla^2 V = 4 = -\frac{\rho}{\varepsilon_0}$이 되므로

$$\therefore\ \rho = -4\varepsilon_0\,[\text{C/m}^3]$$

정답 ①

전기 쌍극자의 전위

기본유형

14

쌍극자 모멘트 $4\pi\varepsilon_0$[C · m]의 전기 쌍극자의 중심으로부터 1[cm] 떨어진 공기 중 한 점까지 선분을 그었을 때, x축과의 각도가 점 60°라면 이 점의 전위[V]는?

[한국중부발전]

① 0.05　　② 0.5
③ 50　　④ 5,000

핵심

임의의 점에서 전기 쌍극자에 의한 전위

$$V = \frac{M\cos\theta}{4\pi\varepsilon_0 r^2} = 9\times10^9\frac{M\cos\theta}{r^2}[\text{V}]$$

여기서, M : 전기 쌍극자 모멘트
r : 전기 쌍극자 중심으로부터 거리
θ : 전기 쌍극자 중심에서 임의의 점을 잇는 선분과 x축 사이의 각

해설

전위 $V = \frac{M\cos\theta}{4\pi\varepsilon_0 r^2} = \frac{4\pi\varepsilon_0\cos60°}{4\pi\varepsilon\times(1\times10^{-2})^2} = \frac{0.5}{10^{-4}}$
$= 5,000[\text{V}]$

정답 ④

관련유형

14-1

다음 그림은 전기 쌍극자로부터 일정한 거리를 표시한 반지름 R[m]의 원이다. 원주상에서 가장 전위가 높은 점은?

[한국석유공사]

① A
② B
③ C
④ D

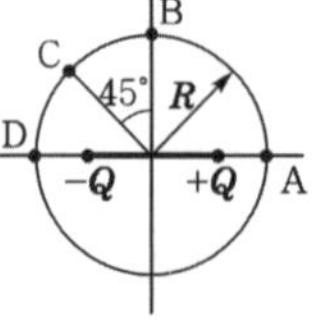

해설

전위 V는 $\cos\theta$에 비례하므로

$\theta = 0°$인 A점의 전위가 $V_A = \frac{M}{4\pi\varepsilon_0 R^2}$[V]로 제일 높고,

D점의 전위가 $V_D = -\frac{M}{4\pi\varepsilon_0 R^2}$[V]로 제일 낮다.

정답 ①

관련유형

14-2

쌍극자 모멘트가 M[C · m]인 전기 쌍극자에 의한 임의의 점 P의 전계 크기는 전기 쌍극자의 중심에서 x축 방향과 점 P를 잇는 선분 사이의 각 θ가 어느 때 최대가 되는가?

[한국석유공사, 한국중부발전]

① 0　　② $\pi/2$
③ $\pi/3$　　④ $\pi/4$

핵심

전계의 세기

$$E = \frac{M}{4\pi\varepsilon_0 r^3}\sqrt{1+3\cos^2\theta}\ [\text{V/m}]$$

해설

점 P의 전계는 $\theta = 0°$일 때 최대이고, $\theta = 90°$일 때 최소가 된다.

정답 ①

관련유형

14-3

다음 (　　) 안에 들어갈 내용으로 옳은 것은? [경기도시공사]

> 전기 쌍극자에 의해 발생하는 전위의 크기는 전기 쌍극자 중심으로부터 거리의 (　　)에 반비례하고, 전기 쌍극자에 의해 발생하는 전계의 크기는 전기 쌍극자 중심으로부터 거리의 (　　)에 반비례한다.

① 제곱, 제곱　　② 제곱, 세제곱
③ 세제곱, 제곱　　④ 세제곱, 세제곱

해설

전기 쌍극자에 의한 전위의 크기는 $\frac{M\cos\theta}{4\pi\varepsilon_0 r^2}$[V] 이고 전계의 세기는 $\frac{M}{4\pi\varepsilon_0 r^3}\sqrt{1+3\cos^2\theta}$ 이다.

정답 ②

가우스의 법칙

기본유형

15

어떤 폐곡면을 통과하는 총 전속과 폐곡면 내부를 둘러싼 총 전하량과의 상관관계를 나타내는 법칙은?

[광주도시공사, 서울교통공사, 한국가스공사]

① 가우스의 법칙　② 쿨롱의 법칙
③ 푸아송의 법칙　④ 라플라스의 법칙

핵심

가우스의 법칙

$\oint_s D\,ds = Q$

해설

가우스의 법칙은 어떤 폐곡면을 통과하는 전속과 그 면 내에 존재하는 총 전하량과 같다.

정답 ①

관련유형

15-1

div $E = \frac{\rho}{\varepsilon_0}$ 와 의미가 같은 식은? [인천교통공사, 경기도시공사]

① $\oint_s E\,ds = \frac{Q}{\varepsilon_0}$

② $E = -grad\,V$

③ $\text{div} \cdot grad\,V = -\frac{\rho}{\varepsilon_0}$

④ $\text{div} \cdot grad\,V = 0$

해설

㉠ 가우스의 정리 미분형 : $\text{div}D = \rho$

㉡ 가우스의 정리 적분형 : $\oint_s E\,ds = \frac{Q}{\varepsilon_0}$

정답 ①

전계의 세기 – 무한장 직선 도체, 선로, 원통 전하

기본유형

16

무한장 직선 도체를 축으로 하는 반경 r[m]의 원통 표면에 선전하 밀도 λ[C/m]의 전하가 분포되어 있는 경우, 원통면상의 전계[V/m]는? [한국중부발전, 한국동서발전]

① $\frac{1}{2\pi\varepsilon_0} \cdot \frac{\lambda}{r^2}$　　② $\frac{1}{2\pi\varepsilon_0} \cdot \frac{\lambda}{r}$

③ $\frac{1}{4\pi\varepsilon_0} \cdot \frac{\lambda}{r}$　　④ $\frac{1}{\pi\varepsilon_0} \cdot \frac{\lambda}{r}$

핵심

무한장 직선 도체(원통 전하)에 의한 전계의 세기

$E = \frac{\lambda}{2\pi\varepsilon_0 r}$ [V/m]

여기서, r : 무한장 직선 도체로부터의 거리
λ : 선전하 밀도

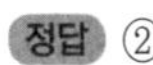
정답 ②

관련유형

16-1

무한장 선로에 균일하게 전하가 분포된 경우 선로로부터 r[m] 떨어진 P점에서의 전계의 세기 E[V/m]는 얼마인가? (단, 선전하 밀도는 ρ_L[C/m]이다.) [한국중부발전]

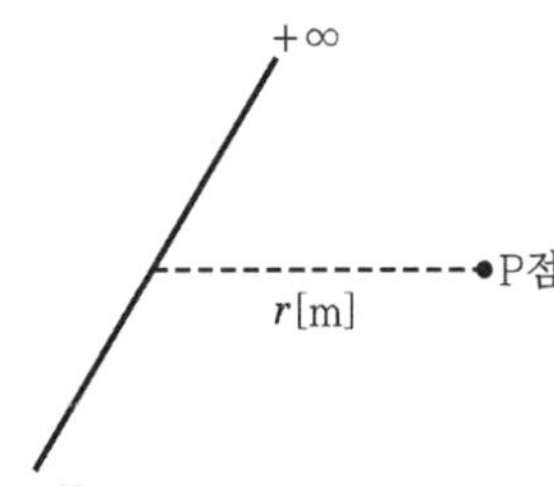

① $E = \frac{\rho_L}{4\pi\varepsilon_0 r}$　　② $E = \frac{\rho_L}{4\pi\varepsilon_0 r^2}$

③ $E = \frac{\rho_L}{2\pi\varepsilon_0 r}$　　④ $E = \frac{\rho_L}{2\pi\varepsilon_0 r^2}$

해설

무한장 직선 도체(선전하, 원통 전하)에 의한 전계의 세기

$E = \frac{\lambda}{2\pi\varepsilon_0 r}$ [V/m]

여기서, 선전하 밀도 $\rho_L = \lambda = \frac{Q}{l}$ [C/m]

정답 ③

전계 내의 전위

기본유형

17

40[V/m]의 평등전계 내의 50[V] 되는 지점으로부터 전계 방향으로 50[cm] 떨어진 지점의 전위는 몇 [V]인가?
[대구시설공단, 부산교통공사, 한전KPS, 대구도시철도공사, 한국지역난방공사, 한국가스공사]

① 10　② 30
③ 50　④ 70

핵심

A 지점과 A 지점으로부터 전계의 방향으로 l[m] 떨어진 B 지점과의 전위차

$V_A - V_B = V_{AB} = -\int_b^a E dl = E \cdot l$

해설

A, B 사이의 전위차

$V_{AB} = E \cdot l = 40 \times 0.5 = 20$[V]

전계는 전위가 높은 점에서 낮은 점으로 향하므로 V_A에서 A, B 사이의 전위차를 뺀 전위가 V_B가 된다.

$\therefore V_B = V_A - V_{AB} = 50 - 20 = 30$[V]

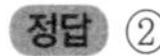
정답 ②

관련유형

17-1

30[V/m]의 전계 내의 80[V] 되는 점에서 1[C]의 전하를 전계 방향으로 80[cm] 이동한 경우, 그 점의 전위[V]는? [전기기사]

① 9　② 24
③ 30　④ 56

해설

전위차 $V_{AB} = -\int_b^a E dl = E \cdot l = 30 \times 0.8 = 24$[V]

B점의 전위 $V_B = V_A - V_{AB} = 80 - 24 = 56$[V]

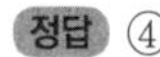
정답 ④

National Competency Standards

Chapter 3
정전 용량과 유전체

정전 용량 – 단일 구도체

기본유형

18

공기 중에 있는 지름 6[cm]인 단일 도체구의 정전 용량은 몇 [ρF]인가? [서울시설공단]

① 0.33 ② 3.3
③ 0.67 ④ 6.7

핵심

독립 구도체의 정전 용량

$C=4\pi\varepsilon_0 a=\frac{1}{9}\times10^{-9}\times a$

해설

$C=4\pi\varepsilon_0 a=\frac{1}{9\times10^9}\cdot a=\frac{1}{9\times10^9}\times(3\times10^{-2})$

$=3.3\times10^{-12}$ [F]

$=3.3$ [ρF]

 ②

관련유형

18-1

1[μF]의 정전 용량을 가진 구의 반지름[km]은? [서울시설공단]

① 9×10^3 ② 9
③ 9×10^{-3} ④ 9×10^{-6}

해설

$C=4\pi\varepsilon_0 a$[F]

$\therefore a=\frac{C}{4\pi\varepsilon_0}=9\times10^9\cdot C=9\times10^9\times1\times10^{-6}=9\times10^3$[m]$=9$[km]

정답 ②

관련유형

18-2

공기 중에 있는 지름 6[cm]의 단일 도체구의 정전 용량은 몇 [ρF]인가? [한국가스공사]

① 0.33 ② 3.3
③ 0.67 ④ 6.7

해설

도체구의 정전 용량

$C=4\pi\varepsilon_0 r=\frac{3\times10^{-2}}{9\times10^9}=3.33\times10^{-12}$ [F]

$=3.33$[ρF] (반지름 $r=3\times10^{-2}$[m])

정답 ②

콘덴서의 정전 용량

기본유형

19

5[μF]의 콘덴서에 100[V]의 직류 전압을 가하면 축적되는 전하[C]는? [서울교통공사, 인천교통공사]

① 5×10^{-3}　② 5×10^{-4}
③ 5×10^{-5}　④ 5×10^{-6}

핵심

콘덴서의 정전 용량

$C=\dfrac{Q}{V}$[F], $Q=CV$[C]

해설

$C=\dfrac{Q}{V}$ [F]

$\therefore Q=CV=5\times10^{-6}\times100=5\times10^{-4}$[C]

정답 ②

관련유형

19-1

공기 중에 1변이 40[cm]인 정방형 전극을 가진 평행판 콘덴서가 있다. 극판의 간격을 4[mm]로 할 때, 극판 간에 100[V]의 전위차를 주면 축적되는 전하[C]는?

[대구도시철도공사, 한국가스공사, 경기도시공사, 한국남동발전]

① 3.54×10^{-9}　② 3.54×10^{-8}
③ 6.54×10^{-9}　④ 6.54×10^{-8}

핵심

평행 평판 간의 정전 용량

$C=\dfrac{\varepsilon_0 S}{d}$[F]

해설

$C=\dfrac{\varepsilon_0 S}{d}=\dfrac{8.855\times10^{-12}\times(0.4\times0.4)}{4\times10^{-3}}=35.42\times10^{-11}$[F]

$\therefore Q=CV=35.42\times10^{-11}\times100=3.542\times10^{-8}$[C]

정답 ②

관련유형

19-2

정전 용량 C인 평행판 콘덴서를 전압 V로 충전하고 전원을 제거한 후 전극 간격을 $\dfrac{1}{2}$로 접근시키면 전압은? [서울시설공단]

① $\dfrac{1}{4}V$　② $\dfrac{1}{2}V$
③ V　④ $2V$

해설

콘덴서에 전압을 가하면 양극판에는 $Q=CV$만큼의 전하가 축적된다.
이때, 전원을 제거하고 극판의 간격을 반으로 줄이면
정전 용량 $\left(\uparrow C=\dfrac{\varepsilon_0 S}{d\downarrow}\right)$은 2배 상승하지만
콘덴서에 축적된 전하량의 크기는 변하지 않으므로 C가 상승한 만큼 전압의 크기가 줄어들게 된다.
$(Q=C\uparrow V\downarrow)$
∴ 극판 사이의 전압이 반으로 줄어든다.

정답 ②

콘덴서의 연결

기본유형

20

$C_1 = 1[\mu F]$, $C_2 = 2[\mu F]$, $C_3 = 3[\mu F]$인 3개의 콘덴서를 직렬 연결하여 600[V]의 전압을 가할 때, C_1 양단 사이에 걸리는 전압[V]은? [대구도시철도공사, 서울시설공단, 인천교통공사, 한국중부발전]

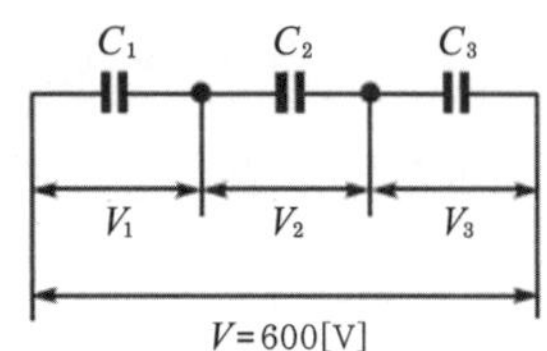

① 약 55　　② 약 327
③ 약 164　　④ 약 382

핵심

직렬 연결된 콘덴서의 합성 정전 용량

$$\frac{1}{C_0} = \frac{1}{C_1} + \frac{1}{C_2} + \frac{1}{C_3}$$

해설

합성 정전 용량 $\frac{1}{C_0} = \frac{1}{C_1} + \frac{1}{C_2} + \frac{1}{C_3} = 1 + \frac{1}{2} + \frac{1}{3} = \frac{11}{6}$

$\therefore C_0 = \frac{6}{11}[\mu F]$

C_1 양단의 전압 : $V_1 = \frac{C_0}{C_1} V = \frac{6}{11} V = \frac{6}{11} \times 600 \fallingdotseq 327[V]$

정답 ②

관련유형

20-1

1[μF]과 2[μF]인 두 개의 콘덴서가 직렬로 연결된 양단에 150[V]의 전압이 가해졌을 때, 1[μF]의 콘덴서에 걸리는 전압[V]은? [부산시설공단]

① 30　　② 50
③ 100　　④ 120

핵심

직렬 연결된 콘덴서의 전압 분배 법칙

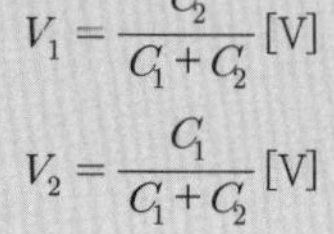

$$V_1 = \frac{C_2}{C_1 + C_2}[V]$$

$$V_2 = \frac{C_1}{C_1 + C_2}[V]$$

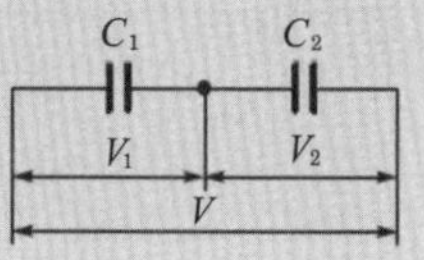

해설

$V_1 = \frac{C_2}{C_1 + C_2} V = \frac{2}{1+2} \times 150 = 100[V]$

정답 ③

관련유형

20-2

전압 V로 충전된 용량 C의 콘덴서에 용량 $2C$의 콘덴서를 병렬 연결한 후의 단자 전압[V]은? [대전도시철도공사, 서울교통공사, 광주도시공사]

① $3V$　　② $2V$
③ $\frac{V}{2}$　　④ $\frac{V}{3}$

핵심

병렬 연결된 콘덴서의 합성 정전 용량

$C_0 = C_1 + C_2[F]$

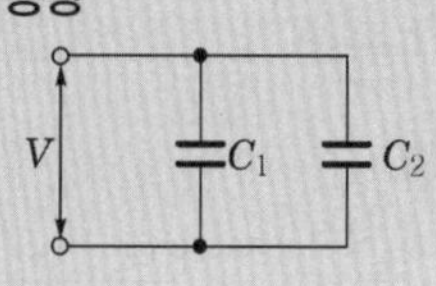

해설

충전 전하 $Q = CV[C]$

합성 정전 용량 $C_0 = C + 2C = 3C[F]$

$\therefore$ 전위차 $V_0 = \frac{Q}{C_0} = \frac{CV}{3C} = \frac{V}{3}[V]$

정답 ④

관련유형

20-3

그림과 같이 $C_1 = 3[\mu F]$, $C_2 = 4[\mu F]$, $C_3 = 5[\mu F]$, $C_4 = 4[\mu F]$의 콘덴서가 연결되어 있을 때 C_1에 $Q_1 = 120[\mu C]$의 전하가 충전되어 있다면 a, c 간의 전위차는 몇 [V]인가?

[부산교통공사, 한국중부발전, 한국지역난방공사]

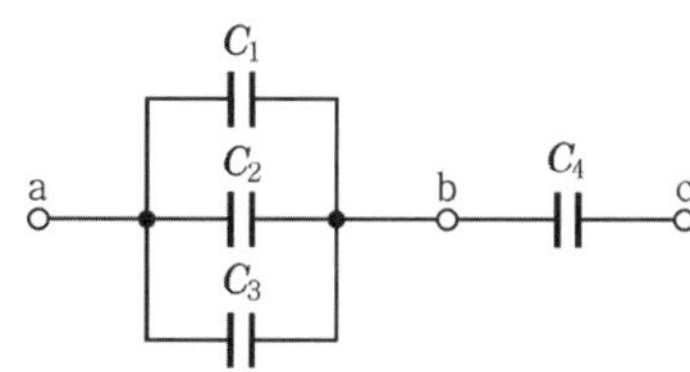

① 72　② 96
③ 102　④ 160

해설

a, b 간 전위차는 C_1에 걸린 전압과 같으므로

$V_{ab} = \frac{Q_1}{C_1} = \frac{120}{3} = 40$ [V]가 된다.

V_{ab}에 걸린 전압을 전압 분배 법칙에 의해 전개를 하면

$V_{ab} = \frac{C_4}{C + C_4} \times V_{ac}$

여기서, $C = C_1 + C_2 + C_3 = 12[\mu F]$

$\therefore V_{ac} = \frac{V_{ab}(C + C_4)}{C_4} = \frac{40(12+4)}{4} = 160[V]$

정답 ④

관련유형

20-4

정전 용량이 $1[\mu F]$이고 판의 간격이 d인 공기 콘덴서가 있다. 두께 $\frac{1}{2}d$, 비유전율 $\varepsilon_r = 2$ 유전체를 그 콘덴서의 한 전극면에 접촉하여 넣었을 때 전체의 정전 용량$[\mu F]$은?

[전기기사]

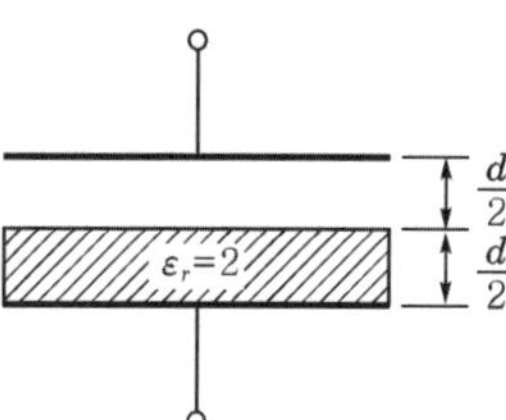

① 2　② $\frac{1}{2}$
③ $\frac{4}{3}$　④ $\frac{5}{3}$

해설

공기 중의 정전 용량 $C_0 = \frac{\varepsilon_0 S}{d} = 1[\mu F]$

공기 콘덴서에 유전체를 넣었을 때 정전 용량은

$C_1 = \frac{\varepsilon_0 S}{\frac{d}{2}} = 2\frac{\varepsilon_0 S}{d} = 2$

$C_2 = \frac{\varepsilon_0 \varepsilon_s S}{\frac{d}{2}} = \frac{2 \times 2\varepsilon_0 S}{d} = 4$

2개의 콘덴서의 직렬 연결과 같으므로 합성 정전 용량은

$C = \frac{C_1 C_2}{C_1 + C_2} = \frac{2 \times 4}{2+4} = \frac{8}{6} = \frac{4}{3}[\mu F]$

정답 ③

콘덴서의 절연 파괴

기본유형

21

내압 1,000[V], 정전 용량 3[μF], 내압 500[V], 정전 용량 5[μF], 내압 250[V], 정전 용량 6[μF]인 3개의 콘덴서를 직렬로 접속하고 양단에 가한 전압을 서서히 증가시키면 최초로 파괴되는 콘덴서는? [부산시설공단]

① 3[μF] ② 5[μF]
③ 6[μF] ④ 동시에 파괴된다.

핵심

콘덴서의 절연 파괴
콘덴서의 분담 전압은 정전 용량에 반비례하므로 내압이 같은 경우에는 정전 용량이 제일 적은 것이 가장 먼저 절연 파괴되고 내압이 다른 경우에는 전하량이 가장 적은 것이 가장 먼저 절연 파괴된다.

해설

각 콘덴서에 축적할 수 있는 전하량은

$Q_{1\max} = C_1 V_{1\max} = 3\times10^{-6}\times1{,}000 = 3\times10^{-3}$[C]

$Q_{2\max} = C_2 V_{2\max} = 5\times10^{-6}\times500 = 2.5\times10^{-3}$[C]

$Q_{3\max} = C_3 V_{3\max} = 6\times10^{-6}\times250 = 1.5\times10^{-3}$[C]

$\therefore$ $Q_{\max}$가 가장 적은 C_3(6[μF])가 가장 먼저 절연 파괴된다.

 ③

관련유형

21-1

내압이 1[kV]이고 용량이 각각 0.01[μF], 0.02[μF], 0.04[μF]인 콘덴서를 직렬로 연결했을 때의 전체 내압[V]은?

[대구도시철도공사]

① 3,000 ② 1,750
③ 1,700 ④ 1,500

핵심

$V = \frac{Q}{C}$[V]

내압이 같은 경우이므로 정전 용량이 제일 적은 것이 가장 먼저 절연 파괴된다.

해설

각 콘덴서에 가해지는 전압을 V_1, V_2, V_3[V]라 하면

$V_1 : V_2 : V_3 = \frac{1}{0.01} : \frac{1}{0.02} : \frac{1}{0.04} = 4:2:1$

$\therefore V_1 = 1{,}000$[V]

$V_2 = 1{,}000\times\frac{2}{4} = 500$[V]

$V_3 = 1{,}000\times\frac{1}{4} = 250$[V]

$\therefore$ 전체 내압 : $V = V_1 + V_2 + V_3 = 1{,}000 + 500 + 250 = 1{,}750$[V]

정답 ②

콘덴서에 축적된 에너지

기본유형

22

1[μF] 콘덴서를 30[kV]로 충전하여 200[Ω]의 저항에 연결하면 저항에서 소모되는 에너지는 몇 [J]인가?

[서울교통공사, 광주도시공사, 한국전력기술]

① 450　② 900
③ 1,350　④ 1,800

핵심

$$W=\frac{Q^2}{2C}=\frac{1}{2}QV=\frac{1}{2}CV^2\ [\text{J}]$$

해설

$$W=\frac{1}{2}CV^2=\frac{1}{2}\times1\times10^{-6}\times(30\times10^3)^2=450[\text{J}]$$

정답 ①

관련유형

22-1

정전 용량 1[μF], 2[μF]의 콘덴서에 각각 2×10^{-4}[C] 및 3×10^{-4}[C]의 전하를 주고 극성을 같게 하여 병렬로 접속할 때, 콘덴서에 축적된 에너지[J]는 얼마인가?

[부산시설공단]

① 약 0.025　② 약 0.303
③ 약 0.042　④ 약 0.525

해설

$$Q=Q_1+Q_2=5\times10^{-4}[\text{C}]$$

$$C=C_1+C_2=(1+2)\times10^{-6}=3\times10^{-6}[\text{F}]$$

$$\therefore W=\frac{Q^2}{2C}=\frac{(5\times10^{-4})^2}{2\times3\times10^{-6}}=0.042[\text{J}]$$

정답 ③

콘덴서의 비유전율

기본유형

23

콘덴서에 비유전율 ε_r인 유전체로 채워져 있을 때의 정전 용량 C와 공기로 채워져 있을 때의 정전 용량 C_0와 $\frac{C}{C_0}$의 비는? [부산시설공단, 한국가스공사]

① ε_r ② $\frac{1}{\varepsilon_r}$
③ $\sqrt{\varepsilon_r}$ ④ $\frac{1}{\sqrt{\varepsilon_r}}$

핵심

비유전율

$\varepsilon_s = \frac{C}{C_0} > 1$

해설

$C_0 = \frac{\varepsilon_0 S}{d}$[F](공기), $C = \frac{\varepsilon S}{d} = \frac{\varepsilon_0 \varepsilon_r S}{d}$[F](유전체)

$\therefore \frac{C}{C_0} = \frac{\varepsilon_0 \varepsilon_r \frac{S}{d}}{\varepsilon_0 \frac{S}{d}} = \varepsilon_r$

정답 ①

관련유형

23-1

공기 콘덴서의 극판 사이에 비유전율 5의 유전체를 채운 경우, 동일 전위차에 대한 극판의 전하량은? [서울교통공사]

① 5배로 증가 ② 5배로 감소
③ $10\varepsilon_0$배로 증가 ④ 불변

핵심

정전 용량

$C = \frac{\varepsilon_0 \varepsilon_s S}{d}$[F]

해설

$Q = CV = \varepsilon_s C_0 V = \varepsilon_s Q_0 = 5Q_0$[C]

정답 ①

관련유형

23-2

일정 전하로 충전된 콘덴서(진공)판 간에 비유전율 ε_s의 유전체를 채우면? [한국전력기술]

	용량	전위차	전계의 세기
①	ε_s배	ε_s배	ε_s배
②	ε_s배	$\frac{1}{\varepsilon_s}$배	$\frac{1}{\varepsilon_s}$배
③	$\frac{1}{\varepsilon_s}$배	$\frac{1}{\varepsilon_s}$배	$\frac{1}{\varepsilon_s}$배
④	$\frac{1}{\varepsilon_s}$배	ε_s배	ε_s배

핵심

㉠ 정전 용량 : $C = \frac{\varepsilon_0 \varepsilon_s S}{d}$[C]

㉡ 전위차 : $V = \frac{Q}{C}$[V]

㉢ 전계의 세기 : $E = \frac{\rho_s}{\varepsilon_0 \varepsilon_s}$[V/m]

해설

$C = \varepsilon_s C_0$[F] $\therefore \varepsilon_s$배

$V = \frac{Q}{C} = \frac{Q}{\varepsilon_s C_0} = \frac{1}{\varepsilon_s} V_0$[배] $\therefore \frac{1}{\varepsilon_s}$배

$E = \frac{\rho}{\varepsilon_0 \varepsilon_s} = \frac{1}{\varepsilon_s} E_0$[V/m] $\therefore \frac{1}{\varepsilon_s}$배

정답 ②

분극의 세기

기본유형

24

비유전율 $\varepsilon_s = 5$인 등방 유전체의 한 점에서 전계의 세기가 $E = 10^4$[V/m]일 때 이 점의 분극의 세기는 몇 [C/cm²]인가? [부산시설공단, 한국중부발전, 한전KPS]

① $\dfrac{10^{-5}}{9\pi}$　　② $\dfrac{10^{-9}}{9\pi}$

③ $\dfrac{10^{-5}}{18\pi}$　　④ $\dfrac{10^{-9}}{18\pi}$

핵심

분극의 세기

$P = D - \varepsilon_0 E = \varepsilon_0(\varepsilon_s - 1)E$[C/m²]

해설

진공의 유전율

$$\varepsilon_0 = \frac{1}{4\pi \times 9 \times 10^9} = \frac{10^{-9}}{36\pi} = 8.855 \times 10^{-12}[\text{F/m}]$$

분극의 세기

$$P = D - \varepsilon_0 E = \varepsilon_0(\varepsilon_s - 1)E = \frac{10^{-9}}{36\pi} \times (5-1) \times 10^4$$

$$= \frac{10^{-5}}{9\pi}[\text{C/m}^2]$$

정답 ①

관련유형

24-1

전계 E, 전속 밀도 D, 유전율 ε 사이의 관계를 옳게 표시한 것은? [경기도시공사]

① $P = D + \varepsilon_0 E$　　② $P = D - \varepsilon_0 E$

③ $\varepsilon_0 P = D + E$　　④ $\varepsilon_0 P = D - E$

해설

분극의 세기

$P = D - \varepsilon_0 E = \varepsilon_0 \varepsilon_s E - \varepsilon_0 E = \varepsilon_0(\varepsilon_s - 1)E = \chi E$[C/m²]

$\chi = \varepsilon_0(\varepsilon_s - 1)$: 분극률

정답 ②

관련유형

24-2

비유전율 $\varepsilon_s = 5$인 유전체 중에서 전속 밀도가 4×10^{-4}[C/m²]일 때, 분극의 세기는 몇 [C/m²]인가? [한국전력기술]

① 1.6×10^{-4}　　② 2.4×10^{-4}

③ 3.2×10^{-4}　　④ 4.8×10^{-4}

핵심

분극의 세기

$P = D - \varepsilon_0 E = D\left(1 - \dfrac{1}{\varepsilon_s}\right)$[C/m²]

해설

$$P = D - \varepsilon_0 E = D\left(1 - \frac{1}{\varepsilon_s}\right) = 4 \times 10^{-4} \times \left(1 - \frac{1}{5}\right) = 3.2 \times 10^{-4}[\text{C/m}^2]$$

정답 ③

유전체 경계면 조건

기본유형

25

공기 중의 전계 $E_1 = 10[\text{kV/cm}]$가 30°의 입사각으로 기름의 경계에 닿을 때, 굴절각 θ_2와 기름 중의 전계 E_2[V/m]는? (단, 기름의 비유전율은 3이라 한다.)

[부산시설공단, 경기도시공사]

① 60°, $\frac{10^6}{\sqrt{3}}$　② 60°, $\frac{10^3}{\sqrt{3}}$
③ 45°, $\frac{10^6}{\sqrt{3}}$　④ 45°, $\frac{10^3}{\sqrt{3}}$

핵심

유전체의 경계면 조건

$E_1 \sin\theta_1 = E_2 \sin\theta_2$ 전계는 경계면에서 수평 성분(=접선 성분)이 서로 같다.

$D_1 \cos\theta_1 = D_2 \cos\theta_2$ 전속 밀도는 경계면에서 수직 성분(=법선 성분)이 서로 같다.

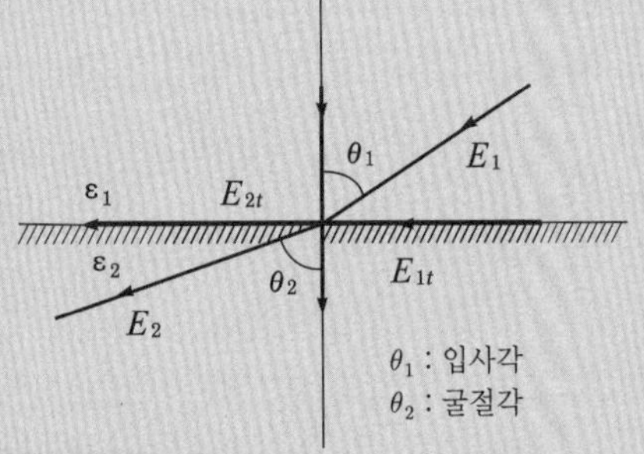

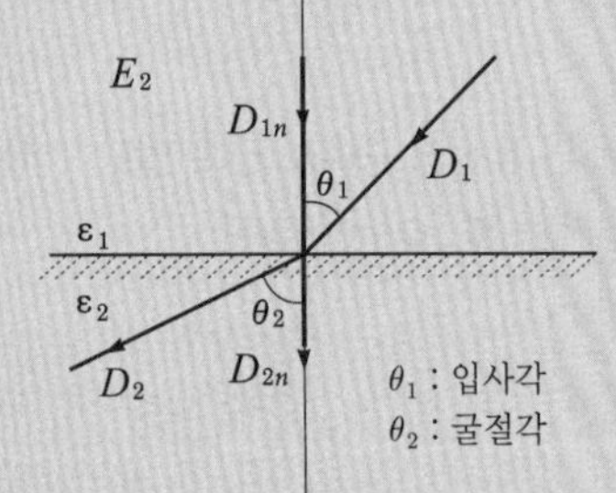

$$\frac{\tan\theta_1}{\tan\theta_2} = \frac{\varepsilon_1}{\varepsilon_2}$$

해설

$$\frac{\tan\theta_1}{\tan\theta_2} = \frac{\varepsilon_1}{\varepsilon_2} = \frac{1}{3}$$

$$\tan\theta_2 = 3\tan\theta_1$$

$$\therefore \theta_2 = \tan^{-1}(3\tan\theta_1) = \tan^{-1}(3\tan 30°) = \tan^{-1}\left(3 \times \frac{1}{\sqrt{3}}\right) = 60°$$

$$E_1 \sin\theta_1 = E_2 \sin\theta_2$$

$$\therefore E_2 = \frac{\sin\theta_1}{\sin\theta_2} E_1 = \frac{\sin 30°}{\sin 60°} \times (10 \times 10^3 / 10^{-2}) = \frac{\frac{1}{2}}{\frac{\sqrt{3}}{2}} \times 10^6 = \frac{10^6}{\sqrt{3}}[\text{V/m}]$$

정답 ①

관련유형

25-1

비유전율 3의 유전체 A와 비유전율은 알 수 없는 유전체 B가 그림과 같이 경계를 이루고 있으며 경계면에서 전자파의 굴절이 일어날 때, 유전체 B의 비유전율은? [인천교통공사]

① 1.5
② 2.3
③ 4.2
④ 5.2

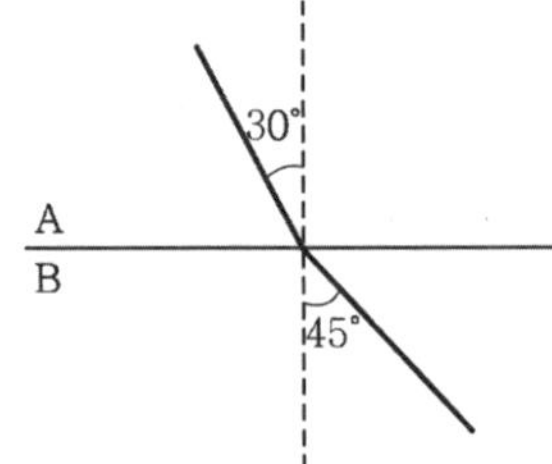

핵심

유전체의 경계면 조건

$$\frac{\tan\theta_1}{\tan\theta_2} = \frac{\varepsilon_1}{\varepsilon_2}$$

해설

A 유전체의 유전율을 ε_1, B 유전체의 유전율을 ε_2라 하면

$$\frac{\tan\theta_1}{\tan\theta_2} = \frac{\varepsilon_1}{\varepsilon_2}$$

$$\frac{\tan 30°}{\tan 45°} = \frac{3}{\varepsilon_2}$$

$$\therefore \varepsilon_2 = 3 \times \frac{\tan 45°}{\tan 30°} = 3 \times \frac{1}{1/\sqrt{3}} = 3\sqrt{3} \fallingdotseq 5.2$$

정답 ④

관련유형

25-2

유전율이 각각 $\varepsilon_1=1$, $\varepsilon_2=\sqrt{3}$ 인 두 유전체가 그림과 같이 접해 있는 경우, 경계면에서 전기력선의 입사각 $\theta_1=45°$이었다. 굴절각 θ_2는 얼마인가? [인천교통공사]

① 20°
② 30°
③ 45°
④ 60°

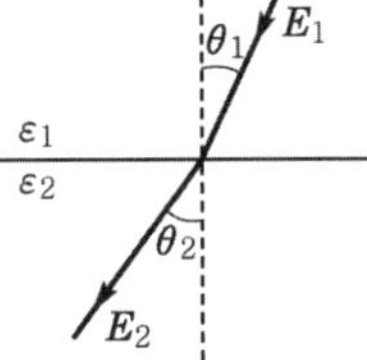

해설

$\frac{\tan\theta_1}{\tan\theta_2}=\frac{\varepsilon_1}{\varepsilon_2}$, $\tan\theta_2\varepsilon_1=\tan\theta_1\varepsilon_2$, $\tan\theta_2=\frac{\varepsilon_2}{\varepsilon_1}\tan\theta_1$

$\therefore \theta_2=\tan^{-1}\left(\frac{\varepsilon_2}{\varepsilon_1}\tan\theta_1\right)=\tan^{-1}\left(\frac{\sqrt{3}}{1}\tan 45°\right)=\tan^{-1}(\sqrt{3}\times 1)=60°$

정답 ④

관련유형

25-3

그림과 같은 평행판 콘덴서에 극판의 면적이 S[m²], 진전하 밀도를 σ[C/m²], 유전율이 각각 $\varepsilon_1=4$, $\varepsilon_2=2$인 유전체를 채우고 a, b 양단에 V[V]의 전압을 인가할 때, ε_1, ε_2인 유전체 내부의 전계의 세기 E_1, E_2와의 관계식은? [전기기사]

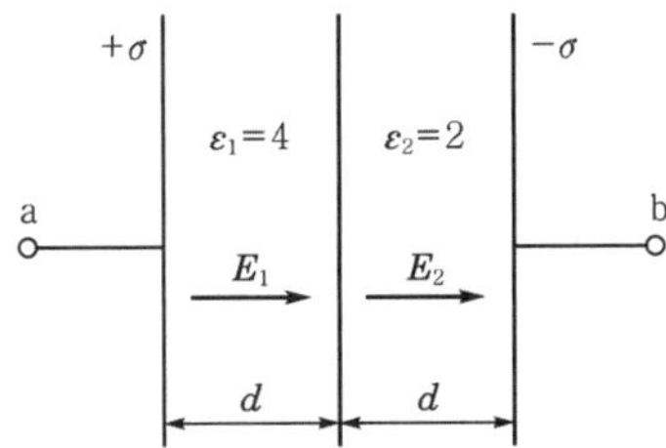

① $E_1=2E_2$　　② $E_1=4E_2$
③ $2E_1=E_2$　　④ $E_1=E_2$

해설

유전체의 경계면 조건

$D_1\cos\theta_1=D_2\cos\theta_2$

경계면에 수직이므로 $\theta_1=\theta_2=0°$이다.

$\therefore D_1=D_2$, $\varepsilon_1E_1=\varepsilon_2E_2$

$\because E_1=\frac{\varepsilon_2}{\varepsilon_1}E_2=\frac{2}{4}E_2=\frac{1}{2}E_2$

즉, $2E_1=E_2$가 된다.

정답 ③

관련유형

25-4

$\varepsilon_1>\varepsilon_2$의 유전체 경계면에 전계가 수직으로 입사할 때 경계면에 작용하는 힘과 방향에 대한 설명이 옳은 것은? [한국석유공사]

① $f=\frac{1}{2}\left(\frac{1}{\varepsilon_2}-\frac{1}{\varepsilon_1}\right)D^2$의 힘이 ε_1에서 ε_2로 작용

② $f=\frac{1}{2}\left(\frac{1}{\varepsilon_1}-\frac{1}{\varepsilon_2}\right)E^2$의 힘이 ε_2에서 ε_1로 작용

③ $f=\frac{1}{2}(\varepsilon_2-\varepsilon_1)E^2$의 힘이 ε_1에서 ε_2로 작용

④ $f=\frac{1}{2}(\varepsilon_1-\varepsilon_2)D^2$의 힘이 ε_2에서 ε_1로 작용

해설

단위 면적당 작용하는 힘에서

$f=\frac{1}{2}\varepsilon E^2=\frac{1}{2}DE=\frac{D^2}{2\varepsilon}$[N/m²]이다.

전계가 수직 입사하므로 전속 밀도의 법선 성분이 연속($D_1=D_2=D$)임을 이용하여 힘을 구할 수 있다.

$f=\frac{D}{2\varepsilon_1}$, $f_2=\frac{D}{2\varepsilon_2}$에서 $\varepsilon_1>\varepsilon_2$에서 $f_1<f_2$인 것을 알 수 있다.

∴ 경계면에서 작용하는 힘

$f=f_2-f_1=\frac{1}{2}\left(\frac{1}{\varepsilon_2}-\frac{1}{\varepsilon_1}\right)D^2$[N/m²]

(방향은 ε_1에서 ε_2로 작용)

다음의 공식을 전계의 방향에 따라 사용한다.

전계가 수직 입사	전계가 수평 진행
$f=\frac{D^2}{2\varepsilon}$	$f=\frac{1}{2}\varepsilon E^2$

정답 ①

콘덴서의 누설 전류

기본유형

26

비유전율 $\varepsilon_s = 2.2$, 고유 저항 $\rho = 10^{11}[\Omega \cdot m]$인 유전체를 넣은 콘덴서의 용량이 20[$\mu$F]이었다. 여기에 500[kV]의 전압을 가하였을 때 누설 전류는 몇 [A]인가? [한국석유공사, 한국서부발전]

① 4.2　　② 5.1
③ 54.5　　④ 61.0

핵심

콘덴서의 누설 전류 I_g

$RC = \rho\varepsilon$이므로 $I_g = \frac{V}{R} = \frac{CV}{\rho\varepsilon}$

여기서, ε : 유전체의 유전율[F/m]
ρ : 고유 저항[$\Omega \cdot$ m]

해설

$$I_g = \frac{V}{R} = \frac{CV}{\rho\varepsilon}$$
$$= \frac{20 \times 10^{-6} \times 500 \times 10^3}{10^{11} \times 2.2 \times 8.855 \times 10^{-12}} \fallingdotseq 5.13[A]$$

정답 ②

관련유형

26-1

액체 유전체를 포함한 콘덴서 용량이 C[F]인 것에 V[V]의 전압을 가했을 경우에 흐르는 누설 전류[A]는? (단, 유전체의 유전율은 ε[F/m], 고유 저항은 ρ[$\Omega \cdot$ m]이다.) [한국남동발전]

① $\frac{\rho\varepsilon}{CV}$　　② $\frac{C}{\rho\varepsilon V}$
③ $\frac{CV}{\rho\varepsilon}$　　④ $\frac{\rho\varepsilon V}{C}$

해설

$RC = \rho\varepsilon$에서 $R = \frac{\rho\varepsilon}{C}$이므로

$$I = \frac{V}{R} = \frac{CV}{\rho\varepsilon} = \frac{CV}{\rho\varepsilon_0\varepsilon_s}[A]$$

정답 ③

Chapter 4

진공 중의 정자계

쿨롱의 법칙 – 정자계

기본유형

27

10^{-5}[Wb]와 1.2×10^{-5}[Wb]의 점자극을 공기 중에서 2[cm] 거리에 놓았을 때, 극 간에 작용하는 힘은 몇 [N]인가? [대구도시철도공사, 한국중부발전]

① 1.9×10^{-2} ② 1.9×10^{-3}
③ 3.8×10^{-3} ④ 3.8×10^{-4}

핵심

자계의 쿨롱의 법칙

$$F = \frac{m_1 m_2}{4\pi \mu_o r^2} = 6.33 \times 10^4 \times \frac{m_1 m_2}{r^2} [\mathrm{N}]$$

해설

$$F = \frac{m_1 m_2}{4\pi \mu_o r^2} = 6.33 \times 10^4 \times \frac{m_1 m_2}{r^2}$$

$$= 6.33 \times 10^4 \times \frac{10^{-5} \times 1.2 \times 10^{-5}}{(2 \times 10^{-2})^2}$$

$$= 1.9 \times 10^{-2} [\mathrm{N}]$$

정답 ①

관련유형

27-1

공기 중에서 2.5×10^{-4}[Wb]와 4×10^{-3}[Wb]의 두 자극 사이에 작용하는 힘이 6.33[N]이었다면 두 자극 간의 거리[cm]는? [한국전력거래소]

① 1 ② 5
③ 10 ④ 100

해설

$$F = \frac{m_1 m_2}{4\pi \mu_o r^2} = 6.33 \times 10^4 \times \frac{m_1 m_2}{r^2} [\mathrm{N}]$$

$$r = \frac{\sqrt{6.33 \times 10^4 \times m_1 m_2}}{F} = \sqrt{\frac{6.33 \times 10^4 \times 2.5 \times 10^{-4} \times 4 \times 10^{-3}}{6.33}}$$

$$= 10 [\mathrm{cm}]$$

정답 ③

관련유형

27-2

1,000[AT/m]의 자계 중에 어떤 자극을 놓았을 때, 3×10^2[N]의 힘을 받았다고 한다. 자극의 세기[Wb]는? [인천교통공사, 한국지역난방공사]

① 0.1 ② 0.2
③ 0.3 ④ 0.4

핵심

쿨롱의 법칙에 의한 힘과 자계의 세기와의 관계

$F = mH$[N]

해설

$F = mH$[N]

$$\therefore m = \frac{F}{H} = \frac{3 \times 10^2}{1,000} = 0.3 [\mathrm{Wb}]$$

정답 ③

자계의 세기 – 무한장 직선 전류

기본유형

28

10[A]의 무한장 직선 전류로부터 10[cm] 떨어진 곳의 자계 세기[AT/m]는?

[대구도시철도공사, 대전도시철도공사, 서울시설공단, 부산시설공단, 인천교통공사, 서울교통공사, 한국가스공사, 한국전력기술]

① 1.59　② 15.0
③ 15.9　④ 159

핵심

무한장 직선 전류의 자계의 세기

$H=\frac{I}{2\pi r}$[A/m]

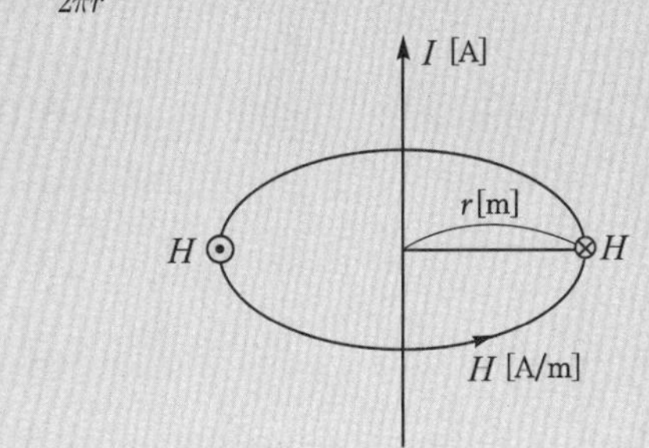

해설

$\oint Hdl = I$ 에서

$H \cdot 2\pi r = I$

$\therefore H=\frac{I}{2\pi r}=\frac{10}{2\pi\times 0.1}$

$\fallingdotseq 15.9$[AT/m]

정답 ③

관련유형

28-1

정전류가 흐르고 있는 무한 직선 도체로부터 수직으로 0.1[m]만큼 떨어진 점의 자계의 크기가 100[A/m]이면 0.4[m]만큼 떨어진 점의 자계의 크기[A/m]는?

[대전도시철도공사, 서울시설공단, 한국가스공사, 한국중부발전]

① 10　② 25
③ 50　④ 100

해설

무한장 직선 전류에 의한 자계의 크기는 직선 전류에서의 거리에 반비례한다.

$H=\frac{I}{2\pi r}$[A/m]

$100=\frac{I}{2\pi\times 0.1}$

$\therefore I=62.8$[A]

따라서, 0.4[m]만큼 떨어진 점의 자계의 크기

$H=\frac{I}{2\pi r}=\frac{62.8}{2\pi\times 0.4}=25$[A/m]

정답 ②

관련유형

28-2

무한히 긴 직선 도체에 전류 I[A]를 흘릴 때, 이 전류로부터 d[m] 되는 점의 자속 밀도는 몇 [Wb/m^2]인가?

[서울시설공단, 서울교통공사]

① $\frac{\mu_0 I}{4\pi d}$　② $\frac{I}{2\pi\mu_0 d}$
③ $\frac{I}{2\pi d}$　④ $\frac{\mu_0 I}{2\pi d}$

핵심

- 무한장 직선 전류에 의한 **자계의 세기** : $H=\frac{I}{2\pi r}$[AT/m]
- **자속 밀도** : $B=\mu_0 H$[Wb/m^2], $\mu_0=4\pi\times 10^{-7}$[H/m]

해설

$H=\frac{I}{2\pi d}$[AT/m]

$\therefore B=\mu_0 H=\frac{\mu_0 I}{2\pi d}$[Wb/m^2]

정답 ④

관련유형

28-3

전전류 I[A]가 반지름 a[m]인 원주를 흐를 때, 원주 내부 중심에서 r[m] 떨어진 원주 내부의 점의 자계 세기[AT/m]는?

[부산시설공단, 한전KPS, 경기도시공사]

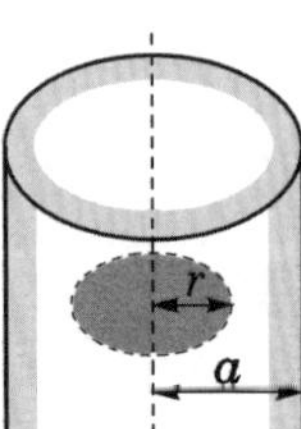

① $\dfrac{rI}{2\pi a^2}$

② $\dfrac{I}{2\pi a^2}$

③ $\dfrac{rI}{\pi a^2}$

④ $\dfrac{I}{\pi a^2}$

핵심

무한장 원통 전류의 자계의 세기

- 외부 : $H_o = \dfrac{I}{2\pi r}$ [A/m]
- 내부 : $H_i = \dfrac{rI}{2\pi a^2}$ [A/m]

해설

그림의 내부에 앙페르의 주회 적분 법칙을 적용하면

$$2\pi r \cdot H_i = I \times \frac{\pi r^2}{\pi a^2}$$

$$\therefore\ H_i = \frac{Ir}{2\pi a^2}\,[\text{AT/m}]$$

정답 ①

자계의 세기 – 무한장 솔레노이드

기본유형

29

길이 1[cm]마다 권수 50을 가진 무한장 솔레노이드에 500[mA]의 전류를 흘릴 때, 내부 자계는 몇 [AT/m]인가? [한국가스공사, 한국전력기술]

① 1,250 ② 2,500
③ 12,500 ④ 25,000

핵심

무한장(무한히 긴, 무한) 솔레노이드의 자계의 세기

$H = n_0 I$ [AT/m]

해설

단위길이당 권수 $n_0 = \dfrac{N}{l}$ [회/m]

$n_0 = 50$[회/cm]$= 50 \times 100$[회/m]

$\therefore\ H = n_0 I$

$= 50 \times 100 \times 500 \times 10^{-3} = 2{,}500$[AT/m]

정답 ②

관련유형

29-1

다음 중 무한 솔레노이드에 전류가 흐를 때에 대한 설명으로 가장 알맞은 것은? [한국가스공사, 경기도시공사, 한국전력기술]

① 내부 자계는 위치에 상관없이 일정하다.
② 내부 자계와 외부 자계는 그 값이 같다.
③ 외부 자계는 솔레노이드 근처에서 멀어질수록 그 값이 작아진다.
④ 내부 자계의 크기는 0이다.

해설

솔레노이드의 특징

㉠ 무한장 솔레노이드 내부 자계는 평등 자계이다.
㉡ 무한장 솔레노이드의 외부 자계의 세기는 0이다.

정답 ①

자계의 세기 – 환상 솔레노이드

기본유형

30

공심 환상 철심에서 코일의 권회수 500회, 단면적 6[cm^2], 평균 반지름 15[cm], 코일에 흐르는 전류를 4[A]라 하면 철심 중심에서의 자계 세기는 약 몇 [AT/m]인가? [인천교통공사, 한국전력거래소]

① 1,520 ② 1,720
③ 1,920 ④ 2,120

핵심

환상 솔레노이드의 자계의 세기

$H=\dfrac{NI}{2\pi a}$[AT/m]

해설

$$H=\frac{NI}{2\pi a}$$
$$=\frac{500\times4}{2\pi\times0.15}=2,123\text{[AT/m]}$$

정답 ④

관련유형

30-1

철심을 넣은 환상 솔레노이드의 평균 반지름은 20[cm]이다. 코일에 10[A]의 전류를 흘려 내부 자계의 세기를 2,000[AT/m]로 하기 위한 코일의 권수는 약 몇 회인가?

[한국중부발전, 한국가스공사, 한국전력기술]

① 200 ② 250
③ 300 ④ 350

해설

㉠ 환상 솔레노이드 : $H=\dfrac{NI}{2\pi r}$[AT/m]

㉡ $N=\dfrac{2\pi rH}{I}=\dfrac{2\pi\times0.2\times2,000}{10}=251.3$[T]

∴ 권선수는 약 250회이다.

정답 ②

자계의 세기 – 원형 코일

기본유형

31

지름 10[cm]인 원형 코일에 1[A]의 전류를 흘릴 때, 코일 중심의 자계를 1,000[AT/m]로 하려면 코일을 몇 회 감으면 되는가?

[서울교통공사, 한국가스공사, 한국지역난방공사]

① 200 ② 150
③ 100 ④ 50

핵심

원형 코일 중심 자계의 세기

$H=\frac{NI}{2a}$[AT/m]

해설

$H=\frac{NI}{2a}$[AT/m]

$N=\frac{2aH}{I}=\frac{2\left(\frac{d}{2}\right)H_0}{I}=\frac{2\times\frac{0.1}{2}\times 1,000}{1}=100$[회]

정답 ③

관련유형

31-1

반지름 a[m]인 반원형 전류 I[A]에 의한 중심에서의 자계의 세기는 몇 [AT/m]인가?

[인천교통공사, 한국전력기술, 한국지역난방공사]

① $\frac{I}{4a}$ ② $\frac{I}{a}$
③ $\frac{I}{2a}$ ④ $\frac{2I}{a}$

해설

원형 코일 중심의 자계 $H=\frac{I}{2a}$에서

∴ 반원형인 경우 $H=\frac{I}{2a}\times\frac{1}{2}$

$=\frac{I}{4a}$[AT/m]

정답 ①

관련유형

31-2

그림과 같이 반지름 a[m]인 원의 일부($\frac{3}{4}$원)에만 무한장 직선을 연결시키고 화살표 방향으로 전류 I[A]가 흐를 때, 부분원 중심 O점의 자계 세기를 구한 값[AT/m]은? [한국중부발전]

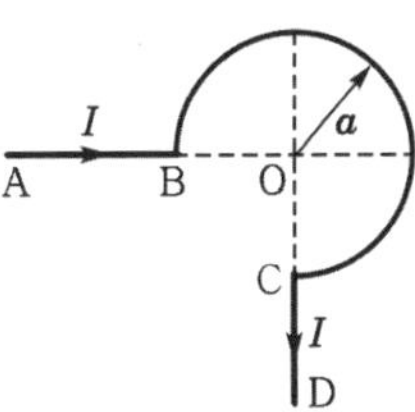

① 0 ② $\frac{3I}{4a}$
③ $\frac{I}{4\pi a}$ ④ $\frac{3I}{8a}$

해설

$\frac{3}{4}$ 원에 의한 자계의 세기

$H=\frac{I}{2a}\times\frac{3}{4}=\frac{3I}{8a}$[AT/m]

정답 ④

플레밍의 왼손 법칙

기본유형

32

자속 밀도가 $B=30[\mathrm{Wb/m^2}]$의 자계 내에 $I=5[\mathrm{A}]$의 전류가 흐르고 있는 길이 $l=1[\mathrm{m}]$인 직선 도체를 자계의 방향에 대해서 60°의 각을 짓도록 놓았을 때, 이 도체에 작용하는 힘[N]을 구하면?

[광주도시공사, 인천교통공사, 한국중부발전]

① 75　　② 150
③ 130　　④ 120

핵심

자계 속의 전류에 작용하는 힘

$F=IlB\sin\theta\,[\mathrm{N}]$

해설

$F=IBl\sin\theta$
$=5\times30\times1\times\sin60°$
$=75\sqrt{3}$
$≒130[\mathrm{N}]$

정답 ③

관련유형

32-1

자계 안에 놓여 있는 전류 회로에 작용하는 힘 F에 대한 식으로 옳은 것은?

[경기도시공사]

① $F=\oint I_c dl\times B$　　② $F=\oint I_c\cdot B\times dl$
③ $F=\oint I_c B\cdot dl$　　④ $F=\oint I_c^2 H\cdot dl$

해설

플레밍의 왼손 법칙(전자력)

$F=I_c Bl\sin\theta=(\vec{I_c}\times\vec{B})l=\oint I_c dl\times B\ [\mathrm{N}]$

정답 ①

평행 전류 도선 간에 작용하는 힘

기본유형

33

두 개의 무한장 직선 도체가 공기 중에서 5[mm]의 거리를 두고 놓여 있다. 한쪽 도체에 200[A], 다른 쪽 도체에 300[A]의 전류가 흐를 때, 도체의 단위길이당 작용하는 힘의 크기[N/m]는?

[서울교통공사, 부산시설공단, 한전KPS]

① 24　　② 48
③ 2.4　　④ 4.8

핵심

평행 전류 도선 간에 작용하는 힘

$$F = \frac{\mu_0 I_1 I_2}{2\pi d} = \frac{2 I_1 I_2}{d} \times 10^{-7}[\text{N/m}]$$

해설

$$F = \frac{\mu_0 I_1 I_2}{2\pi r} = \frac{2 I_1 I_2}{r} \times 10^{-7} = \frac{2\times 200\times 300}{5\times 10^{-3}} \times 10^{-7}$$
$$= 2.4[\text{N/m}]$$

정답 ③

관련유형

33-1

공기 중에서 1[m] 간격을 가진 두 개의 평행 도체 전류의 단위 길이에 작용하는 힘은 몇 [N]인가? (단, 전류는 1[A]라고 한다.)

[전기기사]

① 2×10^{-7}　　② 4×10^{-7}
③ $2\pi\times 10^{-7}$　　④ $4\pi\times 10^{-7}$

해설

평행 전류 도선 간 단위길이당 작용하는 힘

$$F = \frac{\mu_0 I_1 I_2}{2\pi d} = \frac{2 I_1 I_2}{d} \times 10^{-7}[\text{N/m}]$$

$I_1 = I_2 = 1[\text{A}]$이고 $d = 1[\text{m}]$이므로

$\therefore F = 2\times 10^{-7}[\text{N/m}]$

정답 ①

National Competency Standards

Chapter 5

자성체와 자기 회로

자성체

기본유형 34

강자성체가 아닌 것은? [대전도시철도공사, 경기도시공사]

① 철　② 니켈
③ 백금　④ 코발트

핵심

- **강자성체**
철(Fe), 니켈(Ni), 코발트(Co) 및 이들의 합금
강자성체이 특성으로는 히스테리시스 특성, 고투자율 특성, 포화 특성이 있다.
- **역(반)자성체**
비스무트(Bi), 탄소(C), 규소(Si), 은(Ag), 납(Pb), 아연(Zn), 황(S), 구리(Cu)

정답 ③

관련유형 34-1

인접 영구 자기 쌍극자가 크기는 같으나 방향이 서로 반대 방향으로 배열된 자성체를 어떤 자성체라 하는가? [대구도시철도공사]

① 반자성체　② 상자성체
③ 강자성체　④ 반강자성체

해설

- 자성체의 자구(spin) 배열 상태를 나타내면 다음과 같다.

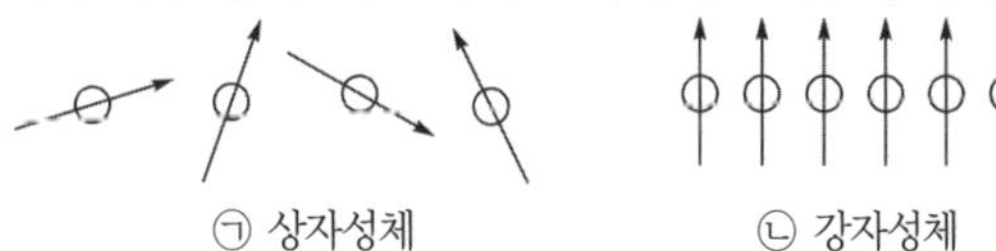

㉠ 상자성체　㉡ 강자성체

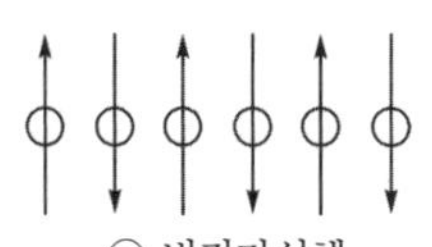

㉢ 반강자성체

㉣ 페리 자성체

정답 ④

자화의 세기

기본유형 35

비투자율 $\mu_s=400$인 환상 철심 중의 평균 자계 세기가 $H=300$[A/m]일 때, 자화의 세기 J [Wb/m^2]는? [경기도시공사]

① 0.1 ② 0.15
③ 0.2 ④ 0.25

핵심

자화의 세기
자성체를 자계 내에 놓았을 때 물질이 자화되는 경우 이것을 양적으로 표시한 단위 체적당 자기 모멘트이다.
$J=B-\mu_0 H=\mu_0\mu_s H-\mu_0 H=\mu_0(\mu_s-1)H=\chi_m H$

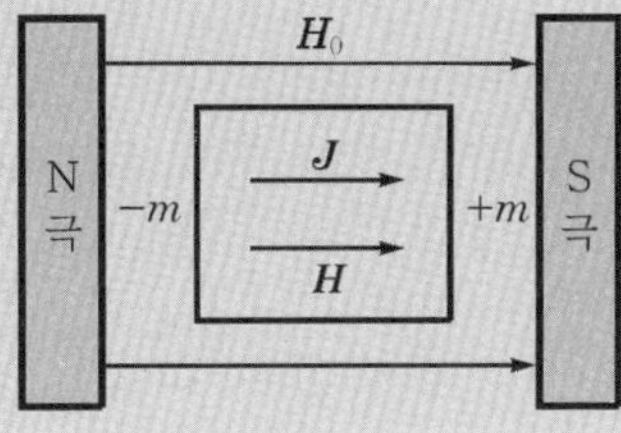

해설
$J=\chi_m H=\mu_0(\mu_s-1)H$
$=4\pi\times10^{-7}\times(400-1)\times300$
$=0.15$[Wb/m^2]

정답 ②

관련유형 35-1

다음의 관계식 중 성립할 수 없는 것은? (단, μ는 투자율, χ는 자화율, μ_0는 진공의 투자율, J는 자화의 세기이다.) [전기기사]

① $J=\chi B$ ② $B=\mu H$
③ $\mu=\mu_0+\chi$ ④ $\mu_s=1+\dfrac{\chi}{\mu_0}$

해설
자화의 세기 $J=\mu_0(\mu_s-1)H=\chi H$
자속 밀도 $B=\mu_0 H+J=(\mu_0+\chi)H=\mu_0\mu_s H=\mu H$
비투자율 $\mu_s=1+\dfrac{\chi}{\mu_0}$

정답 ①

관련유형 35-2

자성체의 자화의 세기 $J=8$[kA/m], 자화율 $\chi_m=0.02$일 때 자속 밀도는 약 몇 [T]인가? [전기기사]

① 7,000 ② 7,500
③ 8,000 ④ 8,500

해설
$B=\mu_0 H+J$
여기서, 자화의 세기 $J=\chi_m H$
따라서 $H=\dfrac{J}{\chi_m}$
$\therefore B=\mu_0\dfrac{J}{\chi_m}+J=J\left(1+\dfrac{\mu_0}{\chi_m}\right)$
$=8\times10^3\left(1+\dfrac{4\pi\times10^{-7}}{0.02}\right)$
$\fallingdotseq 8,000$[wb/m^2][T]

정답 ③

옴의 법칙 – 자기 회로

기본유형

36

그림과 같이 비투자율 $\mu_s=1{,}000$, 단면적 10[cm^2], 길이 2[m]인 환상 철심이 있을 때, 이 철심에 코일을 2,000회 감아 0.5[A]의 전류를 흘릴 때에 철심 내의 자속은 몇 [Wb]인가? [부산시설공단, 한국동서발전]

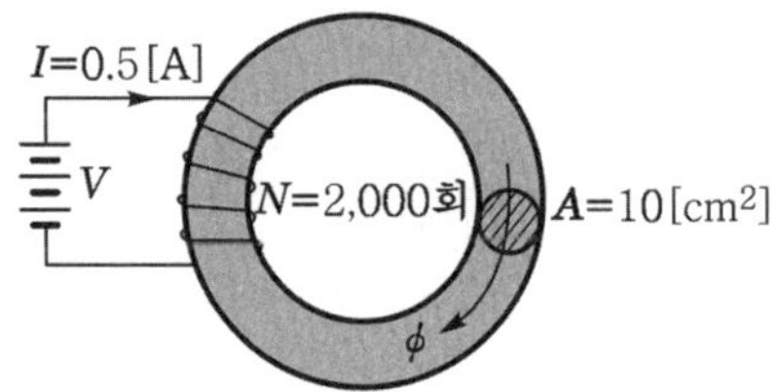

① 1.26×10^{-3}　② 1.26×10^{-4}
③ 6.28×10^{-3}　④ 6.28×10^{-4}

핵심

자기 옴의 법칙

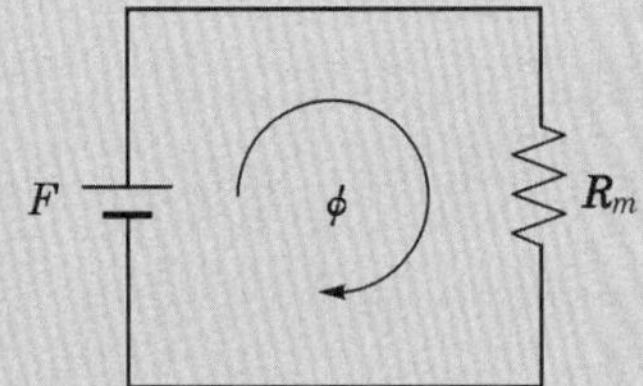

㉠ 자속 : $\phi=\dfrac{F}{R_m}$ [Wb]

㉡ 기자력 : $F=NI$[AT]

㉢ 자기 저항 : $R_m=\dfrac{l}{\mu S}$ [AT/Wb]

해설

$$\phi=\frac{F}{R_m}=\frac{NI}{R_m}=\frac{NI}{\dfrac{l}{\mu_o\mu_s S}}=\frac{\mu_o\mu_s SNI}{l}$$

$$=\frac{4\pi\times10^{-7}\times1{,}000\times10\times10^{-4}\times2{,}000\times0.5}{2}$$

$$=2\pi\times10^{-4}=6.28\times10^{-4}\text{[Wb]}$$

정답 ④

관련유형

36-1

환상 철심에 감은 코일에 5[A]의 전류를 흘리면 2,000[AT]의 기자력이 생기는 것으로 한다면 코일의 권수는 얼마로 하여야 하는가? [한국지역난방공사]

① 10^4　② 5×10^2
③ 4×10^2　④ 2.5×10^2

해설

$F=NI$[AT]

$\therefore\ N=\dfrac{F}{I}=\dfrac{2{,}000}{5}=400$[회]

정답 ③

관련유형

36-2

어떤 막대꼴 철심이 있다. 단면적이 0.5[m^2], 길이가 0.8[m], 비투자율이 20이다. 이 철심의 자기 저항[AT/Wb]은? [대구도시공사, 한국가스공사, 한국중부발전]

① 6.37×10^4　② 4.45×10^4
③ 3.6×10^4　④ 9.7×10^5

해설

$$R_m=\frac{l}{\mu S}=\frac{l}{\mu_o\mu_s S}=\frac{0.8}{4\pi\times10^{-7}\times20\times0.5}=6.37\times10^4\text{[AT/Wb]}$$

정답 ①

관련유형

36-3

길이 1[m]의 철심($\mu_s = 1{,}000$) 자기 회로에 1[mm]의 공극이 생겼을 때, 전체의 자기 저항은 약 몇 배로 증가되는가? (단, 각 부의 단면적은 일정하다.) [부산시설공단]

① 1.5 ② 2
③ 2.5 ④ 3

핵심

공극이 있는 경우와 공극이 없는 경우의 자기 저항의 비교

㉠ 공극이 없는 경우 : $R = \dfrac{l}{\mu S}$ [AT/Wb]

㉡ 공극이 있는 경우 : $R' = \dfrac{l}{\mu S}\left(1 + \dfrac{l_g}{l}\mu_s\right)$ [AT/Wb]

$\therefore \dfrac{R'}{R} = 1 + \dfrac{l_g \mu_s}{l}$ [배]

해설

$$\frac{R'}{R} = 1 + \frac{\mu l_g}{\mu_o l} = 1 + \mu_s \frac{l_g}{l} = 1 + 1{,}000 \times \frac{1 \times 10^{-3}}{1} = 1 + 1 = 2[\text{배}]$$

정답 ②

National Competency Standards

Chapter 6
전자 유도

패러데이 법칙

기본유형

37

패러데이의 법칙에 대한 설명으로 가장 적합한 것은?

[대전도시철도공사]

① 전자 유도에 의해 회로에 발생되는 기전력은 자속 쇄교수의 시간에 대한 증가율에 비례한다.
② 전자 유도에 의해 회로에 발생되는 기전력은 자속의 변화를 방해하는 반대 방향으로 기전력이 유도된다.
③ 정전 유도에 의해 회로에 발생하는 기자력은 자속의 변화 방향으로 유도된다.
④ 전자 유도에 의해 회로에 발생하는 기전력은 자속 쇄교수의 시간에 대한 감쇠율에 비례한다.

핵심

전자 유도에서 회로에 발생하는 기전력 e[V]는 쇄교 자속 ϕ[Wb]가 시간적으로 변화하는 비율과 같다.

$e=-\dfrac{d\phi}{dt}$[V]

우변의 (-)부호는 유도 기전력 e의 방향을 표시하는 것으로 자속이 감소할 때 (+)방향으로 유도 기전력이 발생한다.

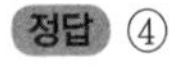

정답 ④

관련유형

37-1

100회 감은 코일과 쇄교하는 자속이 $\dfrac{1}{10}$초 동안에 0.5[Wb]에서 0.3[Wb]로 감소했다. 이때, 유기되는 기전력은 몇 [V]인가?

[한국동서발전, 한국중부발전]

① 20　　② 200
③ 80　　④ 800

핵심

패러데이 법칙

$e=-N\dfrac{d\phi}{dt}$[V]

해설

$$e=-N\frac{d\phi}{dt}$$
$$=-100\times\frac{0.3-0.5}{0.1}$$
$$=200[V]$$

정답 ②

관련유형

37-2

자속 ϕ[Wb]가 주파수 f[Hz]로 $\phi=\phi_m\sin 2\pi ft$[Wb]일 때 이 자속과 쇄교하는 권수 N회인 코일에 발생하는 기전력은 몇 [V]인가?

[경기도시공사, 한국전력거래소, 한국석유공사]

① $-2\pi fN\phi_m\cos\ 2\pi ft$　　② $-2\pi fN\phi_m\sin\ 2\pi ft$
③ $2\pi fN\phi_m\tan\ 2\pi ft$　　④ $2\pi fN\phi_m\sin\ 2\pi ft$

해설

$$e=-N\frac{d\phi}{dt}=-N\frac{d}{dt}\phi_m\sin 2\pi ft$$
$$=-N\phi_m\frac{d}{dt}\sin 2\pi ft$$
$$=-2\pi fN\phi_m\cos 2\pi ft[V]$$

정답 ①

침투 깊이

기본유형

38

고유 저항 ρ=2×10^{-8}[Ω · m], μ= 4π×10^{-7}[H/m]인 동선에 50[Hz]의 주파수를 갖는 전류가 흐를 때, 표피 두께는 몇 [mm]인가? [서울시설공단, 부산시설공단, 한국가스공사, 한국지역난방공사]

① 5.13 ② 7.15
③ 10.07 ④ 12.3

핵심

표피 효과의 침투 깊이

$\delta=\sqrt{\frac{2}{\omega\sigma\mu}}=\sqrt{\frac{1}{\pi f\sigma\mu}}$ [m]

여기서, f: 주파수
σ: 도전율
μ: 투자율

해설

$\delta=\sqrt{\frac{2}{\omega\mu\sigma}}=\sqrt{\frac{1}{\pi f\mu\sigma}}=\sqrt{\frac{\rho}{\pi f\mu}}=\sqrt{\frac{2\times10^{-8}}{\pi\times50\times4\pi\times10^{-7}}}$

$=\frac{1}{\sqrt{1,000\pi^2}}$

$=0.01007$[m]

$=10.07$[mm]

정답 ③

관련유형

38-1

다음 중 금속에서의 침투 깊이(skin depth)에 대한 설명으로 옳은 것은? [한국남부발전]

① 같은 금속을 사용할 경우 전자파의 주파수를 증가시키면 침투 깊이가 증가한다.
② 같은 주파수의 전자파를 사용할 경우 전도율이 높은 금속을 사용하면 침투 깊이가 감소한다.
③ 같은 주파수의 전자파를 사용할 경우 투자율 값이 작은 금속을 사용하면 침투 깊이가 감소한다.
④ 같은 금속을 사용할 경우 어떤 전자파를 사용하더라도 침투 깊이는 변하지 않는다.

해설

표피 효과 침투 길이 $\delta=\sqrt{\frac{2}{\omega\sigma\mu}}=\sqrt{\frac{1}{\pi f\sigma\mu}}$ [m]

즉, 주파수 f, 도전율 σ, 투자율 μ가 클수록 δ가 작아지므로 표피 효과가 커진다.

정답 ②

자계 내 운동 시 유기 기전력

기본유형

39

철도의 서로 절연되고 있는 레일 간격이 1.5[m]로서 열차가 72[km/h]의 속도로 달리고 있을 때 차축이 지구 자계의 수직 분력 $B=0.2\times10^{-4}$[Wb/㎡]를 절단하는 경우 레일 간에 발생하는 기전력은 몇 [V]인가?

[부산시설공단]

① 2,126　　② 3,160
③ 6×10^{-4}　　④ 6×10^{-5}

핵심

자계 내를 운동하는 도체에 발생하는 유기 기전력

$e=Blv\sin\theta$

여기서, B : 자속 밀도 [Wb/m^2]
l : 도체 길이 [m]
v : 도체 속도 [m/s]
θ : 자계와 도체의 각도

해설

자속 밀도 B[Wb/m^2]인 자계 내에 l[m]인 도체가 v[m/s]의 속도로 x[m] 이동하였을 때 도체에 의해 자속이 끊어지므로 도체에 기전력이 유기된다.
유기 기전력 e는 패러데이 법칙에 의해

$$e=\frac{d\phi}{dt}=\frac{d}{dt}(BS)=Bl\frac{dx}{dt}$$
$$=Blv[\text{V}]$$

자계와 도체의 각도를 θ라 하면 그때의 유기 기전력은
$e=Blv\sin\theta$ [V]
이와 같이 열차의 차축(도체)이 지구의 자계를 끊을 때 유도 기전력 e가 발생된다.

$$\therefore\ e=Blv\sin\theta$$
$$=0.2\times10^{-4}\times1.5\times\frac{72\times10^3}{3{,}600}=6\times10^{-4}[\text{V}]$$

정답 ③

관련유형

39-1

자속 밀도 10[Wb/m^2] 자계 중에 10[cm] 도체를 자계와 30°의 각도로 30[m/s]로 움직일 때, 도체에 유기되는 기전력은 몇 [V]인가?

[전기기사, 한국가스공사]

① 15　　② $15\sqrt{3}$
③ 1,500　　④ $1{,}500\sqrt{3}$

해설

$$e=vBl\sin\theta=30\times10\times0.1\times\sin30°$$
$$=30\times10\times0.1\times\frac{1}{2}=15[\text{V}]$$

정답 ①

Chapter 7
인덕턴스

자기 인덕턴스 – 환상 솔레노이드, 코일

기본유형 40

1,000회의 코일을 감은 환상 철심 솔레노이드의 단면적이 3[cm^2], 평균 길이가 4π[cm]이고, 철심의 비투자율이 500일 때, 자기 인덕턴스[H]는?

[서울교통공사, 서울시설공단, 한국석유공사, 한국서부발전]

① 1.5　② 15

③ $\frac{15}{4\pi}\times 10^6$　④ $\frac{15}{4\pi}\times 10^{-5}$

핵심

코일의 자기 인덕턴스

$L=\frac{N\phi}{I}=\frac{\mu SN^2}{l}$[H]

해설

$$L=\frac{\mu SN^2}{l}=\frac{\mu_o\mu_s SN^2}{l}$$

$$=\frac{4\pi\times10^{-7}\times500\times3\times10^{-4}\times1{,}000^2}{4\pi\times10^{-2}}$$

$$=1.5[\text{H}]$$

정답 ①

관련유형 40-1

권수 200회이고, 자기 인덕턴스 20[mH]의 코일에 2[A]의 전류를 흘리면 자속[Wb]은? [한국전력기술]

① 0.04　② 0.01

③ 4×10^{-4}　④ 2×10^{-4}

핵심

코일에 일정 전류 I가 흐를 때 생기는 자속 ϕ는 I에 비례

자속 $N\phi=LI$

해설

쇄교 자속 수 $\phi=N\phi=LI=20\times10^{-3}\times2=40\times10^{-3}$[Wb · T]

자속 $\phi=\frac{LI}{N}=\frac{40\times10^{-3}}{200}=2\times10^{-4}$[Wb]

정답 ④

관련유형 40-2

코일의 권수를 2배로 하면 인덕턴스의 값은 몇 배가 되는가? [경기도시공사]

① $\frac{1}{2}$배　② $\frac{1}{4}$배

③ 2배　④ 4배

해설

$L=\frac{\mu SN^2}{l}[\text{H}]\propto N^2$

따라서, 코일의 권수를 2배로 하면 인덕턴스는 4배로 된다.

정답 ④

자기 인덕턴스 - 무한장 솔레노이드

기본유형

41

그림과 같은 1[m]당 권선수 n, 반지름 a[m]인 무한장 솔레노이드의 자기 인덕턴스[H/m]는 n과 a 사이에 어떠한 관계가 있는가? [서울시설공단]

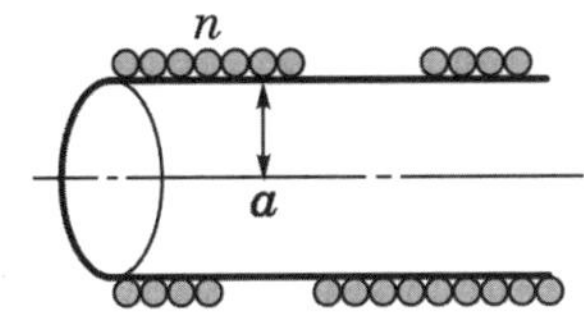

① a와는 상관없고 n^2에 비례한다.
② a와 n의 곱에 비례한다.
③ a^2과 n^2의 곱에 비례한다.
④ a^2에 반비례하고 n^2에 비례한다.

핵심

무한장 솔레노이드의 자기 인덕턴스

$L=\frac{n\phi}{I}=\frac{n}{I}B\cdot S=\mu\pi a^2n^2=4\pi\mu_S\pi a^2n^2\times10^{-7}$ [H/m]

해설

$n\phi=LI$(단위[m]당 권수 n)에서

$L=\frac{n\phi}{I}$

자속 $\phi=BS=\mu HS=\mu nI\pi a^2$

$\therefore L=\frac{n}{I}\mu nI\pi a^2=\mu\pi a^2n^2$

$=4\pi\mu_s\pi a^2n^2\times10^{-7}$[H/m]

$L\propto a^2n^2$

즉, a^2과 n^2의 곱에 비례한다.

정답 ③

관련유형

41-1

단면적 S[m²], 단위길이당 권수가 n_0[회/m]인 무한히 긴 솔레노이드의 자기 인덕턴스[H/m]를 구하면? [전기기사]

① μSn_0　② $\mu Sn_0^{\ 2}$
③ μS^2n_0　④ $\mu S^2n_0^{\ 2}$

해설

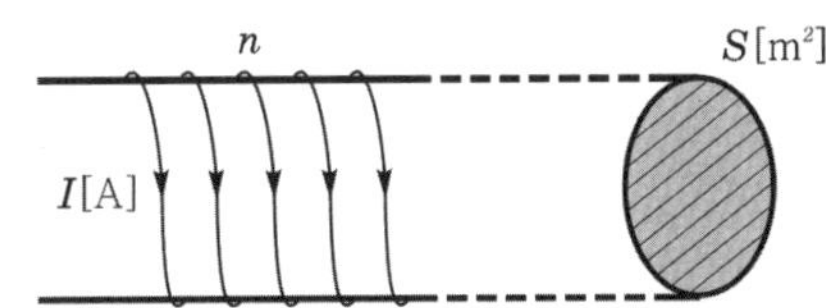

여기서, n: 단위길이에 대한 권수

무한장 솔레노이드의 자기 인덕턴스

$L=\frac{n_0\phi}{I}=\frac{n_0}{I}\mu\cdot n_0I\pi a^2$

$=\mu\pi a^2n_0^2$[H/m]$=\mu S\cdot n_0^{\ 2}$[H/m]

정답 ②

자기 인덕턴스 – 동축 케이블

기본유형

42

동축 케이블의 단위길이당 자기 인덕턴스는? (단, 동축선 자체의 내부 인덕턴스는 무시하는 것으로 한다.) [부산시설공단]

① 두 원통의 반지름의 비에 정비례한다.
② 동축선의 투자율에 비례한다.
③ 유전체의 투자율에 비례한다.
④ 전류의 세기에 비례한다.

핵심

반지름 a, b $(a<b)$ 동심 원통 사이의 인덕턴스

$L=\frac{\mu_o}{2\pi}ln\frac{b}{a}$[H/m]

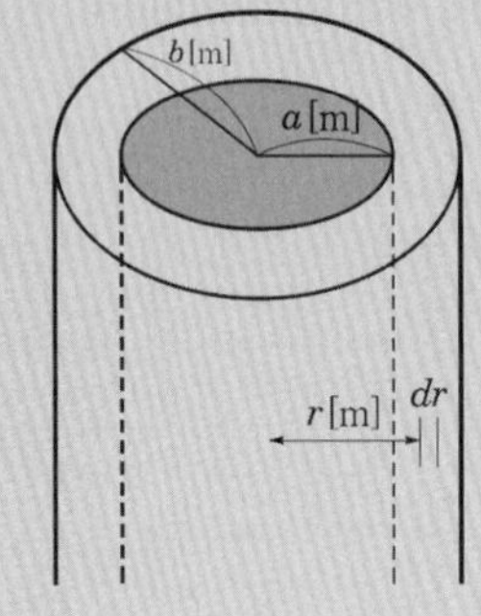

해설

$L=\frac{\mu_o}{2\pi}ln\frac{b}{a}$[H/m]$\propto\mu_o$

즉, 투자율에 비례한다.

정답 ②

관련유형

42-1

내경의 반지름이 1[mm], 외경의 반지름이 3[mm]인 동축 케이블의 단위길이당 인덕턴스는 약 몇 [μH/m]인가? (단, $\mu_r=1$이며, 내부 인덕턴스는 무시한다.) [전기기사]

① 0.12 ② 0.22
③ 0.32 ④ 0.42

해설

$L=\frac{\mu}{2\pi}\ln\frac{b}{a}$[H/m]

$=\frac{\mu\cdot\mu_s}{2\pi}\ln\frac{b}{a}$

$=\frac{4\pi\times10^{-7}\times1}{2\pi}\ln\frac{(3\times10^{-3})}{(1\times10^{-3})}$

$=0.22\times10^{-6}$[H/m]

$=0.22[\mu$H/m]

정답 ②

관련유형

42-2

반지름 a[m], 선간 거리 d [m]인 평행 왕복 도선 간의 자기 인덕턴스[H/m]는 다음 중 어떤 값에 비례하는가? [부산시설공단]

① $\frac{\pi\mu_o}{\ln\frac{d}{a}}$ ② $\frac{\pi\mu_o}{\ln\frac{a}{d}}$

③ $\frac{\mu_o}{2\pi}ln\frac{a}{d}$ ④ $\frac{\mu_o}{\pi}ln\frac{d}{a}$

핵심

평행 왕복 도선 사이의 인덕턴스($d\gg a$인 경우)

$L=\frac{\phi}{I}=\frac{\mu_o}{\pi}ln\frac{d}{a}$[H/m]

정답 ④

자기 유도 기전력

기본유형

43

자기 인덕턴스 0.05[H]의 회로에 흐르는 전류가 매초 530[A]의 비율로 증가할 때, 자기 유도 기전력[V]을 구하면? [인천교통공사]

① −25.5 ② −26.5
③ 25.5 ④ 26.5

핵심

유도 기전력

$e=-\dfrac{d\phi}{dt}=-L\dfrac{di}{dt}$[V]

해설

$e=-L\dfrac{di}{dt}=-0.05\times\dfrac{530}{1}=-26.5$[V]

정답 ②

관련유형

43-1

자기 인덕턴스 0.5[H]의 코일에 1/200[s] 동안에 전류가 25[A]로부터 20[A]로 줄었다. 이 코일에 유기된 기전력의 크기 및 방향은? [경기도시공사, 한국전력기술]

① 50[V], 전류와 같은 방향
② 50[V], 전류와 반대 방향
③ 500[V], 전류와 같은 방향
④ 500[V], 전류와 반대 방향

핵심

유도 기전력의 방향

㉠ 전자기 유도에 의해 만들어지는 전류는 자속의 변화를 방해하는 방향으로 흐른다(렌츠의 법칙).
㉡ 전류가 증가하는 경우 전류의 증가를 방해하기 위하여 전류와 반대 방향의 유기 기전력이 발생하고, 전류가 감소하는 경우 전류의 감소를 방해하기 위하여 전류와 같은 방향의 유기 기전력이 발생한다.

해설

$e=-L\dfrac{di}{dt}=-0.5\times\dfrac{20-25}{\dfrac{1}{200}}=500$[V]

정답 ③

코일의 결합

기본유형

44

두 자기 인덕턴스를 직렬로 하여 합성 인덕턴스를 측정하였더니 75[mH]가 되었다. 이때, 한쪽 인덕턴스를 반대로 측정하니 25[mH]가 되었다면 두 코일의 상호 인덕턴스[mH]는 얼마인가? [대전도시철도공사, 한전KPS]

① 12.5 ② 20.5
③ 25 ④ 30

핵심

직렬 접속 시 합성 인덕턴스

$L_o = L_1 + L_2 \pm 2M$[H] (+ : 가동 결합, − : 차동 결합)

해설

$L_+ = L_1 + L_2 + 2M = 75$[mH] ················ ㉠

$L_- = L_1 + L_2 - 2M = 25$[mH] ················ ㉡

㉠−㉡ 식에서

$\therefore\ M = \dfrac{L_+ - L_-}{4} = \dfrac{75-25}{4} = \dfrac{50}{4} = 12.5$[mH]

정답 ①

관련유형

44-1

서로 결합하고 있는 두 코일의 자기 인덕턴스가 각각 3[mH], 5[mH]이다. 이들을 자속이 서로 합해지도록 직렬 접속할 때는 합성 인덕턴스가 L[mH]이고, 반대가 되도록 직렬 접속했을 때의 합성 인덕턴스 L'는 L의 60[%]였다. 두 코일 간의 결합 계수는? [광주도시공사, 대구도시철도공사]

① 0.258 ② 0.362
③ 0.451 ④ 0.553

핵심

결합 계수

$K = \dfrac{M}{\sqrt{L_1 L_2}}$

해설

$L = 3 + 5 + 2M$ ················ ㉠

$0.6\,L = 3 + 5 - 2M$ ················ ㉡

㉠+㉡ 식에서

$1.6\,L = 16$

$\therefore\ L = 10$ [mH] ················ ㉢

㉢을 ㉠ 또는 ㉡식에 대입하면,

$M = 1$[mH]

$\therefore K = \dfrac{M}{\sqrt{L_1 L_2}} = \dfrac{1}{\sqrt{3\times5}} = 0.258$

정답 ①

관련유형

44-2

철심이 들어 있는 환상 코일에서 1차 코일의 권수가 100회일 때 자기 인덕턴스는 0.01[H]이었다. 이 철심에 2차 코일을 200회 감았을 때 상호 인덕턴스는 몇 [H]인가? [부산시설공단]

① 0.01 ② 0.02
③ 0.03 ④ 0.04

해설

상호 인덕턴스

$M = \dfrac{N_2}{N_1} \times L_1 = \dfrac{200}{100} \times 0.01 = 0.02$[H]

2차 측 자기 인덕턴스

$L_2 = \left(\dfrac{N_2}{N_1}\right)^2 \times L_1 = \left(\dfrac{200}{100}\right)^2 \times 0.01 = 0.04$[H]

정답 ②

인덕턴스 축적 에너지

기본유형

45

100[mH]의 자기 인덕턴스를 가진 코일에 10[A]의 전류를 통할 때, 축적되는 에너지[J]는?

[대구도시철도공사, 서울교통공사, 한국가스공사, 한국남동발전, 한국지역난방공사]

① 1 ② 5
③ 50 ④ 1,000

핵심

인덕턴스에 축적되는 에너지

$W=\frac{1}{2}LI^2$ [J]

해설

$W=\frac{1}{2}LI^2$

$=\frac{1}{2}\times 100\times 10^{-3}\times 10^2$

$=5$[J]

정답 ②

관련유형

45-1

그림과 같이 직렬로 접속된 두 개의 코일이 있을 때, $L_1=20$[mH], $L_2=80$[mH], 결합 계수 k=0.8이다. 여기에 0.5[A]의 전류를 흘릴 때, 이 합성 코일에 저축되는 에너지[J]는?

[한국동서발전, 한국서부발전]

① 1.1×10^{-3}
② 2.05×10^{-2}
③ 6.63×10^{-2}
④ 8.2×10^{-2}

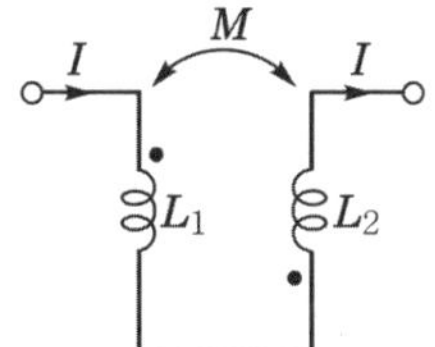

핵심

- 상호 인덕턴스 결합 계수
  $M=K\sqrt{L_1L_2}$
- 직렬 접속 시 합성 인덕턴스
  $L_o=L_1+L_2\pm 2M$[H](+ : 가동 결합, − : 차동 결합)
- 인덕턴스에 축적되는 에너지
  $W=\frac{1}{2}LI^2$[J]

해설

점(dot)의 표시가 자속 방향이 같은 방향이 되도록 표시되어 있으므로 가동 결합

$M=k\sqrt{L_1L_2}=0.8\times\sqrt{20\times 80}=32$[mH]

$\therefore\ W=\frac{1}{2}(L_1+L_2+2M)I^2=\frac{1}{2}\times(20+80+2\times 32)\times 10^{-3}\times 0.5^2$

$=2.05\times 10^{-2}$[J]

정답 ②

관련유형

45-2

그림에서 l=100[cm], S=10[cm^2], μ_s=100, N=1,000회인 회로에 전류 I=10[A]를 흘렸을 때, 축적되는 에너지[J]는?

[한국가스공사, 한국지역난방공사]

① $2\pi\times 10^{-1}$
② $2\pi\times 10^{-2}$
③ $2\pi\times 10^{-3}$
④ 2π

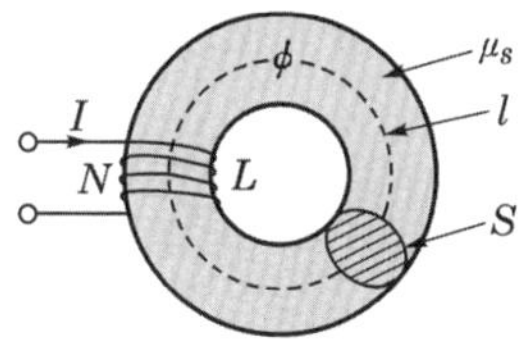

핵심

- 환상 솔레노이드의 인덕턴스 : $L=\frac{N\phi}{I}=\frac{\mu SN^2}{l}$[H]
- 인덕턴스에 축적되는 에너지 : $W=\frac{1}{2}LI^2$[J]

해설

$L=\frac{N\phi}{I}=\frac{N^2}{R_m}=\frac{\mu SN^2}{l}=\frac{4\pi\times 10^{-7}\times 100\times 10\times 10^{-4}\times(1{,}000)^2}{100\times 10^{-2}}$

$=4\pi\times 10^{-2}$[H]

$\therefore\ W=\frac{1}{2}LI^2=\frac{1}{2}\times 4\pi\times 10^{-2}\times 10^2=2\pi$[J]

정답 ④

National Competency Standards

Chapter 8
전자기장

맥스웰 전자 방정식

기본유형 46

전자장에 관한 다음의 기본식 중 옳지 않은 것은?

[한국가스공사, 한국동서발전, 한국중부발전]

① 가우스 정리의 미분형 $\text{divD}=\rho$
② 옴의 법칙의 미분형 $i=\sigma \cdot E$
③ 패러데이 법칙의 미분형 $\text{rotE}=-\dfrac{\partial B}{\partial t}$
④ 앙페르 주회 적분 법칙의 미분형 $\text{rotH}=\dfrac{\partial D}{\partial t}$

핵심

맥스웰의 전자계 기초 방정식

㉠ $\text{rotE}=\nabla\times E=-\dfrac{\partial B}{\partial t}=-\mu\dfrac{\partial H}{\partial t}$ (패러데이 전자 유도 법칙의 미분형)
㉡ $\text{rotH}=\nabla\times H=i+\dfrac{\partial D}{\partial t}$ (앙페르 주회 적분 법칙의 미분형)
㉢ $\text{divD}=\nabla\cdot D=\rho$(가우스 정리의 미분형)
㉣ $\text{divB}=\nabla\cdot B=0$(가우스 정리의 미분형)

해설

$\text{rotH}=i+\dfrac{\partial D}{\partial t}$

정답 ④

관련유형 46-1

패러데이-노이만 전자 유도 법칙에 의하여 일반화된 맥스웰 전자 방정식의 형은?

[서울시설공단]

① $\nabla\times H=i_C+\dfrac{\partial D}{\partial t}$
② $\nabla\cdot B=0$
③ $\nabla\times E=-\dfrac{\partial B}{\partial t}$
④ $\nabla\cdot D=\rho$

해설

$$\text{rotE}=\nabla\times E=-\frac{\partial B}{\partial t}=-\mu\frac{\partial H}{\partial t}$$

정답 ③

관련유형 46-2

자계의 세기 $H=jxy-kxz$ [A/m²]일 때, 점 (2, 3, 5)에서 전류밀도 J[A/m²]는?

[경기도시공사]

① $5i+3j$
② $3i+5j$
③ $5i+2k$
④ $5j+3k$

핵심

$\text{rot H}=J$

$$\text{rot H}=\nabla\times H=\begin{vmatrix} i & j & k \\ \dfrac{\partial}{\partial x} & \dfrac{\partial}{\partial y} & \dfrac{\partial}{\partial z} \\ 0 & xy & -xz \end{vmatrix}=jz+ky$$

해설

$\therefore\ [\text{rot H}]_{x=2,\ y=3,\ z=5}=5j+3k\,[\text{A/m}^2]$

정답 ④

전자파 전파 속도

기본유형

47

유전율 ε, 투자율 μ의 공간을 전파하는 전자파의 전파 속도 v [m/s]는? [서울시설공단, 부산시설공단, 한국전력기술, 한국석유공사, 한국중부발전]

① $v=\sqrt{\varepsilon\mu}$　② $v=\sqrt{\dfrac{\varepsilon}{\mu}}$

③ $v=\sqrt{\dfrac{\mu}{\varepsilon}}$　④ $v=\dfrac{1}{\sqrt{\varepsilon\mu}}$

핵심

전자파의 전파 속도

$$v=\frac{1}{\sqrt{\varepsilon\mu}}=\frac{1}{\sqrt{\varepsilon_o\mu_o}}\cdot\frac{1}{\sqrt{\varepsilon_s\mu_s}}=3\times10^8\frac{1}{\sqrt{\varepsilon_s\mu_s}}[\text{m/s}]$$

해설

$$v=\frac{1}{\sqrt{\varepsilon\mu}}=\frac{1}{\sqrt{\varepsilon_o\mu_o}}\cdot\frac{1}{\sqrt{\varepsilon_s\mu_s}}=C_o\frac{1}{\sqrt{\varepsilon_s\mu_s}}$$
$$=\frac{3\times10^8}{\sqrt{\varepsilon_s\mu_s}}[\text{m/s}]$$

정답 ④

관련유형

47-1

비유전율 ε_s =2.75의 기름 속에서 전자파 속도[m/s]를 구한 값은? (단, 비투자율 μ_s =1이다.) [한국중부발전, 한국동서발전, 한국가스공사, 한국지역난방공사]

① 1.81×10^8　② 1.61×10^8

③ 1.31×10^8　④ 1.11×10^8

해설

$$v=\frac{1}{\sqrt{\varepsilon\mu}}=\frac{1}{\sqrt{\varepsilon_o\mu_o}}\cdot\frac{1}{\sqrt{\varepsilon_s\mu_s}}=\frac{C_o}{\sqrt{\varepsilon_s\mu_s}}=\frac{3\times10^8}{\sqrt{2.75\times1}}$$
$$=1.81\times10^8[\text{m/s}]$$

정답 ①

관련유형

47-2

주파수가 1[MHz]인 전자파의 공기 내에서의 파장[m]은? [서울교통공사, 서울시설공단, 부산교통공사, 부산시설공단, 한국남동발전, 경기도시공사, 한국석유공사, 한국서부발전]

① 100　② 200

③ 300　④ 400

핵심

전자파의 전파 속도

$v=\lambda f$ [m/s]

∴ 파장 $\lambda=\dfrac{v}{f}$ [m]

해설

$v=C_o=3\times10^8$ [m/s]이므로

$$\therefore\ \lambda=\frac{C_o}{f}=\frac{3\times10^8}{1\times10^6}=300[\text{m}]$$

정답 ③

고유 임피던스

기본유형 48

자유 공간의 고유 임피던스 $\sqrt{\frac{\mu_o}{\varepsilon_o}}$ 의 값은 몇 [Ω]인가?

[부산시설공단, 한국중부발전, 한국가스공사]

① 60π ② 80π
③ 100π ④ 120π

핵심

고유 임피던스

$$\eta = \frac{E}{H} = \sqrt{\frac{\mu}{\varepsilon}} = \sqrt{\frac{\mu_o}{\varepsilon_o}} \cdot \sqrt{\frac{\mu_s}{\varepsilon_s}} = 377\sqrt{\frac{\mu_s}{\varepsilon_s}}\ [\Omega]$$

해설

자유 공간의 고유 임피던스 $\eta = \sqrt{\frac{\mu_o}{\varepsilon_o}} = 120\pi\ [\Omega]$

정답 ④

관련유형 48-1

비유전율 $\varepsilon_s = 80$, 비투자율 $\mu_s = 1$인 전자파의 고유 임피던스 (intrinsic impedance)[Ω]는?

[서울교통공사, 한국동서발전, 한국가스공사]

① 0.1 ② 80
③ 8.9 ④ 42

해설

$$\eta = \frac{E}{H} = \sqrt{\frac{\mu}{\varepsilon}} = \sqrt{\frac{\mu_o}{\varepsilon_o}} \cdot \sqrt{\frac{\mu_s}{\varepsilon_s}} = 120\pi\sqrt{\frac{\mu_s}{\varepsilon_s}} - 377\sqrt{\frac{\mu_s}{\varepsilon_s}} = 377 \times \sqrt{\frac{1}{80}}$$
$$= 42.2[\Omega]$$

정답 ④

포인팅 벡터

기본유형

49

전계 E[V/m] 및 자계 H[AT/m]의 에너지가 자유 공간 중을 C[m/s]의 속도로 전파될 때, 단위시간당 단위면적을 지나가는 에너지는 몇 [W/m^2]인가?

[부산시설공단]

① $\sqrt{\varepsilon\mu}\,EH$　② EH

③ $\dfrac{EH}{\sqrt{\varepsilon\mu}}$　④ $\dfrac{1}{2}(\varepsilon E^2+\mu H^2)$

핵심

포인팅 벡터

$P=w\times v=\sqrt{\varepsilon\mu}\ EH\times\dfrac{1}{\sqrt{\varepsilon\mu}}=EH\,[\text{W/m}^2]$

해설

포인팅 벡터[P]

전자계 내의 한 점을 통과하는 에너지 흐름의 단위면적당 전력 또는 전력 밀도를 표시하는 벡터를 말한다.

전계와 자계가 함께 존재하는 경우 에너지 밀도는

$w=\dfrac{1}{2}(\varepsilon E^2+\mu H^2)$ [J/m^3]이고

$H=\sqrt{\dfrac{\varepsilon}{\mu}}E$, $E=\sqrt{\dfrac{\mu}{\varepsilon}}H$이므로 이를 위의 식에 대입하면

$w=\dfrac{1}{2}\left(\varepsilon\sqrt{\dfrac{\mu}{\varepsilon}}EH+\mu\sqrt{\dfrac{\varepsilon}{\mu}}EH\right)=\sqrt{\varepsilon\mu}\,EH$[J/m^3]가 된다.

이것이 평면 전자파가 갖는 에너지 밀도[J/m^3]가 되는데 평면 전자파는 전계와 자계의 진동 방향에 대하여 수직인 방향으로 속도 $v=\dfrac{1}{\sqrt{\varepsilon\mu}}$[m/s]로 전파되기 때문에 진행 방향에 수직인 단위면적을 단위시간에 통과하는 에너지는

$P=w\cdot v$

$=\sqrt{\varepsilon\mu}\,EH\times\dfrac{1}{\sqrt{\varepsilon\mu}}$

$=EH$[J/s · m^2]

$=EH$[W/m^2]

평면 전자파는 E와 H가 수직이므로 이것을 벡터로 표시하면

$P=E\times H$[W/m^2]가 되고 이 벡터를 포인팅(poynting) 벡터, 또는 방사(radiation) 벡터라 하며 이 방향은 진행 방향과 평행이다.

정답 ②

관련유형

49-1

공기 중에서 x방향으로 진행하는 전자파가 있다. $E_y=3\times10^{-2}\sin\omega(x-vt)$[V/m], $E_z=4\times10^{-2}\sin\omega(x-vt)$[V/m]일 때, 포인팅 벡터의 크기[W/m^2]는?

[전기기사]

① $6.63\times10^{-6}\sin^2\omega(x-vt)$

② $6.63\times10^{-6}\cos^2\omega(x-vt)$

③ $6.63\times10^{-4}\sin\omega(x-vt)$

④ $6.63\times10^{-4}\cos^2\omega(x-vt)$

해설

$E=\sqrt{E_y^{\,2}+E_z^{\,2}}=\sqrt{3^2+4^2}\times10^{-2}\sin\omega(x-vt)$

$=5\times10^{-2}\sin\omega(x-vt)$

$H=\dfrac{\sqrt{\varepsilon_0}\,E}{\sqrt{\mu_0}}=\dfrac{E}{C_0\mu_0}$

$=\dfrac{E}{3\times10^8\times4\pi\times10^{-7}}=\dfrac{E}{120\pi}$

$=\dfrac{E}{377}=0.2653\times10^{-2}E$

$H=0.2653\times10^{-2}\times5\times10^{-2}\sin\omega(x-vt)$

$=\dfrac{E}{377}=0.2653\times10^{-2}E$

$H=0.2653\times10^{-2}\times5\times10^{-2}\sin\omega(x-vt)$

$=1.3265\times10^{-4}\sin\omega(x-vt)$

E와 H는 직교하므로

$\therefore\ P=EH=6.63\times10^{-6}\sin^2\omega(x-vt)$[W/m^2]

정답 ①

NCS 전기

Chapter 1
직류 회로

Chapter 2
단상 교류 회로

Chapter 3
다상 교류 회로

Chapter 4
비정현파 교류 회로의 이해

Chapter 5
대칭 좌표법

Chapter 6
회로망 해석

Chapter 7
4단자망 회로 해석

Chapter 8
분포 정수 회로

Chapter 9
과도 현상

Chapter 10
라플라스 변환

PART 02

회로 이론

National Competency Standards

Chapter 1
직류 회로

저항의 병렬 접속

기본유형

50

그림과 같은 회로에서 r_1, r_2에 흐르는 전류의 크기가 1 : 2의 비율이라면 r_1, r_2의 저항은 각각 몇 [Ω]인가?

[대전도시철도공사, 한국가스공사, 한국전력거래소]

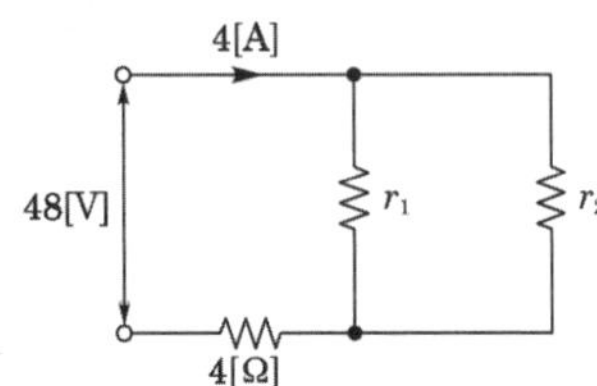

① $r_1=16$, $r_2=8$　② $r_1=24$, $r_2=12$
③ $r_1=6$, $r_2=3$　④ $r_1=8$, $r_2=4$

핵심

전류 크기의 비가 1 : 2라면 r_1, r_2의 저항 크기의 비는 2 : 1이 된다.

해설

전체 회로의 합성 저항 $R_o=\frac{V}{I}=\frac{48}{4}=12[\Omega]$이므로

$12=4+\frac{r_1r_2}{r_1+r_2}$ ……… ㉠

$r_1 : r_2=2:1$이므로

$r_1=2r_2$ ……… ㉡

㉡ 식을 ㉠에 대입하면

$\therefore\ r_1=24[\Omega],\ r_2=12[\Omega]$

정답 ②

관련유형

50-1

다음과 같은 회로에서 a, b의 단자 전압 V_{ab}를 구하면?

[광주도시공사, 대구시설공단, 한국가스공사]

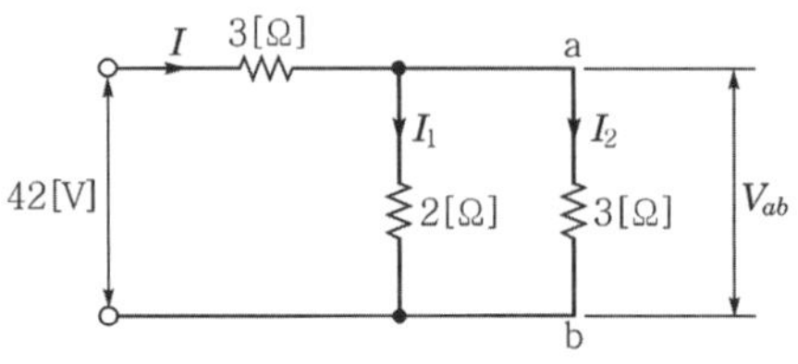

① 3[V]　② 6[V]
③ 12[V]　④ 24[V]

해설

㉠ 합성 저항 : $R=3+\frac{2\times3}{2+3}=4.2[\Omega]$

㉡ 전전류 : $I=\frac{V}{R}=\frac{42}{4.2}=10\,[A]$

㉢ $I_2=\frac{R_1}{R_1+R_2}\times I=\frac{2}{2+3}\times10=4[A]$

$\therefore\ V_{ab}=3I_2=3\times4=12[V]$

정답 ③

관련유형

50-2

단자 a, b 간에 25[V]의 전압을 가할 때 5[A]의 전류가 흐른다. 저항 r_1, r_2에 흐르는 전류비가 1:3일 때 r_1, r_2의 값[Ω]은?

[전기기사]

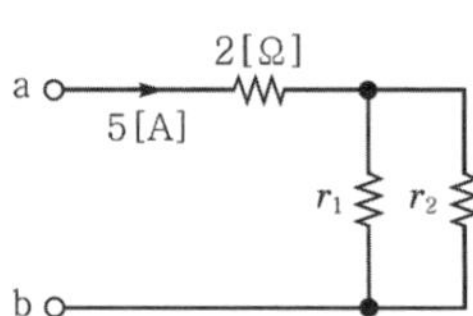

① $r_1=12$, $r_2=4$　② $r_1=4$, $r_2=12$
③ $r_1=6$, $r_2=2$　④ $r_1=2$, $r_2=6$

해설

전체 회로의 합성 저항 $R=\frac{V}{I}=\frac{25}{5}=5[\Omega]$

$5=2+\frac{r_1r_2}{r_1+r_2}$ ……… ㉠

$r_1 : r_2=3:1$이므로 $r_1=3r_2$ ……… ㉡

㉡ 식을 ㉠ 식에 대입하면

$r_1=12[\Omega],\ r_2=4[\Omega]$

정답 ①

배율기와 분류기

기본유형

51

최대 눈금이 50[V]인 직류 전압계가 있다. 이 전압계를 사용하여 150[V]의 전압을 측정하려면 배율기의 저항은 몇 [Ω]을 사용하여야 하는가? (단, 전압계의 내부 저항은 5,000[Ω]이다.) [한전KPS, 한국동서발전]

① 1,000　② 2,500
③ 5,000　④ 10,000

핵심

배율기의 배율

$m=1+\frac{R_m}{r}$

여기서,

R_m : 전압계의 측정 범위를 확대하기 위해 전압계와 직렬 접속한 저항

r : 전압계의 내부 저항

해설

$m=1+\frac{R_m}{r}$ 에서

$\frac{150}{50}=1+\frac{R_m}{5,000}$

$\therefore\ R_m=10,000[\Omega]$

정답 ④

관련유형

51-1

분류기를 사용하여 전류를 측정하는 경우 전류계의 내부 저항이 0.12[Ω], 분류기의 저항이 0.04[Ω]이면 그 배율은? [한국가스공사]

① 3　② 4
③ 5　④ 6

핵심

분류기의 배율

$m=1+\frac{r}{R_A}$

여기서,

R_A : 전류계의 측정 범위를 확대하기 위해서 전류계와 병렬 접속한 저항

r : 전류계의 내부 저항

해설

$m=1+\frac{r}{R_A}=1+\frac{0.12}{0.04}=4$

정답 ②

브리지 평형 조건

기본유형

52

그림과 같은 브리지 회로의 평형 조건은? [광주도시공사]

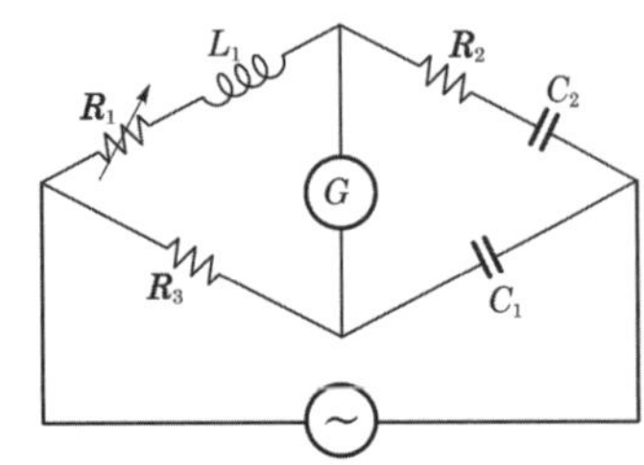

① $R_1C_2 = R_3C_1$, $L_1 = R_2R_3C_1$
② $R_1C_1 = R_2C_2$, $R_2R_3 = C_1L_1$
③ $R_1C_1 = R_2C_2$, $R_2R_3C_1 = L_1R_1$
④ $R_1C_2 = R_2C_1$, $R_2R_3 = C_1L_1$

핵심

브리지 평형 조건은 마주보는 임피던스의 곱이 같아야 한다.

해설

$(R_1 + j\omega L) \cdot \frac{1}{j\omega C_1} = R_3\left(R_2 + \frac{1}{j\omega C_2}\right)$

$\frac{R_1}{j\omega C_1} + \frac{L_1}{C_1} = R_2R_3 + \frac{R_3}{j\omega C_2}$

복소수 상등 원리에 의해서

$\frac{L_1}{C_1} = R_2R_3$, $\frac{R_1}{j\omega C_1} = \frac{R_3}{j\omega C_2}$

$L_1 = R_2R_3C_1$, $R_1C_2 = R_3C_1$

정답 ①

관련유형

52-1

다음과 같은 교류 브리지 회로에서 Z_0에 흐르는 전류가 0이 되기 위한 각 임피던스의 조건은? [한국서부발전]

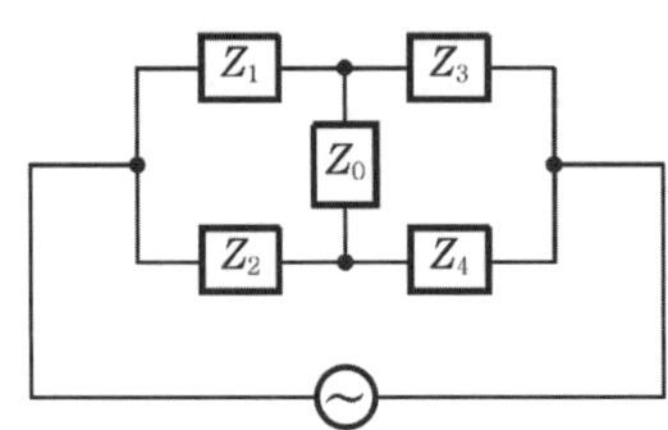

① $Z_1Z_2 = Z_3Z_4$
② $Z_1Z_2 = Z_3Z_0$
③ $Z_2Z_3 = Z_1Z_0$
④ $Z_2Z_3 = Z_1Z_4$

해설

브리지 평형 조건 : $Z_2Z_3 = Z_1Z_4$

정답 ④

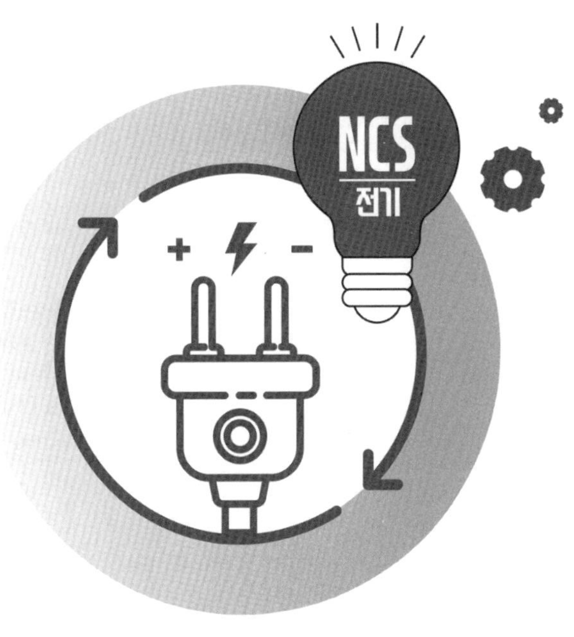

Chapter 2
단상 교류 회로

두 벡터의 위상차

기본유형

53

$v = V_m \sin(\omega t + 30°)$ 와 $i = I_m \cos(\omega t - 100°)$ 와의 위상차는 몇 도인가? [대구도시철도공사, 서울교통공사, 한국가스공사]

① $40°$ ② $70°$
③ $130°$ ④ $210°$

핵심

$\cos\omega t$ 와 $\sin\omega t$ 와의 관계
$\cos\omega t = \sin(\omega t + 90°)$

해설

전류 $i = I_m \cos(\omega t - 100°) = I_m \sin(\omega t + 90° - 100°)$
$= I_m \sin(\omega t - 10°)$
$\therefore$ 위상차 $\theta = 30° - (-10°) = 40°$

정답 ①

관련유형

53-1

$i_1 = \sqrt{72}\sin(\omega t - \phi)$[A]와 $i_2 = \sqrt{32}\sin(\omega t - \phi - 180°)$[A]와의 차에 상당하는 전류는? [한전KPS]

① 2[A] ② 6[A]
③ 10[A] ④ 12[A]

해설

- $\dot{I}_1 = \sqrt{36} \angle -\phi = 6 \angle -\phi$
  $\dot{I}_2 = \sqrt{16} \angle -\phi - 180° = 4 \angle -\phi - 180°$
- 정지 벡터로 나타내면 다음과 같다.

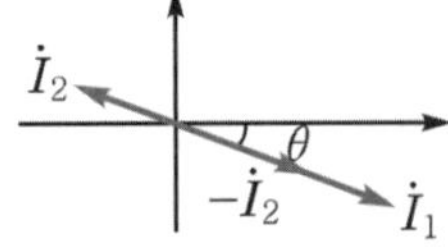

I_2 벡터를 180° 반대로 돌린 다음 I_1 벡터와 더한다.
$\therefore I = \dot{I}_1 - \dot{I}_2 = \dot{I}_1 + (-\dot{I}_2) = 6 \angle -\phi + 4 \angle -\phi = 10 \angle -\phi$

정답 ③

관련유형

53-2

어느 소자에 걸리는 전압은 $v = 3\cos 3t$[V]이고, 흐르는 전류 $i = -2\sin(3t + 10°)$[A]이다. 전압과 전류 간의 위상차는? [전기기사]

① $10°$ ② $30°$
③ $70°$ ④ $100°$

해설

- 전압 : $v = 3\cos 3t$
  $= 3\sin(3t + 90°)$
- 전류 : $i = -2\sin(3t + 10°)$
  $= 2\sin(3t + 190°)$

$\therefore$ 위상차 $\theta = 190° - 90° = 100°$

정답 ④

평균값

기본유형

54

그림과 같은 반파 정류파의 평균값[A]은? (단, $0 \leq \omega t \leq \pi$일 때 $i(t) = \sin\omega t$이고, $\pi \leq \omega t \leq 2\pi$일 때 $i(t) = 0$인 주기 함수이다.) [서울교통공사]

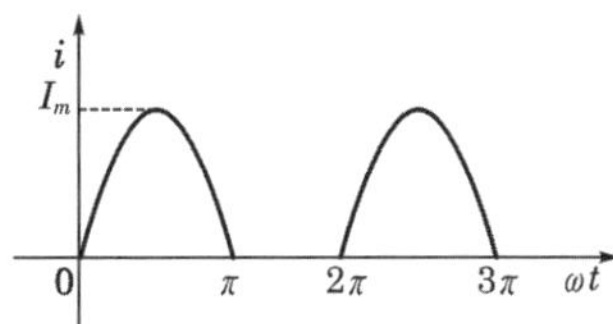

① 약 0.23 ② 약 0.32
③ 약 0.42 ④ 약 0.52

핵심

평균값 정의식

$$I_{av} = \frac{1}{T}\int_0^T i\ d\omega t$$

해설

$$I_{av} = \frac{1}{2\pi}\int_0^{\pi} \sin\omega t\ \ d\omega t = \frac{1}{2\pi}[-\cos\omega t]_0^{\pi}$$

$$= \frac{1}{2\pi}(-\cos\pi + \cos 0) = \frac{1}{\pi}$$

$$= 0.32[\text{A}]$$

정답 ②

관련유형

54-1

그림과 같은 $v = 100\sin\omega t$인 정현파 교류 전압의 반파 정류파에 있어서 사선 부분의 평균값[V]은? [한국전력기술]

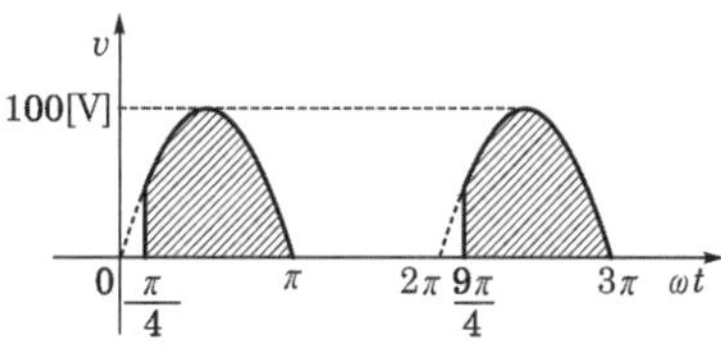

① 27.17 ② 37
③ 45 ④ 51.7

해설

$$V_{av} = \frac{1}{2\pi}\int_{\frac{\pi}{4}}^{\pi} 100\sin\omega t\ \ d\omega t = \frac{100}{2\pi}[-\cos\omega t]_{\frac{\pi}{4}}^{\pi}$$

$$= \frac{100}{2\pi}\left[-\cos\pi + \cos\frac{\pi}{4}\right]$$

$$= 27.17[\text{V}]$$

정답 ①

실횻값

기본유형 55

정현파 교류의 평균값에 어떠한 수를 곱하면 실횻값을 얻을 수 있는가? [부산시설공단, 한국중부발전, 한국지역난방공사]

① $\frac{2\sqrt{2}}{\pi}$　　② $\frac{\sqrt{3}}{2}$

③ $\frac{2}{\sqrt{3}}$　　④ $\frac{\pi}{2\sqrt{2}}$

핵심

- 정현파 교류의 평균값 : $V_{av}=\frac{2}{\pi}V_m$
- 정현파 교류의 실횻값 : $V=\frac{1}{\sqrt{2}}V_m$

해설

$V_{av}=\frac{2}{\pi}V_m$ 에서 $V_m=\frac{\pi}{2}V_{av}$

따라서 실횻값 $V=\frac{1}{\sqrt{2}}V_m=\frac{1}{\sqrt{2}}\cdot\frac{\pi}{2}V_{av}=\frac{\pi}{2\sqrt{2}}V_{av}$

정답 ④

관련유형 55-1

정현파 교류의 실횻값을 구하는 식이 잘못된 것은? [서울교통공사, 경기도시공사]

① $\sqrt{\frac{1}{T}\int_0^T i^2 dt}$　　② 파고율×평균값

③ $\frac{\text{최댓값}}{\sqrt{2}}$　　④ $\frac{\pi}{2\sqrt{2}}$×평균값

핵심

실횻값 계산식

$I=\sqrt{\frac{1}{T}\int_0^T i^2 dt}$, 파고율 $=\frac{\text{최댓값}}{\text{실횻값}}$, 파형률 $=\frac{\text{실횻값}}{\text{평균값}}$

해설

파고율×평균값 $=\frac{\text{최댓값}}{\text{실횻값}}$×평균값이 되므로 실횻값은 되지 않는다.

정답 ②

관련유형 55-2

그림과 같은 파형의 실효치는? [대구도시철도공사, 대구시설공단]

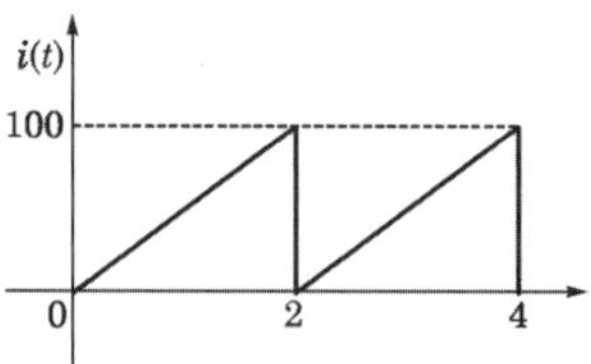

① 47.7　　② 57.7

③ 67.7　　④ 77.5

핵심

- 실횻값 계산식 : $I=\sqrt{\frac{1}{T}\int_0^T i^2 dt}$
- 삼각파 실횻값과 평균값 : $I=\frac{1}{\sqrt{3}}I_m$, $I_{av}=\frac{1}{2}I_m$

해설

실횻값 $I=\sqrt{\frac{1}{2}\int_0^2 (50t)^2 dt}=\sqrt{\frac{2,500}{2}\left[\frac{1}{3}t^3\right]_0^2}=57.7[\text{A}]$

별해

삼각파 · 톱니파의 실횻값 및 평균값은 $I=\frac{1}{\sqrt{3}}I_m$, $I_{av}=\frac{1}{2}I_m$ 에서

실횻값 $I=\frac{1}{\sqrt{3}}\times 100=57.7[\text{A}]$

정답 ②

파고율

기본유형

56

그림과 같은 파형의 파고율은?

[대구시설공단, 경기도시공사]

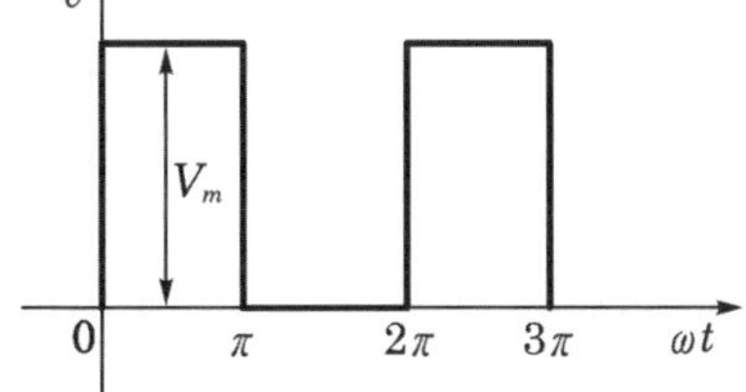

① $\sqrt{2}$
② $\sqrt{3}$
③ 2
④ 3

핵심

파고율 $= \dfrac{\text{최댓값}}{\text{실횻값}}$

해설

파고율 $= \dfrac{\text{최댓값}}{\text{실횻값}} = \dfrac{V_m}{\dfrac{V_m}{\sqrt{2}}} = \sqrt{2}$

정답 ①

관련유형

56-1

그림과 같은 파형의 파고율은? [전기기사]

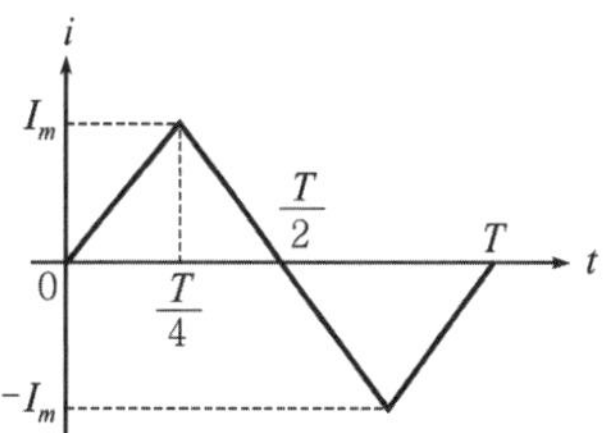

① $\dfrac{1}{\sqrt{3}}$　② $\dfrac{2}{\sqrt{3}}$
③ $\sqrt{2}$　④ $\sqrt{3}$

해설

삼각파의 파고율 $= \dfrac{\text{최댓값}}{\text{실횻값}} = \dfrac{V_m}{\dfrac{1}{\sqrt{3}}V_m} = \sqrt{3}$

정답 ④

관련유형

56-2

그림과 같은 파형의 파고율은? [전기기사]

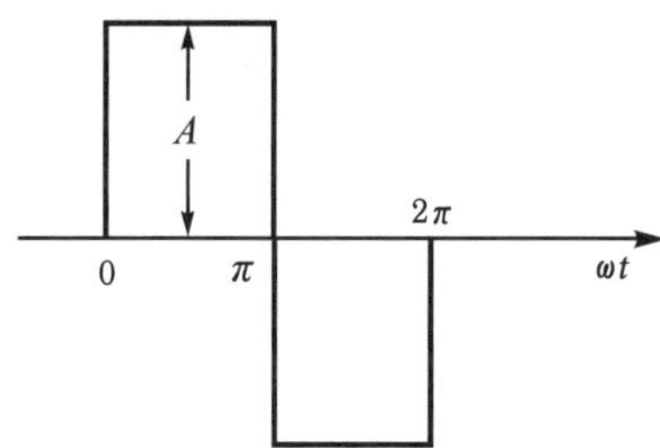

① 1　② 2
③ $\sqrt{2}$　④ $\sqrt{3}$

해설

구형파는 평균값 · 실횻값 · 최댓값이 같으므로 최댓값이 A이면 평균값 · 실횻값도 A가 된다.

∴ 파고율 $= \dfrac{\text{최댓값}}{\text{실횻값}} = \dfrac{A}{A} = 1$

정답 ①

복소수 계산법

기본유형

57

어떤 회로의 전압 및 전류가 $V = 10\angle 60°[V]$, $I = 5\angle 30°[A]$일 때 이 회로의 임피던스 $Z[\Omega]$는?

[대구시설공단, 한국가스공사, 한국중부발전]

① $\sqrt{3}+j$ ② $\sqrt{3}-j$
③ $1+j\sqrt{3}$ ④ $1-j\sqrt{3}$

핵심

복소수 계산 방법
나눗셈 계산은 극 좌표형으로 계산하면 크기는 나누고 각은 빼준다.

해설

$$Z = \frac{V}{I} = \frac{10\angle 60°}{5\angle 30°} = 2\angle 60° - 30° = 2\angle 30° = 2(\cos 30° + j\sin 30°)$$
$$= \sqrt{3} + j[\Omega]$$

정답 ①

관련유형

57-1

$v = 100\sqrt{2}\sin\left(\omega t + \frac{\pi}{3}\right)$를 복소수로 표시하면? [한국전력기술]

① $50\sqrt{3} + j50\sqrt{3}$ ② $50 + j50\sqrt{3}$
③ $50 + j50$ ④ $50\sqrt{3} + j50$

핵심

복소수 표시 방법
㉠ 직각 좌표형 : $A = a + jb$
㉡ 극 좌표형 : $A = A\angle\theta$
㉢ 지수 함수형 : $A = Ae^{j\theta}$
㉣ 삼각 함수형 : $A = A(\cos\theta + j\sin\theta)$

해설

$$V = 100\angle\frac{\pi}{3} = 100(\cos 60° + j\sin 60°) = 100\left(\frac{1}{2} + j\frac{\sqrt{3}}{2}\right)$$
$$= 50 + j50\sqrt{3}$$

정답 ②

관련유형

57-2

교류 전류 $i_1 = 20\sqrt{2}\sin\left(\omega t + \frac{\pi}{3}\right)$[A], $i_2 = 10\sqrt{2}\sin\left(\omega t - \frac{\pi}{6}\right)$[A]의 합성 전류[A]를 복소수로 표시하면? [한국가스공사]

① $18.66 - j12.32$ ② $18.66 + j12.32$
③ $12.32 - j18.66$ ④ $12.32 + j18.66$

핵심

복소수 계산 방법
㉠ 합 · 차의 계산은 직각 좌표형으로 계산
㉡ 곱 · 나눗셈 계산은 극 좌표형으로 계산

해설

합성 전류

$$I = I_1 + I_2 = 20\angle\frac{\pi}{3} + 10\angle-\frac{\pi}{6} = 20\left(\cos\frac{\pi}{3} + j\sin\frac{\pi}{3}\right) + 10\left(\cos\frac{\pi}{6} - j\sin\frac{\pi}{6}\right)$$
$$= 10 + j10\sqrt{3} + 5\sqrt{3} - j5$$
$$= 18.66 + j12.32$$

정답 ②

코일의 단자 전압

기본유형

58

자기 인덕턴스가 $L=2$[H]인 코일에 시간에 따라 흐르는 전류가 $i(t)=20e^{-2t}$[A]일 때 L의 단자 전압[V]은?

[한국중부발전, 한국서부발전]

① $40e^{-2t}$　② $-40e^{-2t}$
③ $80e^{-2t}$　④ $-80e^{-2t}$

핵심

L의 단자 전압 $V_L=L\frac{di}{dt}$이다.

해설

$V_L=L\frac{di}{dt}=2\frac{d}{dt}20e^{-2t}=2\times(-2)\times20e^{-2t}$
$=-80e^{-2t}$[V]

정답 ④

관련유형

58-1

코일에 흐르는 전류를 0.5[ms]의 시간 동안 5[A]만큼 변화시킬 때 20[A]의 전압이 발생한다. 이 코일의 자기 인덕턴스[mH]는?

[전기산업기사, 전기공사산업기사]

① 2　② 4
③ 6　④ 8

해설

L에 단자 전압 $V_L=L\frac{di(t)}{dt}$에서

$L=\frac{V_L}{\frac{di(t)}{dt}}=\frac{20}{\frac{5}{0.5\times10^{-3}}}=2\times10^{-3}$[H]
$=2$[mH]

정답 ①

R-L 직렬 회로

기본유형

59

저항 4[Ω]과 X_L의 유도 리액턴스가 병렬로 접속된 회로에 12[V]의 교류 전압을 가하니 5[A]의 전류가 흘렀다. 이 회로의 리액턴스 X_L의 값[Ω]은? [한국가스공사]

① 8　② 6
③ 3　④ 1

핵심

$R-L$ 직렬 회로의 전전류

$I=I_R+I_L=\frac{V}{R}-j\frac{V}{X_L}$[A]

해설

전전류 $|I|=\sqrt{I_R^{\,2}+I_L^{\,2}}$ 이므로 $5=\sqrt{\left(\frac{12}{4}\right)^2+I_L^{\,2}}$ [A]

양변 제곱해서 I_L를 구하면 $I_L=4$[A]

따라서 $4=\frac{12}{X_L}$ 이므로 $X_L=3$[Ω]

정답 ③

관련유형

59-1

저항(R)과 유도 리액턴스(X_L)의 직렬 회로에 $E=14+j38$[V]인 교류 전압을 가하니 $I=6+j2$[A]의 전류가 흐른다. 이 회로의 저항 R[Ω]과 유도 리액턴스 X_L[Ω]은? [한국남부발전]

① $R=4$[Ω], $X_L=5$[Ω]
② $R=5$[Ω], $X_L=4$[Ω]
③ $R=6$[Ω], $X_L=3$[Ω]
④ $R=7$[Ω], $X_L=2$[Ω]

해설

임피던스

$Z=R+jX_L=\frac{E}{I}=\frac{14+j38}{6+j2}=\frac{(14+j38)(6-j2)}{(6+j2)(6-j2)}$

$=4+j5$

$\therefore\ R=4$[Ω], $X_L=5$[Ω]

정답 ①

공진 주파수

기본유형

60

$R-L-C$ 직렬 회로에서 L 및 C의 값을 고정해 놓고 저항 R의 값만 큰 값으로 변화시킬 때 옳게 설명한 것은?

[대구도시철도공사]

① 공진 주파수는 변화하지 않는다.
② 공진 주파수는 커진다.
③ 공진 주파수는 작아진다.
④ 이 회로의 Q(선택도)는 커진다.

핵심

직렬 공진 시 공진 주파수

$f_r = \dfrac{1}{2\pi\sqrt{LC}}$[Hz]

해설

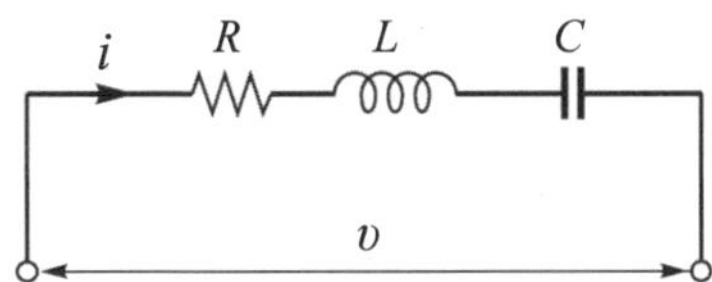

n고조파 공진 회로

$v = \sum_{n=1}^{\infty} \sqrt{2}\, V_m \sin n\omega t$의 전압을 인가했을 때의 회로의 임피던스 Z는

$Z_n = R + j\left(n\omega L - \dfrac{1}{n\omega C}\right)$

만일, Z_n 중의 리액턴스분이 0이 되었을 때 공진 상태가 되므로

$n\omega L - \dfrac{1}{n\omega C} = 0$

공진 조건 $n\omega L = \dfrac{1}{n\omega C}$이므로

여기서, 제n차 고조파의 공진 각 주파수 ω_n는

$\omega_n = \dfrac{1}{n\sqrt{LC}}$[rad/s]

제n차 고조파의 공진 주파수 f_n는

$f_n = \dfrac{1}{2\pi n\sqrt{LC}}$[Hz]이다.

공진 주파수 $f_r = \dfrac{1}{2\pi\sqrt{LC}}$이므로 R값이 큰 값으로 변화해도 공진 주파수는 변화하지 않는다.

정답 ①

관련유형

60-1

$R-L-C$ 직렬 공진 회로에서 제3고조파의 공진 주파수 f[Hz]는?

[전기기사]

① $\dfrac{1}{2\pi\sqrt{LC}}$　② $\dfrac{1}{3\pi\sqrt{LC}}$
③ $\dfrac{1}{6\pi\sqrt{LC}}$　④ $\dfrac{1}{9\pi\sqrt{LC}}$

해설

n고조파의 공진 조건 $n\omega L = \dfrac{1}{n\omega C}$, $n^2\omega^2 LC = 1$

공진 주파수 $f_n = \dfrac{1}{2\pi n\sqrt{LC}}$[Hz]

$\therefore f = \dfrac{1}{2\pi 3\sqrt{LC}} = \dfrac{1}{6\pi\sqrt{LC}}$

정답 ③

직렬 공진

기본유형

61

직렬 공진 회로에서 최대와 최소가 되는 것은 각각 무엇인가?

[한전KPS, 한국동서발전, 한국남동발전, 한국남부발전]

① 전류, 임피던스 ② 저항, 전류
③ 리액턴스, 임피던스 ④ 임피던스, 저항

핵심

직렬 공진 회로는 주파수를 가변해서 임피던스 허수부를 0으로 만든 회로이므로 임피던스가 최소 상태가 된다.

해설

임피던스 최소 상태의 회로이므로 전류는 최대 상태가 된다.

정답 ①

관련유형

61-1

R = 5[kΩ], L = 4[mH], C = 3[μF]의 직렬 회로에 |V| = 300[V]인 전압을 가하고 주파수를 변화시켰다. 이때 회로의 최대 전류[mA]는?

[한국동서발전]

① 10 ② 20
③ 30 ④ 60

해설

최대 전류는 직렬 공진 시 발생하는데, 이때 임피던스가 최소(허수부가 0)인 상태이다.

$I = \frac{V}{R}$에서

$I = \frac{300}{5 \times 10^3} = 60[mA]$

정답 ④

선택도

기본유형

62

$R=10[\Omega]$, $L=10[\mathrm{mH}]$, $C=1[\mu\mathrm{F}]$인 직렬 회로에 100[V] 전압을 가했을 공진 시 선택도 S는?

[대구도시철도공사, 한국남동발전, 한국중부발전, 한국지역난방공사]

① 1　② 10
③ 100　④ 1,000

핵심

전압 확대율(Q) = 선택도(S) = 첨예도(S)$=\frac{1}{R}\sqrt{\frac{L}{C}}$

$(S)=\frac{V_L}{V}=\frac{V_C}{V}=\frac{\omega L}{R}=\frac{1}{R\omega C}=\frac{1}{R}\sqrt{\frac{L}{C}}$

해설

선택도 $S=\frac{1}{R}\sqrt{\frac{L}{C}}=\frac{1}{10}\sqrt{\frac{10\times10^{-3}}{10\times10^{-6}}}=10$

정답 ②

관련유형

62-1

$R-L-C$ 직렬 회로에서 전원 전압을 V라 하고, L, C에 걸리는 전압을 각각 V_L 및 V_C라고 하면 선택도 Q는? [전기기사]

① $\frac{CR}{L}$　② $\frac{CL}{R}$
③ $\frac{V}{V_L}$　④ $\frac{V_C}{V}$

해설

선택도(S)=전압 확대율(Q)

$Q=S=\frac{V_L}{V}=\frac{V_C}{V}=\frac{\omega L}{R}=\frac{1}{R\omega C}=\frac{1}{R}\sqrt{\frac{L}{C}}$

정답 ④

관련유형

62-2

자체 인덕턴스 $L=0.02$[mH]와 선택도 $Q=60$일 때 코일의 주파수 $f=2[\mathrm{MHz}]$였다. 이 코일의 저항[Ω]은? [한국동서발전]

① 2.2　② 3.2
③ 4.2　④ 5.2

해설

선택도 $S=\frac{\omega L}{R}$

저항 $R=\frac{\omega L}{Q}=\frac{2\pi\times2\times10^{6}\times0.02\times10^{-3}}{60}=4.18[\Omega]$

정답 ③

병렬 공진

기본유형

63

그림과 같은 $R-L-C$ 병렬 공진 회로에 관한 설명으로 옳지 않은 것은? [한국가스공사, 한국석유공사, 한국남부발전, 한국동서발전]

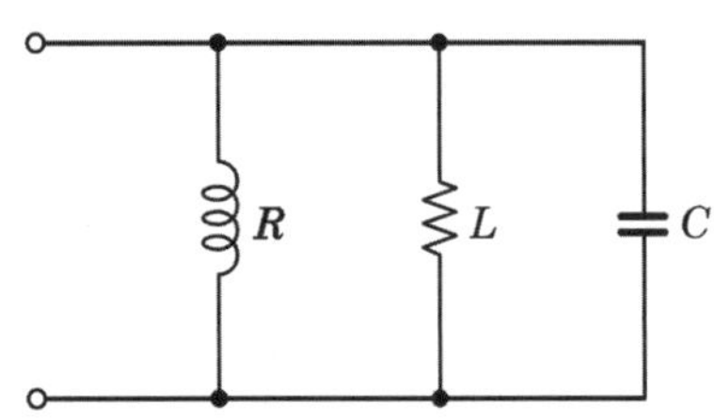

① R이 작을수록 Q가 높다.
② 공진 시 L 또는 C를 흐르는 전류는 입력 전류 크기의 Q배가 된다.
③ 공진 주파수 이하에서의 입력 전류는 전압보다 위상이 뒤진다.
④ 공진 시 입력 어드미턴스는 매우 작아진다.

핵심

병렬 공진 시 전류 확대율

$Q=\frac{I_L}{I}=\frac{I_C}{I}=\frac{R}{\omega L}=R\omega C=R\sqrt{\frac{C}{L}}$

해설

$Q=\frac{R}{\omega L}=R\omega C$에서 R이 작아지면 Q도 작아진다.

정답 ①

관련유형

63-1

다음과 같은 R-L-C 병렬 공진 회로의 양호도 Q로 옳은 것은? [한국가스공사]

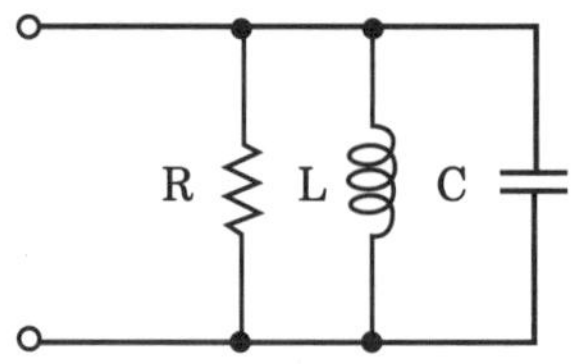

① $R\sqrt{\frac{L}{C}}$　② $R\sqrt{LC}$
③ $\frac{1}{R}\sqrt{\frac{C}{L}}$　④ $R\sqrt{\frac{C}{L}}$

해설

양호도 = 전류 확대율 = 선택도 = 첨예도

정답 ④

소비 전력

기본유형 64

어떤 부하에 $e=100\sin\left(100\pi t+\frac{\pi}{6}\right)$[V]의 기전력을 인가하니 $i=10\cos\left(100\pi t-\frac{\pi}{3}\right)$[V]인 전류가 흘렀다. 이 부하의 소비 전력은 몇 [W]인가?

[부산교통공사, 부산시설공단, 한국남동발전, 한국중부발전]

① 250 ② 433

③ 500 ④ 866

핵심

소비 전력(유효 전력)

$P=VI\cos\theta=I^2\cdot R=\frac{V^2}{R}$ [W]

해설

전압 · 전류의 위상차 $\theta=\frac{\pi}{6}-\left(-\frac{\pi}{3}+\frac{\pi}{2}\right)=0°$

$P=VI\cos\theta=\frac{100}{\sqrt{2}}\cdot\frac{10}{\sqrt{2}}\cos 0°=500[\text{W}]$

정답 ③

관련유형 64-1

$V=100\angle 60°$[V], $I=20\angle 30°$[A]일 때 유효 전력[W]은 얼마인가?

[서울교통공사, 한국남부발전]

① $1,000\sqrt{2}$ ② $1,000\sqrt{3}$

③ $\frac{2,000}{\sqrt{2}}$ ④ 20,000

해설

유효 전력 $P=VI\cos\theta$

$=100\times 20\cos(60°-30°)$

$=1,000\sqrt{3}$[W]

정답 ②

관련유형 64-2

저항 R, 리액턴스 X와의 직렬 회로에 전압 V가 가해졌을 때 소비 전력은?

[서울교통공사, 한전KPS, 한국중부발전]

① $\frac{R}{\sqrt{R^2+X^2}}V^2$ ② $\frac{X}{\sqrt{R^2+X^2}}V^2$

③ $\frac{R}{R^2+X^2}V^2$ ④ $\frac{X}{R^2+X^2}V^2$

해설

$P=I^2\cdot R=\left(\frac{V}{\sqrt{R^2+X^2}}\right)^2\cdot R=\frac{V^2\cdot R}{R^2+X^2}$

정답 ③

무효 전력

기본유형

65

저항 $R=12[\Omega]$, 인덕턴스 $L=13.3[mH]$인 $R-L$ 직렬 회로에 실횻값 130[V], 주파수 60[Hz]인 전압을 인가했을 때 이 회로의 무효 전력[kVar]은?

[대구도시공사, 한국남부발전]

① 500　　② 0.5
③ 5　　④ 50

핵심

무효 전력 $P_r = VI\sin\theta = I^2 \cdot X = \frac{V^2}{X}[\text{Var}]$에서 직렬 회로이므로 $P_r = I^2 \cdot X[\text{Var}]$의 식을 이용한다.

해설

$$P_r = I^2 \cdot X = \left(\frac{V}{\sqrt{R^2 + {X_L}^2}}\right)^2 \cdot X_L$$
$$= \left(\frac{130}{\sqrt{12^2 + (377 \times 13.3 \times 10^{-3})^2}}\right)^2 \cdot (377 \times 13.3 \times 10^{-3})$$
$$= 500[\text{Var}] = 0.5[\text{kVar}]$$

정답 ②

관련유형

65-1

어느 회로에 있어서 전압과 전류가 각각 $e = 50\sin(wt+\theta)$[V], $i = 4\sin(wt+\theta-30°)$[A]일 때 무효 전력[Var]은 얼마인가?

[한국중부발전, 한국지역난방공사]

① 100　　② 86.6
③ 70.7　　④ 50

해설

$$P_r = \frac{1}{2} V_m I_m \sin\theta$$
$$= \frac{1}{2} \times 50 \times 4 \times \sin 30°$$
$$= 50[\text{Var}]$$

정답 ④

단상 전력

기본유형

66

어떤 회로에서 인가 전압이 100[V]일 때 유효 전력이 300[W], 무효 전력이 400[Var]이다. 전류 I[A]는?

[대구도시철도공사, 부산교통공사, 한국가스공사, 한국지역난방공사]

① 5 ② 50
③ 3 ④ 4

핵심

P(유효 전력), P_r(무효 전력), P_a(피상 전력)의 관계

$P_a = \sqrt{P^2 + P_r^2}$

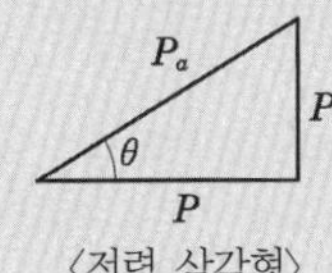

〈전력 삼각형〉

해설

$P_a = \sqrt{P^2 + P_r^2} = \sqrt{300^2 + 400^2} = 500$

$P_a = VI = 500[\text{VA}]$

$\therefore\ I = \frac{P_a}{V} = \frac{500}{100} = 5[\text{A}]$

정답 ①

관련유형

66-1

교류 전압 100[V], 전류 20[A]로서 1.2[kW]의 전력을 소비하는 회로의 리액턴스는 몇[Ω]인가? [한국가스공사]

① 3 ② 4
③ 6 ④ 8

핵심

무효 전력 $P_r = I^2 \cdot X = \frac{V^2}{X}$ [Var]에서 리액턴스를 구할 수 있다.

문제에 부가적인 설명이 없으면 일반 부하로 $R-L$ 직렬 회로이다.

해설

일반 부하 즉, $R-L$ 직렬 회로이므로

무효 전력 $P_r = I^2 \cdot X_L$ 에서 $X_L = \frac{P_r}{I^2}$[Ω]

유효 전력(P), 무효 전력(P_r), 피상 전력(P_a)의 관계에서

$P_a = \sqrt{P^2 + P_r^2}$, $P_r = \sqrt{P_a^2 - P^2} = \sqrt{(VI)^2 - P^2}$ [Var]

$\therefore\ X_L = \frac{P_r}{I^2} = \frac{\sqrt{(VI)^2 - P^2}}{I^2} = \frac{\sqrt{(100 \times 20)^2 - (1,200)^2}}{20^2} = 4[\Omega]$

정답 ②

관련유형

66-2

그림과 같은 회로에서 각 계기들의 지시값은 다음과 같다. V는 240[V], A는 5[A], W는 720[W]이다. 이때 인덕턴스 L[H]는? (단, 전원 주파수는 60[Hz]라 한다.) [한국중부발전]

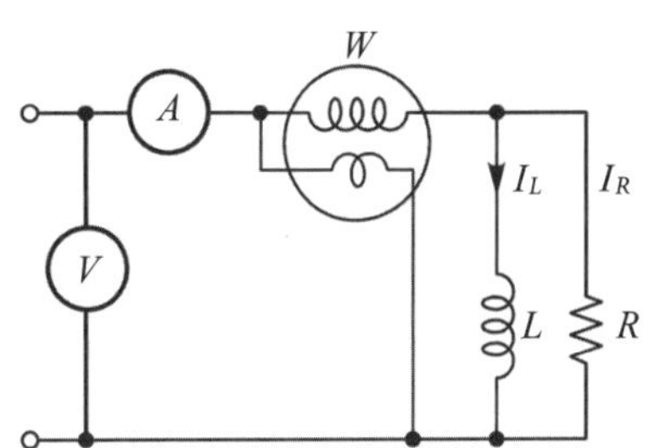

① $\frac{1}{\pi}$ ② $\frac{1}{2\pi}$
③ $\frac{1}{3\pi}$ ④ $\frac{1}{4\pi}$

핵심

무효 전력 $P_r = VI\sin\theta = I^2 X_L = \frac{V^2}{X_L}$ 에서 병렬 회로이므로

$P_r = \frac{V^2}{X_L}$ 으로 계산한다.

해설

$P_r = \frac{V^2}{X_L}$ 에서

유도 리액턴스 $X_L = \frac{V^2}{P_r} = \frac{V^2}{\sqrt{P_a^2 - P^2}} = \frac{240^2}{\sqrt{(240 \times 5)^2 - 720^2}}$

$= 60[\Omega]$

$\therefore$ 인덕턴스 $L = \frac{X_L}{\omega} = \frac{60}{2\pi\ 60} = \frac{1}{2\pi}$[H]

정답 ②

최대 전력 전달 조건

기본유형

67

그림과 같이 전압 E와 저항 R로 된 회로의 단자 A, B 간에 적당한 저항 R_L을 접속하여 R_L에서 소비되는 전력을 최대로 되게 하고자 한다. R_L을 어떻게 하면 되는가? [인천교통공사, 부산교통공사, 한국중부발전]

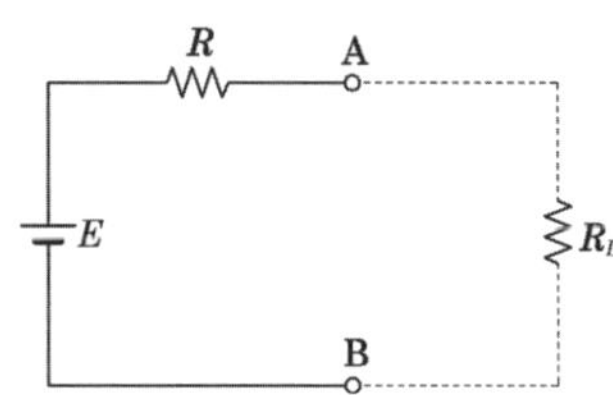

① R ② $\frac{3}{2}R$

③ $\frac{1}{2}R$ ④ $2R$

핵심

- 최대 전력 전달 조건
  $R_L=R$
- 최대 전력
  $P_{\max}=\frac{E^2}{4R}$[W]

해설

최대 전력 전달 조건은 부하 저항 R_L과 전원 내부 저항 R이 서로 같은 경우이다.

정답 ①

관련유형

67-1

그림과 같이 전압 E와 저항 R로 되는 회로 단자 A, B 간에 적당한 저항 R_L을 접속하여 R_L에서 소비되는 전력을 최대로 하게 했다. 이때 R_L에서 소비되는 전력 P_m[W]은 얼마인가?

[대구도시철도공사, 한국중부발전, 한국동서발전, 한국가스공사]

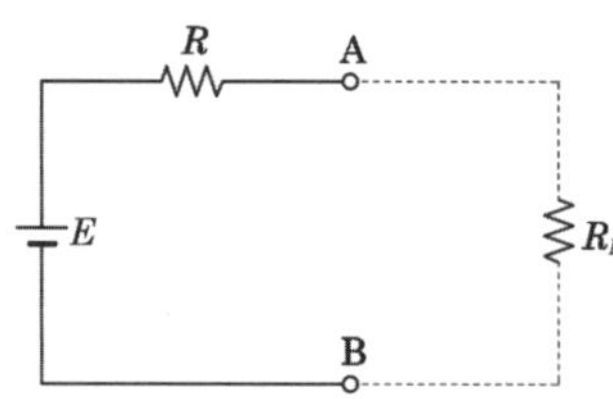

① $\frac{E^2}{4R}$ ② $\frac{E^2}{2R}$

③ $\frac{E^2}{3R_L}$ ④ $\frac{E}{R_L}$

해설

최대 전력 전달 조건 $R_L=R$이므로

최대 전력 $P_{\max}=I^2\cdot R_L\Big|_{R_L=R}=\left(\frac{E}{(R+R_L)}\right)^2\cdot R_L\Big|_{R_L=R}=\frac{E^2}{4R}$[W]

정답 ①

관련유형

67-2

그림과 같은 회로에서 부하 임피던스 $\dot{Z}_L$을 얼마로 할 때 최대 전력이 공급되는가? [대전도시철도공사, 한국중부발전]

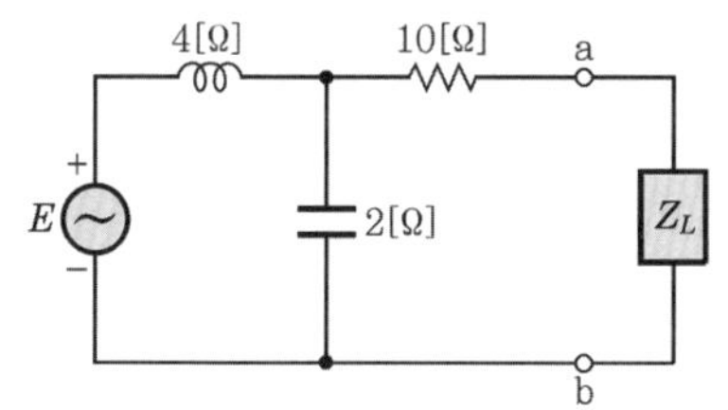

① $10+j1.3$ ② $10-j1.3$
③ $10+j4$ ④ $10-j4$

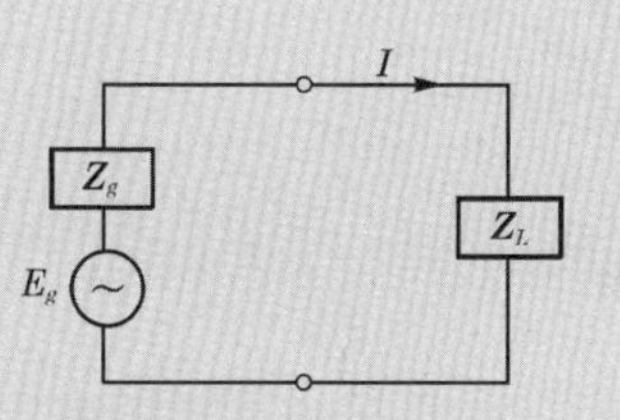

$Z_g=R_g+jX_g$, $Z_L=R_L+jX_L$ 인 경우

㉠ 최대 전력 전달 조건

$Z_L=\overline{Z_g}=R_g-jX_g$

㉡ 최대 공급 전력

$P_{max}=\dfrac{E_g^2}{4R_g}$[W]

해설

전원 측 등가 임피던스

$Z_{ab}=10+\dfrac{j4\times(-j2)}{j4+(-j2)}=10-j4$[Ω]이므로

최대 전력 전달 조건은

$\therefore\ Z_L=\overline{Z_{ab}}=10+j4$[Ω]

정답 ③

관련유형

67-3

전원의 내부 임피던스가 순저항 R과 리액턴스 X로 구성되고 외부에 부하 저항 R_L을 연결하여 최대 전력을 전달하려면 R_L의 값은? [한국남동발전]

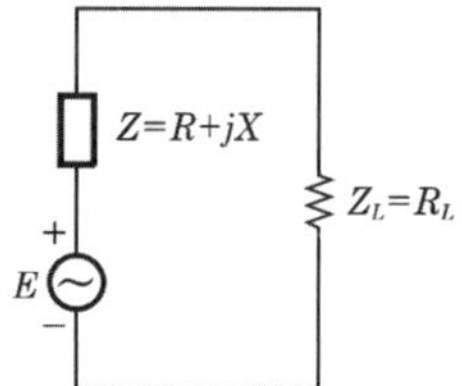

① $R_L=\sqrt{R^2+X^2}$

② $R_L=\sqrt{R^2-X^2}$

③ $R_L=R$

④ $R_L=R+X$

해설

최대 전력 전달 조건 $Z_L=\overline{Z_S}$

$Z_L=R_L=R-jX$

$\therefore\ R_L=\sqrt{R^2+X^2}$

정답 ①

직렬 합성 인덕턴스

기본유형

68

그림과 같은 결합 회로의 합성 인덕턴스는 몇 [H]인가?

[한국가스공사]

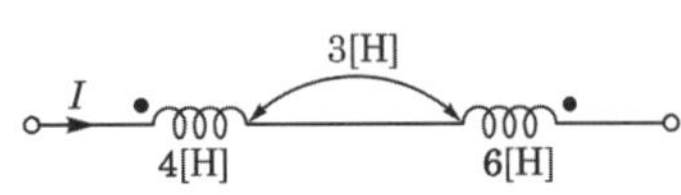

① 4　　② 6
③ 10　　④ 13

인덕턴스 직렬 접속의 합성 인덕턴스

㉠ 가동 결합(가극성) : $L_o = L_1 + L_2 + 2M$[H]

㉡ 차동 결합(감극성) : $L_o = L_1 + L_2 - 2M$[H]

해설

차동 결합이므로

$L_o = L_1 + L_2 - 2M = 4 + 6 - 2 \times 3 = 4$ [H]

정답 ①

관련유형

68-1

그림과 같은 인덕터의 전체 자기 인덕턴스 L의 값[H]은?

[인천교통공사]

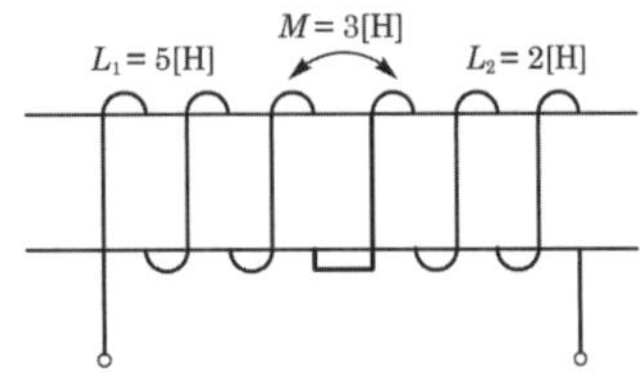

① 5　　② 6
③ 7　　④ 13

해설

가동 결합이므로

$L_o = L_1 + L_2 + 2M = 5 + 2 + 2 \times 3 = 13$[H]

정답 ④

관련유형

68-2

서로 결합하고 있는 두 코일 A와 B를 같은 방향으로 감아서 직렬로 접속하면 합성 인덕턴스가 10[mH]가 되고, 반대로 연결하면 합성 인덕턴스가 40[%] 감소한다. A코일의 자기 인덕턴스가 5[mH]라면 B코일의 자기 인덕턴스는 몇 [mH]인가?

[한국가스공사]

① 10　　② 8
③ 5　　④ 3

해설

합성 인덕턴스 10[mH]는 직렬 가동 결합이므로

$10 = L_A + L_B + 2M$[H] ······ ㉠

반대로 연결하면 차동 결합이 되고 합성 인덕턴스가 40[%] 감소하면 6[mH]가 된다.

$6 = L_A + L_B - 2M$[H] ······ ㉡

㉠ – ㉡ 식에서

$M = 1$[mH]

$\therefore\ L_B = 10 - L_A - 2M = 10 - 5 - 2 = 3$[mH]

정답 ④

합성 인덕턴스

기본유형

69

25[mH]와 100[mH]의 두 인덕턴스가 병렬로 연결되어 있다. 합성 인덕턴스의 값[mH]은 얼마인가? (단, 상호 인덕턴스는 없는 것으로 한다.)

[인천교통공사, 부산시설공단]

① 125 ② 20
③ 50 ④ 75

핵심

인덕턴스 병렬 접속의 합성 인덕턴스

㉠ 가동 결합인 경우 : $L_o = \dfrac{L_1 L_2 - M^2}{L_1 + L_2 - 2M}$[H]

㉡ 차동 결합인 경우 : $L_o = \dfrac{L_1 L_2 - M^2}{L_1 + L_2 + 2M}$[H]

해설

상호 인덕턴스가 없다면 합성 인덕턴스

$L_o = \dfrac{L_1 L_2}{L_1 + L_2} = \dfrac{25 \times 100}{25 + 100} = 20[\text{mH}]$

정답 ②

관련유형

69-1

그림의 회로에서 합성 인덕턴스는? [전기기사]

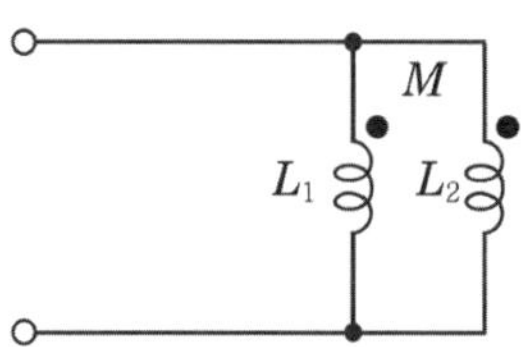

① $\dfrac{L_1 L_2 - M^2}{L_1 + L_2 - 2M}$ ② $\dfrac{L_1 L_2 + M^2}{L_1 + L_2 - 2M}$

③ $\dfrac{L_1 L_2 - M^2}{L_1 + L_2 + 2M}$ ④ $\dfrac{L_1 L_2 + M^2}{L_1 + L_2 + 2M}$

해설

병렬 가동 접속의 등가 회로를 그려보면 다음과 같으므로

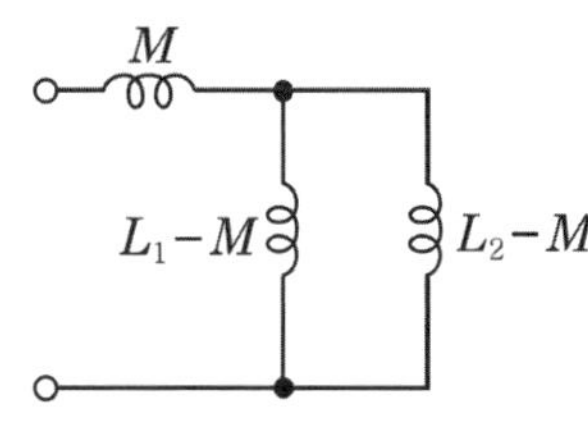

$L = M + \dfrac{(L_1 - M)(L_2 - M)}{(L_1 - M) + (L_2 - M)} = \dfrac{L_1 L_2 - M^2}{L_1 + L_2 - 2M}$

정답 ①

관련유형

69-2

직렬로 유도 결합된 회로이다. 단자 a-b에서 본 등가 임피던스 Z_{ab}를 나타낸 식은? [전기기사]

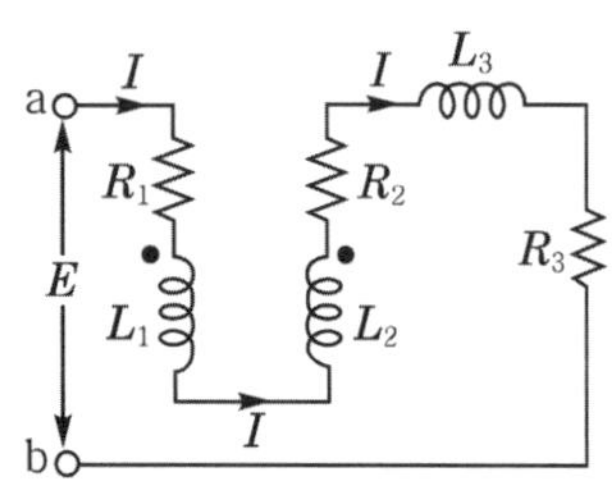

① $R_1+R_2+R_3+j\omega(L_1+L_2-2M)$
② $R_1+R_2+j\omega(L_1+L_2+2M)$
③ $R_1+R_2+R_3+j\omega(L_1+L_2+L_3+2M)$
④ $R_1+R_2+R_3+j\omega(L_1+L_2+L_3-2M)$

핵심

인덕턴스 직렬 접속의 합성 인덕턴스

㉠ 가동 결합인 경우

$L_0=L_1+M+L_2+M=L_1+L_2+2M[\text{H}]$

전류의 방향이 동일하며 자속이 합쳐지는 경우

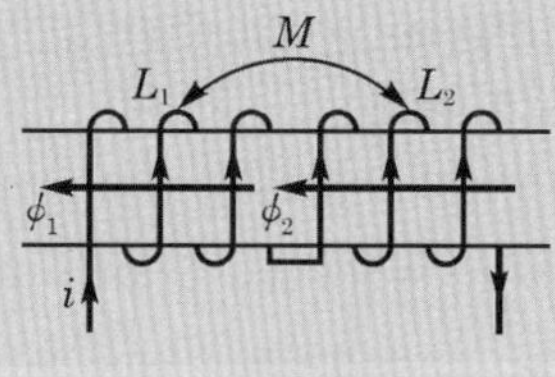

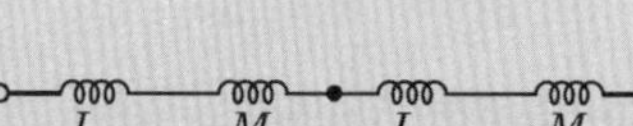

㉡ 차동 결합인 경우

$L_0=L_1-M+L_2-M=L_1+L_2-2M[\text{H}]$

전류의 방향이 반대이며 자속의 방향이 반대인 경우

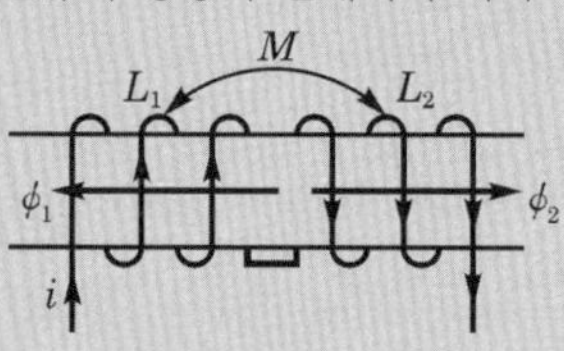

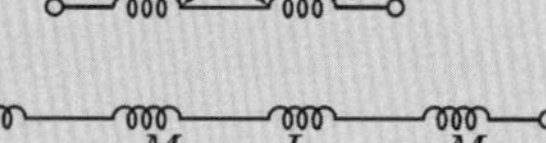

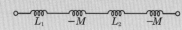

해설

직렬 차동 결합이므로 합성 인덕턴스

$L_0=L_1+L_2-2M[\text{H}]$

따라서 등가 직렬 임피던스

$Z=R_1+j\omega(L_1+L_2-2M)+R_2+j\omega L_3+R_3$
$\quad=R_1+R_2+R_3+j\omega(L_1+L_2+L_3-2M)$

정답 ④

역률

기본유형

70

어떤 부하에 $V=80+j60$[V]의 전압을 가하여 $I=4+j2$의 전류가 흘렀을 경우, 이 부하의 역률과 무효율은?

[부산시설공단, 경기도시공사, 한국남부발전]

① 0.8, 0.6 ② 0.894, 0.448
③ 0.916, 0.401 ④ 0.984, 0.179

해설

복소 전력

$S=\overline{V}I=(80-j60)(4+j2)=440-j80$

$=\sqrt{440^2+80^2}\ \angle\tan^{-1}\dfrac{-80}{440}$

$=447.2\angle-10.3$[VA]

유효 전력 $P=440$[W], 무효 전력 $Q=80$[Var],
피상 전력 $S=447.2$[VA], 부하각 $\theta=-10.3$이므로

역률 : $\cos\theta=\dfrac{P}{S}=\dfrac{440}{447.2}=0.984$

무효율 : $\sin\theta=\dfrac{Q}{S}=\dfrac{80}{447.2}=0.179$

정답 ④

관련유형

70-1

$R=15[\Omega]$, $X_L=12[\Omega]$, $X_C=30[\Omega]$이 병렬로 접속된 회로에 120[V]의 교류 전압을 가하면 전원에 흐르는 전류와 역률은 각각 얼마인가?

[한전KPS]

① 22[A], 85[%] ② 22[A], 80[%]
③ 22[A], 60[%] ④ 10[A], 80[%]

해설

R, L, C 병렬 회로와 전류 벡터도는 다음과 같다.

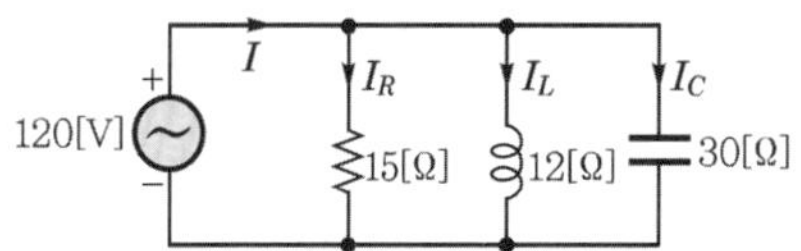

$I_R=\dfrac{V}{R}=\dfrac{120}{15}=8$[A]

$I_L=\dfrac{V}{jX_L}=-j\dfrac{V}{X_L}=-j\dfrac{120}{12}=-j10$[A]

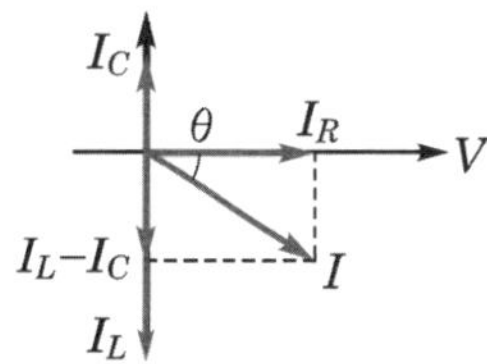

$I_C=\dfrac{V}{-jX_C}=j\dfrac{V}{X_C}=j\dfrac{120}{30}=j4$[A]

$\therefore\ I=I_R-j(I_L-I_C)=8-j6=\sqrt{8^2+6^2}$

$=10$[A]

병렬 회로 시 역률 : $\cos\theta=\dfrac{I_R}{I}=\dfrac{8}{10}=0.8$

정답 ④

National Competency Standards

Chapter 3
다상 교류 회로

Y결선

기본유형

71

각 상의 임피던스가 $Z=6+j8[\Omega]$인 평형 Y부하에 선간 전압 220[V]인 대칭 3상 전압이 가해졌을 때 선전류는 약 몇 [A]인가? [인천교통공사, 한국남동발전, 한국중부발전, 한국가스공사, 한국남부발전]

① 11.7　② 12.7
③ 13.7　④ 14.7

핵심

Y결선
㉠ 선간 전압(V_l) = $\sqrt{3}$ 상 전압(V_p)
㉡ 선전류(I_l)=상전류(I_p)

해설

선전류 $I_l=I_p=\dfrac{V_p}{Z}$

$=\dfrac{220/\sqrt{3}}{\sqrt{8^2+6^2}}$

$=12.7[A]$

정답 ②

관련유형

71-1

그림과 같이 평형 3상 성형 부하 $Z=6+j8[\Omega]$에 200[V]의 상전압이 공급될 때 선전류는 몇 [A]인가? [한국중부발전]

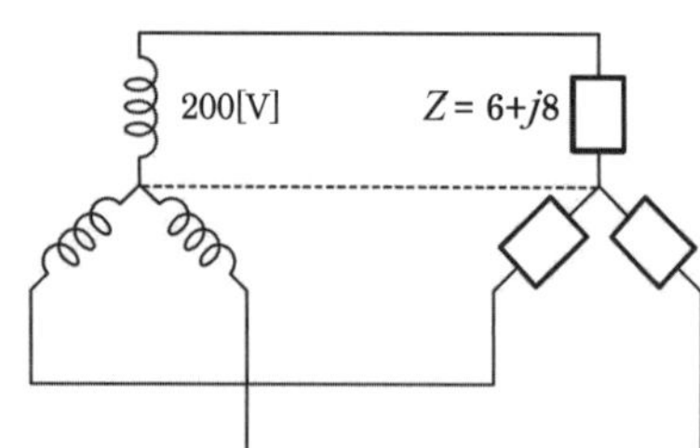

① 15　② $15\sqrt{3}$
③ 20　④ $20\sqrt{3}$

해설

선전류 $I_l=I_p=\dfrac{V_p}{Z}$

$=\dfrac{200}{\sqrt{6^2+8^2}}=20[A]$

정답 ③

관련유형

71-2

각 상의 임피던스가 $Z=16+j12[\Omega]$인 평형 3상 Y부하에 정현파 상전류 10[A]가 흐를 때 이 부하의 선간 전압의 크기[V]는? [한국중부발전, 한국남동발전]

① 200　② 600
③ 220　④ 346

해설

선간 전압 $V_l=\sqrt{3}\,V_p=\sqrt{3}\,I_p\,Z$

$=\sqrt{3}\times10\times\sqrt{16^2+12^2}=346[V]$

정답 ④

관련유형

71-3

3상 3선식 회로에 $R=8[\Omega]$, $X_L=6[\Omega]$의 부하를 성형 접속했을 때 부하 전류[A]는 얼마인가? [경기도시공사]

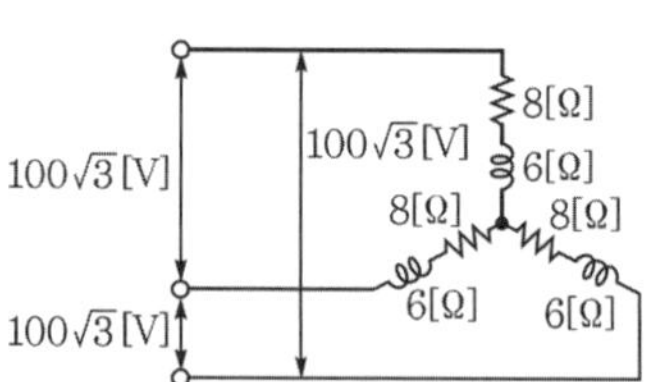

① 5　② 10
③ 15　④ 20

해설

각 상의 임피던스의 크기

$Z=R+jX=\sqrt{R^2+X^2}=\sqrt{8^2+6^2}=10[\Omega]$

상전압 $V_p=\dfrac{V_l}{\sqrt{3}}=100[V]$

Y결선 시 상전류와 선전류(부하 전류)가 같다.

$\therefore\ I_l=I_p=\dfrac{V_p}{Z}=\dfrac{100}{10}=10[A]$

정답 ②

△결선

기본유형

72

$R[\Omega]$의 3개의 저항을 전압 V[V]의 3상 교류 선간에 그림과 같이 접속할 때 선전류[A]는 얼마인가?

[한국지역난방공사]

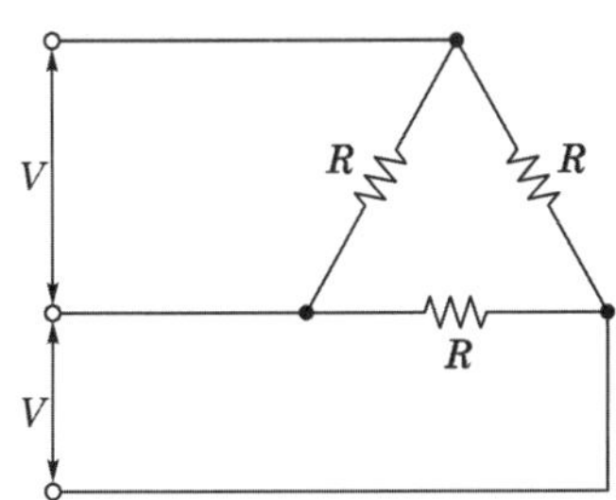

① $\dfrac{V}{\sqrt{3}R}$　② $\dfrac{\sqrt{3}V}{R}$

③ $\dfrac{V}{3R}$　④ $\dfrac{3V}{R}$

핵심

△결선

㉠ 선간 전압(V_l)=상전압(V_p)

㉡ 선전류(I_l)=$\sqrt{3}$상 전류(I_p)

해설

선전류 $I_l = \sqrt{3}I_p = \sqrt{3}\dfrac{V_p}{R} = \dfrac{\sqrt{3}V}{R}$[A]

정답 ②

관련유형

72-1

$R=6[\Omega]$, $X_L=8[\Omega]$이 직렬인 임피던스 3개로 △결선된 대칭 부하 회로에 선간 전압 100[V]인 대칭 3상 전압을 가하면 선전류는 몇 [A]인가?

[부산시설공단]

① $\sqrt{3}$　② $3\sqrt{3}$

③ 10　④ $10\sqrt{3}$

해설

$I_l = \sqrt{3}I_p = \sqrt{3}\times\dfrac{100}{\sqrt{6^2+8^2}} = 10\sqrt{3}$[A]

정답 ④

△결선 – Y결선 비교

기본유형

73

$R[\Omega]$인 3개의 저항을 같은 전원에 △결선으로 접속시킬 때와 Y결선으로 접속시킬 때 선전류의 크기비$\left(\frac{I_{\triangle}}{I_Y}\right)$는?

[한국중부발전]

① $\frac{1}{3}$　② $\sqrt{6}$

③ $\sqrt{3}$　④ 3

핵심

• △결선

선전류(I_l)$=\sqrt{3}$상 전류(I_p)

선간 전압(V_l)=상전압(V_p)

• Y결선

선전류(I_l)=상전류(I_p)

선간 전압(V_l)$=\sqrt{3}$상 전압(V_p)

해설

△결선의 선전류 $I_{\triangle}=\sqrt{3}I_p=\sqrt{3}\frac{V}{R}$[A]

Y결선의 선전류 $I_Y=I_p=\frac{V}{\sqrt{3}R}$[A]

$\therefore \frac{I_{\triangle}}{I_Y}=\frac{\frac{\sqrt{3}V}{R}}{\frac{V}{\sqrt{3}R}}=3$

정답 ④

관련유형

73-1

저항 $R[\Omega]$ 3개를 Y로 접속한 회로에 전압 200[V]의 3상 교류 전원을 인가 시 선전류가 10[A]라면 이 3개의 저항을 △로 접속하고 동일 전원을 인가 시 선전류는 몇 [A]인가?

[한국가스공사]

① 10　② $10\sqrt{3}$

③ 30　④ $30\sqrt{3}$

해설

$I_{\triangle}-3I_Y=3\times10=30$[A]

정답 ③

3상 교류 전력

기본유형

74

1상의 임피던스가 14+j48[Ω]인 △부하에 대칭 선간 전압 200[V]를 가한 경우의 3상 전력은 몇 [W]인가?

[한국중부발전, 한국남동발전]

① 672 ② 692
③ 712 ④ 732

핵심

3상 유효 전력

$P = 3I_p^{\ 2} \cdot R = \sqrt{3}\, V_l I_l \cos\theta$[W]

Y결선 : $V_l = \sqrt{3}\, V_p,\ I_l = I_p$

△결선 : $V_l = V_p,\ I_l = \sqrt{3}\, I_p$

해설

$P = 3I_p^{\ 2} \cdot \cdot R\,(\triangle\text{결선} : V_l = V_p,\ I_l = \sqrt{3}\, I_p)$

$= 3\left(\frac{200}{50}\right)^2 \times 14$

$= 672$[W]

정답 ①

관련유형

74-1

대칭 3상 Y부하에서 각 상의 임피던스가 $Z = 3 + j4$[Ω]이고, 부하 전류가 20[A]일 때 이 부하의 무효 전력[Var]은?

[대구도시철도공사]

① 1,600 ② 2,400
③ 3,600 ④ 4,800

핵심

무효 전력

$P_r = 3I_p^{\ 2} \cdot X = \sqrt{3}\, V_l I_l \sin\theta$[Var]

△결선 : $V_l = V_p$, $I_l = \sqrt{3}\, I_p$

Y결선 : $V_l = \sqrt{3}\, V_p$, $I_l = I_p$

해설

$P_r = 3I_p^{\ 2} \cdot X_L = 3 \times 20^2 \times 4 = 4{,}800$[Var]

정답 ④

관련유형

74-2

대칭 3상 Y부하에서 각 상의 임피던스가 $Z = 3 + j4$[Ω]이고, 부하 전류가 20[A]일 때 피상 전력[VA]은?

[대구도시철도공사, 경기도시공사]

① 1,800 ② 2,000
③ 2,400 ④ 6,000

핵심

피상 전력

$P_a = \sqrt{3}\, V_l \cdot I_l = 3I_p^{\ 2} \cdot Z$[VA]

해설

피상 전력

$P_a = \sqrt{3}\, V_l \cdot I_l = 3I_p^{\ 2} \cdot Z = 3 \times 20^2 \times \sqrt{3^2 + 4^2} = 6{,}000$[VA]

정답 ④

V결선

기본유형

75

단상 변압기 3대(50[kVA]×3)를 △결선으로 운전 중 한 대가 고장이 생겨 V결선으로 한 경우 출력은 몇 [kVA]인가? [부산시설공단]

① $30\sqrt{3}$　　② $50\sqrt{3}$
③ $100\sqrt{3}$　　④ $200\sqrt{3}$

핵심

V결선

2대의 단상 변압기로 3상 부하에 전원을 공급한다.

㉠ V결선의 출력 : $P = \sqrt{3}\,VI\cos\theta$

여기서, V : 선간 전압, I : 선전류

㉡ 출력의 비 : $\dfrac{P_V}{P_\Delta} = \dfrac{\sqrt{3}\,VI\cos\theta}{3\,VI\cos\theta} = \dfrac{1}{\sqrt{3}}$
$= 0.577$

㉢ 변압기 이용률 : $U = \dfrac{\sqrt{3}\,VI}{2\,VI} = \dfrac{\sqrt{3}}{2}$
$= 0.866$

해설

V결선 시 출력은 57.7[%]로 떨어진다.

$\therefore\ 50[\text{kVA}] \times 3 \times \dfrac{1}{\sqrt{3}} = 50\sqrt{3}\,[\text{kVA}]$

정답 ②

관련유형

75-1

△결선 변압기의 한 대가 고장으로 제거되어 V결선으로 전력을 공급할 때, 고장 전 전력에 대하여 몇 [%]의 전력을 공급할 수 있는가? [전기기사]

① 81.6　　② 75.0
③ 66.7　　④ 57.7

해설

△결선 출력 $P_\Delta = 3P_1$[W]

V결선 출력 $P_V = \sqrt{3}\,P_1$[W]

출력비 $\dfrac{P_V}{P_\Delta} = \dfrac{\sqrt{3}\,P_1}{3P_1} = \dfrac{1}{\sqrt{3}} = 0.577 = 57.7[\%]$

정답 ④

다상 교류 회로의 전압과 전류

기본유형

76

대칭 n상 교류 환상 결선에서 선전류와 상전류 사이의 위상차[rad]는? [한국석유공사]

① $\frac{\pi}{2}\left(1-\frac{2}{n}\right)$ ② $2\left(1-\frac{2}{n}\right)$
③ $\frac{n}{2}\left(1-\frac{2}{\pi}\right)$ ④ $\frac{\pi}{2}\left(1-\frac{n}{2}\right)$

핵심

대칭 n상 교류 회로의 환상 결선 시

㉠ 선전류 $I_l=2\sin\frac{\pi}{n}\cdot I_P\angle-\frac{\pi}{2}\left(1-\frac{2}{n}\right)$

여기서, I_p : 상전류
n : 상수

㉡ 선간 전압(V_l)= 상전압(V_p)

해설

대칭 n상 선전류와 상전류의 위상차

$\theta=-\frac{\pi}{2}\left(1-\frac{2}{n}\right)$

정답 ①

관련유형

76-1

대칭 5상 교류 성형 결선에서 선간 전압과 상전압 사이의 위상차는 몇 도인가? [전기기사]

① 27° ② 36°
③ 54° ④ 72°

핵심

대칭 n상 교류 회로의 성형 결선 시

㉠ 선간 전압 $V_l=2\sin\frac{\pi}{n}V_p\angle\frac{\pi}{2}\left(1-\frac{2}{n}\right)$

여기서, V_p: 상전압
n : 상수

㉡ 선전류(I_l) = 상전류(I_p)

해설

위상차 $\theta=\frac{\pi}{2}\left(1-\frac{2}{n}\right)=\frac{\pi}{2}\left(1-\frac{2}{5}\right)=54°$

정답 ③

National Competency Standards

Chapter 4
비정현파 교류 회로의 이해

푸리에 급수

기본유형

77

비정현파 교류를 나타내는 식은? [부산시설공단]

① 기본파+고조파+직류분
② 기본파+직류분−고조파
③ 직류분+고조파−기본파
④ 교류분+기본파+고조파

핵심

푸리에 분식은 비정현파를 여러 개의 성현파의 합으로 표시한다.

해설

비정현파 교류=기본파+고조파+직류분의 합

정답 ①

관련유형

77-1

어떤 함수 $f(t)$를 비정현파의 푸리에 급수에 의한 전개를 옳게 나타낸 것은? [전기기사]

① $\sum_{n=1}^{\infty} a_n \sin n\omega t + \sum_{n=1}^{\infty} b_n \sin n\omega t$

② $\sum_{n=1}^{\infty} a_n \sin n\omega t + \sum_{n=1}^{\infty} b_n \cos n\omega t$

③ $a_0 + \sum_{n=1}^{\infty} \cos n\omega t + \sum_{n=1}^{\infty} b_n \cos n\omega t$

④ $a_0 + \sum_{n=1}^{\infty} a_n \cos n\omega t + \sum_{n=1}^{\infty} b_n \sin n\omega t$

해설

비정현파(=왜형파)와 같은 주기 함수를 푸리에 급수에 의해 몇 개의 주파수가 다른 정현파 교류의 합으로 나눌 수 있다. 비정현파를 $f(t)$의 시간의 함수로 나타내면 다음과 같다.

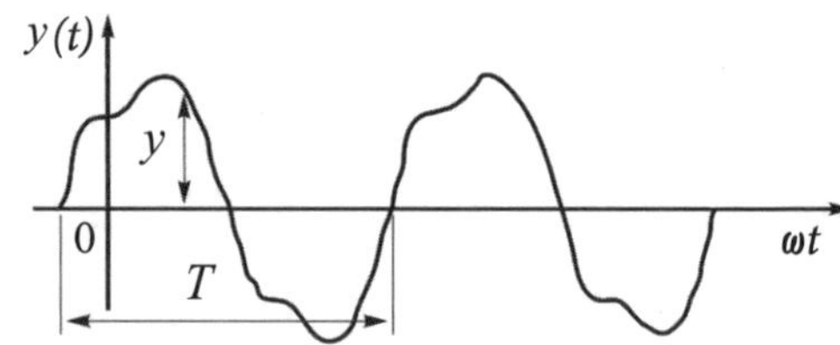

비정현파의 구성은 직류 성분+기본파+고조파로 분해되며 이를 식으로 표현하면

$$f(t) = a_0 + a_1 \cos\omega t + a_2 \cos 2\omega t + a_3 \cos 3\omega t + \cdots + b_1 \sin\omega t + b_2 \sin 2\omega t + b_3 \sin 3\omega t + \cdots$$

$$f(t) = a_0 + \sum_{n=1}^{\infty} a_n \cos n\omega t + \sum_{n=1}^{\infty} b_n \sin n\omega t$$

정답 ④

비정현파의 실횻값

기본유형

78

비정현파의 실횻값은? [부산시설공단]

① 최대파의 실횻값
② 각 고조파의 실횻값의 합
③ 각 고조파 실횻값의 합의 제곱근
④ 각 파의 실횻값의 제곱의 합의 제곱근

핵심

비정현파의 실횻값

$V=\sqrt{V_o^{\ 2}+V_1^{\ 2}+V_2^{\ 2}+\cdots}$ [V]

직류 성분 및 기본파와 각 고조파의 실횻값 제곱의 합의 제곱근

해설

전압 $v(t)=V_0+V_{m1}\sin\omega t+V_{m2}\sin2\omega t+V_{m3}\sin3\omega t+\cdots$ 로 주어진다면

전압의 실횻값은

$V=\sqrt{V_0^{\ 2}+V_1^{\ 2}+V_2^{\ 2}+V_3^{\ 2}+\cdots}$

$=\sqrt{V_0^{\ 2}+\left(\frac{V_{m1}}{\sqrt{2}}\right)^2+\left(\frac{V_{m2}}{\sqrt{2}}\right)^2+\left(\frac{V_{m3}}{\sqrt{2}}\right)^2+\cdots}$ 이므로

각 파의 실횻값의 제곱의 합의 제곱근이 된다.

정답 ④

관련유형

78-1

$v=3+5\sqrt{2}\sin\omega t+10\sqrt{2}\sin\left(3\omega t-\frac{\pi}{3}\right)$ **[V]의 실횻값 [V]은?**

[한국남부발전, 한국중부발전]

① 9.6 ② 10.6
③ 11.6 ④ 12.6

해설

실횻값 $V=\sqrt{V_0^{\ 2}+V_1^{\ 2}+V_3^{\ 2}}$

$=\sqrt{3^2+5^2+10^2}=11.6$[V]

정답 ③

비정현파의 왜형률

기본유형

79

왜형률이란 무엇인가? [인천교통공사]

① $\dfrac{\text{전 고조파의 실횻값}}{\text{기본파의 실횻값}}$

② $\dfrac{\text{전 고조파의 평균값}}{\text{기본파의 평균값}}$

③ $\dfrac{\text{제3 고조파의 실횻값}}{\text{기본파의 실횻값}}$

④ $\dfrac{\text{우수 고조파의 실횻값}}{\text{기수 고조파의 실횻값}}$

핵심

왜형률이란 비정현파가 정현파에 대해 일그러지는 정도를 나타내는 값이다.

해설

왜형률$=\dfrac{\text{전 고조파의 실횻값}}{\text{기본파의 실횻값}}$이며, 기본파에 대한 고조파분의 포함 정도를 말한다.

정답 ①

관련유형

79-1

다음 왜형파 전류의 왜형률은 약 얼마인가? [전기기사]

$$i=30\sin\omega t+10\cos 3\omega t+5\sin 5\omega t\,[\text{A}]$$

① 0.46 ② 0.26

③ 0.53 ④ 0.37

해설

비정현파의 전압이

$v=\sqrt{2}\,V_1\sin(\omega t+\theta_1)+\sqrt{2}\,V_2\sin(2\omega t+\theta_2)$

$+\sqrt{2}\,V_3\sin(3\omega t+\theta_3)+\cdots$라 하면

왜형률 D는

$D=\dfrac{\sqrt{V_2^{\,2}+V_3^{\,2}+V_4^{\,2}+\cdots}}{V_1}$ 이므로

$\therefore\ D=\dfrac{\sqrt{\left(\dfrac{10}{\sqrt{2}}\right)^2+\left(\dfrac{5}{\sqrt{2}}\right)^2}}{\dfrac{30}{\sqrt{2}}}\fallingdotseq 0.37$

정답 ④

Chapter 5
대칭 좌표법

3상 대칭분해

기본유형

80

불평형 3상 교류 회로에서 각 상의 전류가 각각 $I_a=7+j2$[A], $I_b=-8-j10$[A], $I_c=-4+j6$[A]일 때 전류의 대칭분 중 정상분은 약 몇 [A]인가?

[대구도시철도공사]

① 8.93 ② 7.46
③ 3.76 ④ 2.53

핵심

대칭분 전류

- 영상분 전류 $I_o=\dfrac{1}{3}(I_a+I_b+I_c)$
- 정상분 전류 $I_1=\dfrac{1}{3}(I_a+aI_b+a^2I_c)$
- 역상분 전류 $I_2=\dfrac{1}{3}(I_a+a^2I_b+aI_c)$

해설

정상분 전류 $I_1=\dfrac{1}{3}(I_a+aI_b+a^2I_c)$

$$=\frac{1}{3}\left\{7+j2+\left(-\frac{1}{2}+j\frac{\sqrt{3}}{2}\right)(-8-j10)+\left(-\frac{1}{2}-j\frac{\sqrt{3}}{2}\right)(-4+j6)\right\}$$

$$=8.95+j0.18[\text{A}]$$

정답 ①

관련유형

80-1

불평형 3상 전류가 $I_a=16+j2$[A], $I_b=-20-j9$[A], $I_c=-2+j10$[A]일 때 영상분 전류[A]는? [부산시설공단]

① $-2+j$ ② $-6+j3$
③ $-9+j6$ ④ $-18+j9$

해설

영상분 전류 $I_0=\dfrac{1}{3}(I_a+I_b+I_c)$

$$=\frac{1}{3}(-6+j3)=-2+j[\text{A}]$$

정답 ①

관련유형

80-2

불평형 3상 전류가 $I_a=15+j2$[A], $I_b=-20-j14$[A], $I_c=-3+j10$[A]일 때 역상분 전류 I_2[A]를 구하면?

[한국전력거래소]

① $1.91+j6.24$ ② $15.74-j3.57$
③ $-2.67-j0.67$ ④ $2.67-j0.67$

해설

역상분 전류 $I_2=\dfrac{1}{3}(I_a+a^2I_b+aI_c)$

$$=\frac{1}{3}\left\{(15+j2)+\left(-\frac{1}{2}-j\frac{\sqrt{3}}{2}\right)(-20-j14)+\left(-\frac{1}{2}+j\frac{\sqrt{3}}{2}\right)(-3+j10)\right\}$$

$$\fallingdotseq 1.91+j6.24[\text{A}]$$

정답 ①

관련유형

80-3

3상 대칭분을 I_0, I_1, I_2라 하고 선전류 I_a, I_b, I_c라 할 때 I_b는?

[인천교통공사]

① $I_0+a^2I_1+aI_2$ ② $\dfrac{1}{3}(I_0+I_1+I_2)$
③ $I_0+I_1+I_2$ ④ $I_0+aI_1+a^2I_2$

핵심

선전류

- a상 선전류 $I_a=I_0+I_1+I_2$
- b상 선전류 $I_b=I_0+a^2I_1+aI_2$
- c상 선전류 $I_c=I_0+aI_1+a^2I_2$

정답 ①

대칭 3상의 대칭분

기본유형

81

대칭 좌표법에 관한 설명 중 잘못된 것은?

[한전KPS, 한국남동발전, 한국중부발전]

① 불평형 3상 회로 비접지식 회로에서는 영상분이 존재한다.
② 대칭 3상 전압에서 영상분은 0이 된다.
③ 대칭 3상 전압은 정상분만 존재한다.
④ 불평형 3상 회로의 접지식 회로에서는 영상분이 존재한다.

핵심

대칭 3상 a상 기준으로 한 대칭분

• 영상분 $V_o = \frac{1}{3}(V_a + V_b + V_c) = \frac{1}{3}(V_a + a^2 V_a + a V_a)$

$= \frac{V_a}{3}(1 + a^2 + a) = 0$

• 정상분 $V_1 = \frac{1}{3}(V_a + a V_b + a^2 V_c)$

$= \frac{1}{3}(V_a + a^3 V_a + a^3 V_a) = \frac{V_a}{3}(1 + a^3 + a^3)$

$= V_a$

• 역상분 $V_2 = \frac{1}{3}(V_a + a^2 V_b + a V_c)$

$= \frac{1}{3}(V_a + a^4 V_a + a^2 V_a) = \frac{V_a}{3}(1 + a^4 + a^2)$

$= 0$

해설

비접지식 회로에서는 영상분이 존재하지 않는다.

정답 ①

관련유형

81-1

대칭 3상 전압이 a상 V_a, b상 $V_b = a^2 V_a$, c상 $V_c = a V_a$일 때 a상을 기준으로 한 대칭분 전압 중 정상분 V_1[V]은 어떻게 표시되는가?

[전기기사]

① $\frac{1}{3} V_a$　　② V_a
③ $a V_a$　　④ $a^2 V_a$

해설

대칭 3상의 대칭분 전압

$V_1 = \frac{1}{3}(V_a + a V_b + a^2 V_c)$

$= \frac{1}{3}(V_a + a \cdot a^2 V_a + a^2 \cdot a V_a)$

$= \frac{1}{3}(V_a + a^3 V_a + a^3 V_a)$

$a^3 = 1$이므로

$= V_a$

정답 ②

불평형률

기본유형 82

3상 불평형 전압에서 역상 전압이 50[V]이고, 정상 전압이 250[V], 영상 전압이 20[V]이면 전압의 불평형률은 몇 [%]인가?

[대구도시공사, 한국가스공사, 한국가스공사]

① 10　② 15
③ 20　④ 25

핵심

$$\text{불평형률} = \frac{\text{역상분}}{\text{정상분}} \times 100[\%]$$

해설

$$\text{불평형률} = \frac{\text{역상 전압}}{\text{정상 전압}} \times 100[\%]$$

$$\therefore \ \frac{50}{250} \times 100 = 20[\%]$$

정답 ③

관련유형 82-1

대칭 좌표법에서 불평형률을 나타내는 것은? [전기기사]

① $\frac{\text{영상분}}{\text{정상분}} \times 100$　② $\frac{\text{정상분}}{\text{역상분}} \times 100$
③ $\frac{\text{정상분}}{\text{영상분}} \times 100$　④ $\frac{\text{역상분}}{\text{정상분}} \times 100$

해설

대칭분 중 정상분에 대한 역상분의 비로 비대칭을 나타내는 척도가 된다.

$$\text{불평형률} = \frac{\text{역상분}}{\text{정상분}} \times 100[\%]$$

$$= \frac{V_2}{V_1} \times 100[\%] = \frac{I_2}{I_1} \times 100[\%]$$

정답 ④

Chapter 6
회로망 해석

테브난의 정리

기본유형

83

테브난(Thevenin)의 정리를 사용하여 그림 (a)의 회로를 (b)와 같은 등가 회로로 바꾸려 한다. E[V]와 R[Ω]의 값은? [한국동서발전]

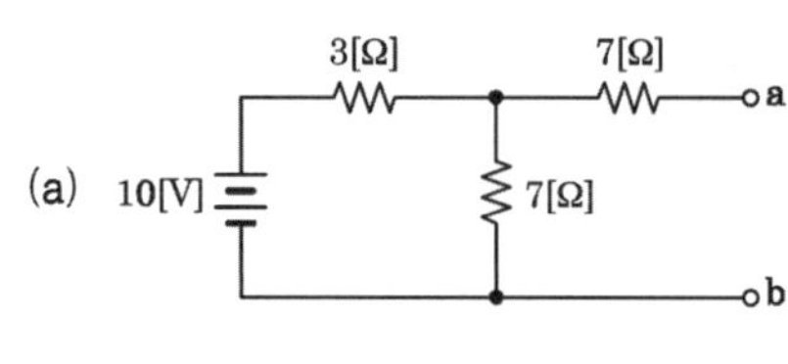

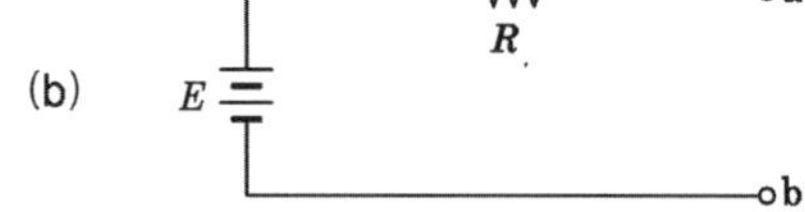

① 7, 9.1 ② 10, 9.1
③ 7, 6.5 ④ 10, 6.5

핵심

테브난의 정리

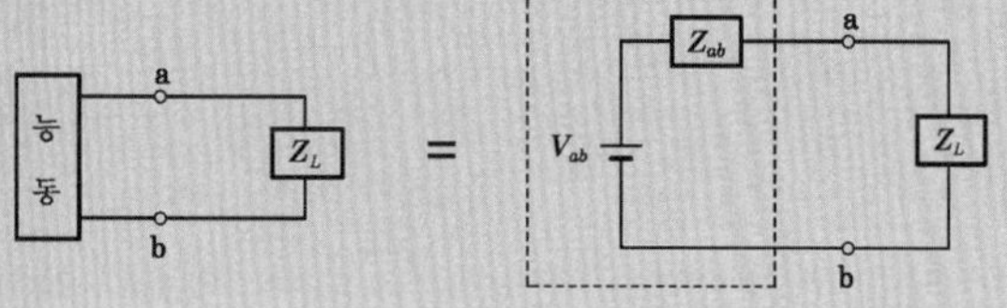

〈테브난 등가 회로〉

∴ 부하 임피던스 Z_L에 흐르는 전류 $I=\dfrac{V_{ab}}{Z_{ab}+Z_L}$[A]

여기서,
Z_{ab} : 모든 전원을 제거하고 능동 회로망쪽을 본 임피던스
V_{ab} : a, b의 단자 전압

해설

$$E=\frac{7}{3+7}\times 10=7[\text{V}]$$

$$R=7+\frac{3\times 7}{3+7}=9.1[\Omega]$$

정답 ①

관련유형

83-1

그림과 같은 회로에서 저항 0.2[Ω]에 흐르는 전류는 몇 [A]인가? [전기기사]

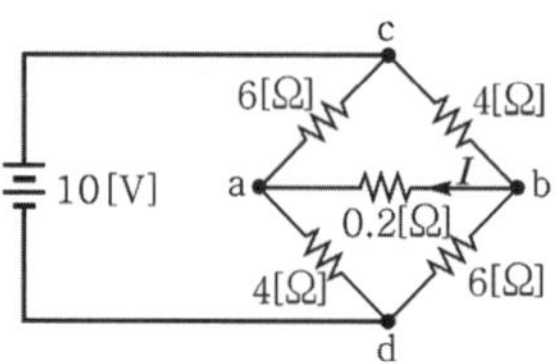

① 0.4 ② −0.4
③ 0.2 ④ −0.2

해설

테브난의 등가 변환으로 해설할 수 있다.
개방 전압은

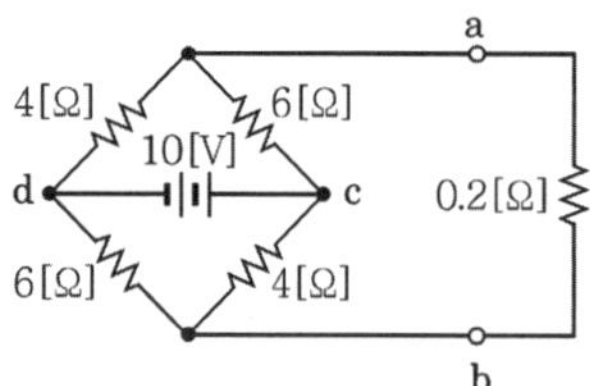

$$\therefore V_{TH}=V_b-V_a$$
$$=\left(\frac{6}{6+4}\times 10\right)-\left(\frac{4}{6+4}\times 10\right)=2[\text{V}]$$

합성 저항은

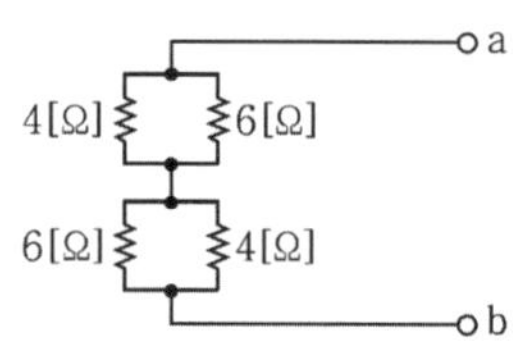

$$\therefore R_{TH}=\frac{6\times 4}{6+4}+\frac{6\times 4}{6+4}=4.8[\Omega]$$

0.2[Ω]에 흐르는 전류(테브난 등가 변환)는

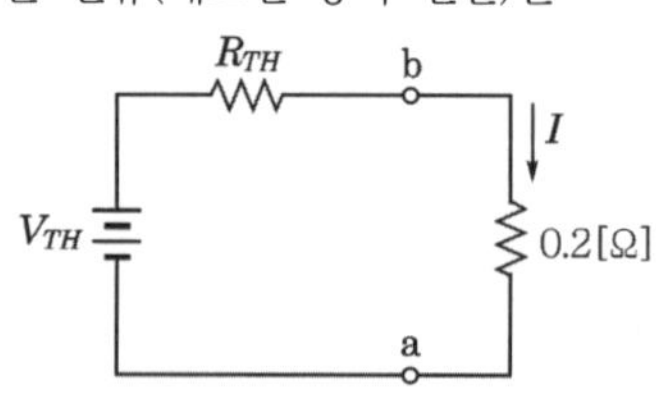

$$\therefore I=\frac{V_{TH}}{R_{TH}+0.2}=\frac{2}{4.8+0.2}=0.4[\text{A}]$$

정답 ①

관련유형

83-2

그림과 같은 회로에서 테브난의 정리에 의하여 저항에 흐르는 전류를 계산하고자 한다. 이때 a, b 단자에서 본 임피던스[Ω]는?

[부산교통공사]

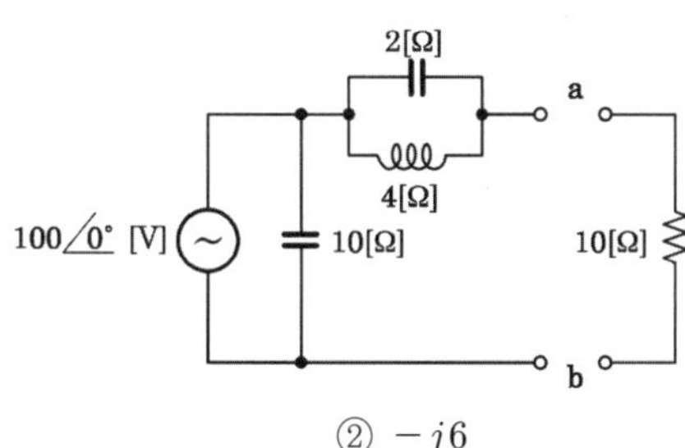

① $-j4$ ② $-j6$
③ $j4$ ④ $j6$

핵심

Z_{ab} : 전압원 단락, 전류원 개방하고 단자에서 회로망 쪽을 본 임피던스

해설

전압원을 단락하면 등가 임피던스는

$$Z_{ab}=\frac{j4(-j2)}{j4-j2}=-j4[\Omega]$$

정답 ①

노턴의 정리

기본유형

84

다음 중 테브난의 정리와 쌍대의 관계가 있는 것은?

[경기도시공사, 한국가스공사]

① 밀만의 정리　　② 중첩의 원리
③ 노턴의 정리　　④ 보상의 정리

핵심

• 테브난의 등가 회로

• 노턴의 등가 회로

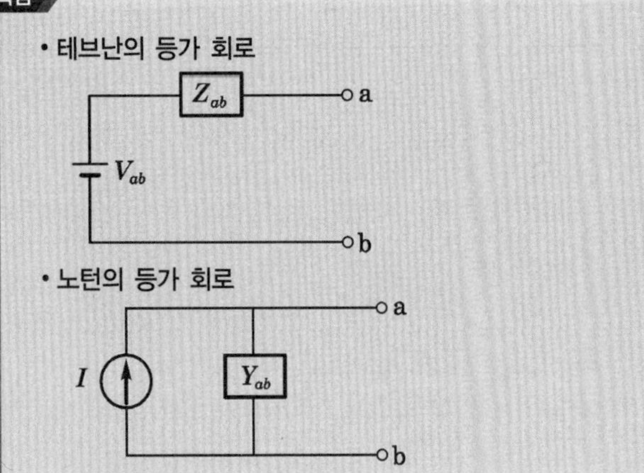

해설

㉠ 테브난의 정리

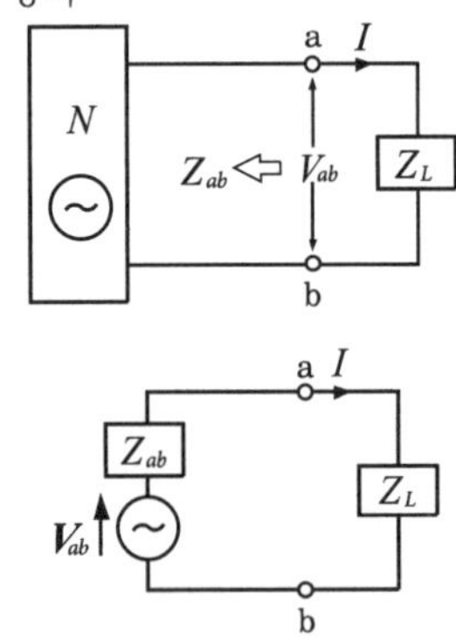

임의의 능동 회로망의 a, b 단자에 부하 임피던스(Z_L)를 연결할 때 부하 임피던스(Z_L)에 흐르는 전류 $I=\dfrac{V_{ab}}{Z_{ab}+Z_L}$[A]가 된다.

이때, Z_{ab}는 a, b 단자에서 모든 전원을 제거하고 능동 회로망을 바라본 임피던스이며, V_{ab}는 a, b 단자의 단자 전압이 된다.

㉡ 노턴의 정리

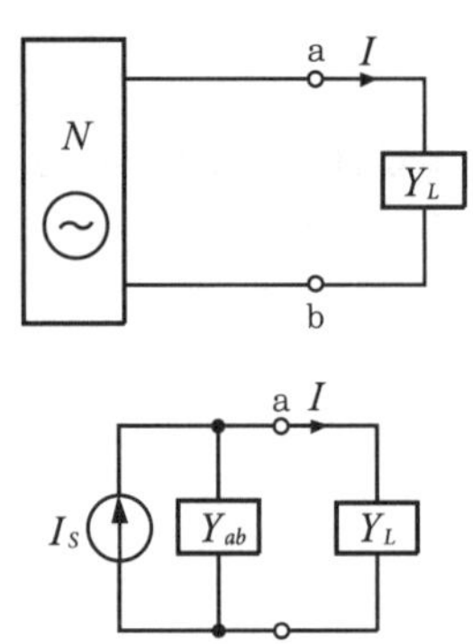

임의의 능동 회로망의 a, b 단자에 부하 어드미턴스(Y_L)를 연결할 때 부하 어드미턴스(Y_L)에 흐르는 전류는 다음과 같다.

$I=\dfrac{Y_L}{Y_{ab}+Y_L}I_s$ [A]

정답 ③

관련유형

84-1

그림 (a)와 (b)의 회로가 등가 회로가 되기 위한 전류원 I[A]와 임피던스 Z[Ω]의 값은? [전기기사]

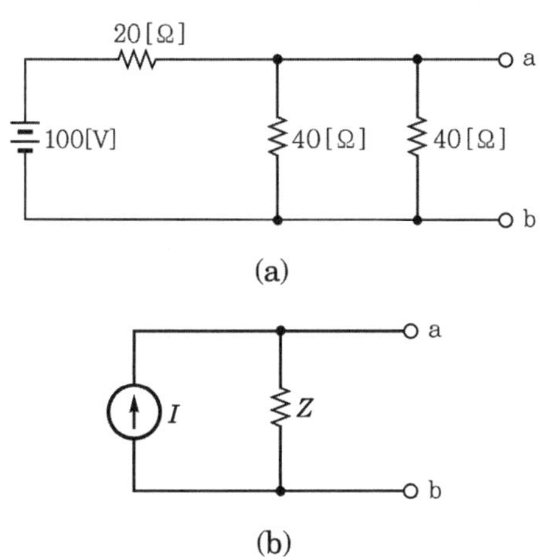

(a)

(b)

① 5[A], 10[Ω] ② 2.5[A], 10[Ω]
③ 5[A], 20[Ω] ④ 2.5[A], 20[Ω]

해설

노턴의 등가 회로에서
I는 a, b 단자 단락 시 단락 전류

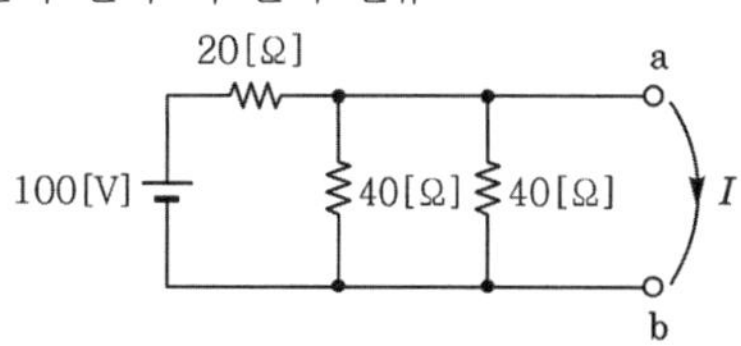

$I=\frac{100}{20}=5[A]$

Z는 a, b 단자에서 전원을 제거하고 바라본 임피던스

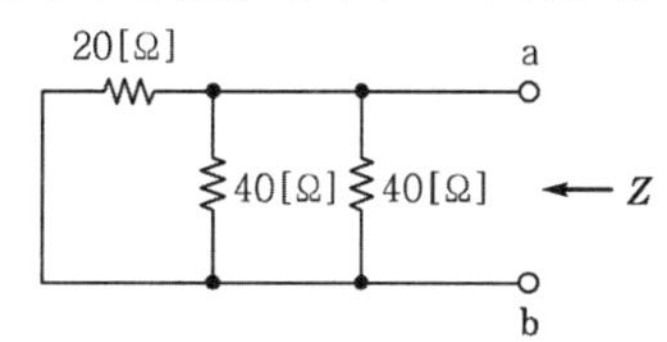

$Z=\frac{1}{\frac{1}{20}+\frac{1}{40}+\frac{1}{40}}=10[\Omega]$

정답 ①

밀만의 정리

기본유형

85

다음 회로의 단자 a, b에 나타나는 전압[V]은 얼마인가?

[부산시설공단, 한국동서발전]

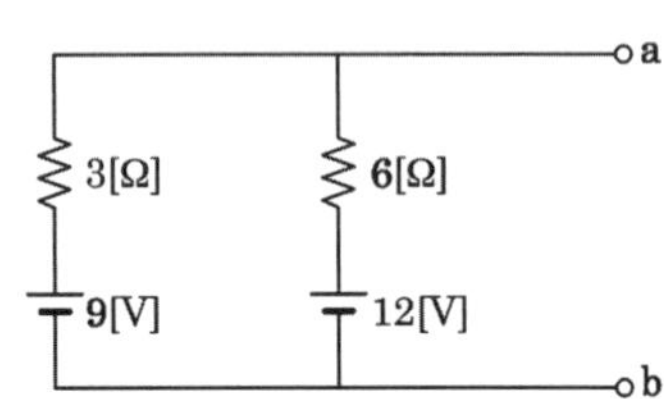

① 9　② 10
③ 12　④ 3

핵심

밀만의 정리

$$V_{ab}=\frac{\sum_{k=1}^{n} I_k}{\sum_{k=1}^{n} Y_k}[\text{V}]$$

서로 다른 전압원을 갖는 병렬 지로의 양단에 걸리는 공통 전압을 구하는 데 편리하다.

해설

$$V_{ab}=\frac{\frac{9}{3}+\frac{12}{6}}{\frac{1}{3}+\frac{1}{6}}=10[\text{V}]$$

정답 ②

관련유형

85-1

그림과 같은 회로에서 a–b 사이의 전위차[V]는? [전기기사]

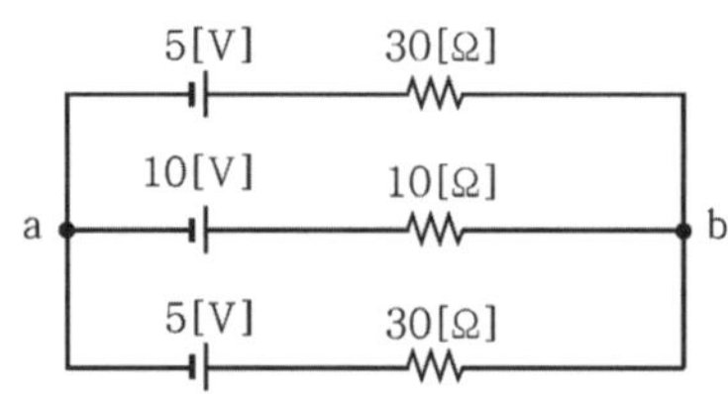

① 10[V]　② 8[V]
③ 6[V]　④ 4[V]

해설

$$V_{ab}=\frac{\frac{5}{30}+\frac{10}{10}+\frac{5}{30}}{\frac{1}{30}+\frac{1}{10}+\frac{1}{30}}=8[\text{V}]$$

정답 ②

중첩의 정리

기본유형

86

그림에서 저항 20[Ω]에 흐르는 전류는 몇 [A]인가?

[대구도시철도공사, 한국가스공사]

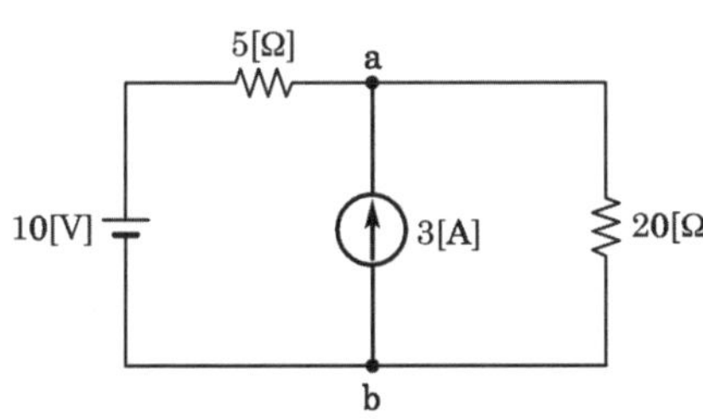

① 0.4　　② 1

③ 3　　④ 3.4

핵심

중첩의 정리

몇 개의 전압원과 전류원이 동시에 존재하는 회로망에 있어서 회로 전류는 각 전압원이나 전류원이 각각 단독으로 주어졌을 때 흐르는 전류를 합한 것과 같다.

해설

10[V] 전압원 존재 시 : 전류원 3[A] 개방

$I_1 = \frac{10}{5+20} = \frac{10}{25}$[A]

3[A] 전류원 존재 시 : 전압원 10[V] 단락

$I_2 = \frac{5}{5+20} \times 3 = \frac{15}{25}$[A]

$\therefore\ I = I_1 + I_2$

$= 1$[A]

정답 ②

관련유형

86-1

그림과 같은 회로에서 1[Ω]의 저항에 나타나는 전압[V]은?

[한국지역난방공사, 한국중부발전]

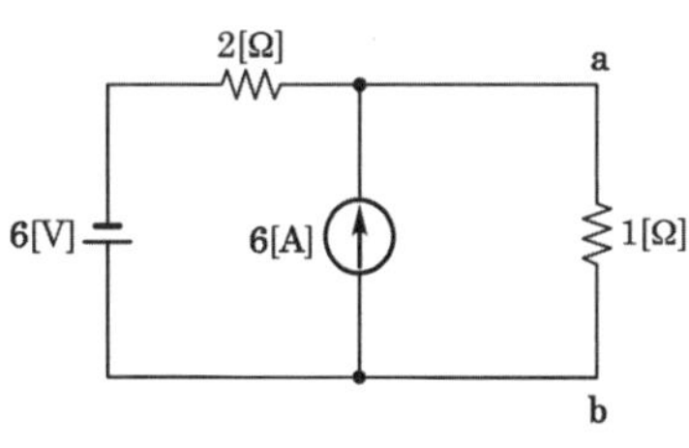

① 6　　② 2

③ 3　　④ 4

핵심

전압원에 의한 전류와 전류원에 의한 전류의 방향에 유의하여 중첩의 정리를 적용한다.

해설

6[V]에 의한 전류 $I_1 = \frac{6}{2+1} = 2$[A]

6[A]에 의한 전류 $I_2 = \frac{2}{2+1} \times 6 = 4$[A]

I_1과 I_2의 방향이 반대이므로 1[Ω]에 흐르는 전전류 I는

$I = I_2 - I_1 = 4 - 2 = 2$[A]

$\therefore\ V = IR = 2 \times 1 = 2$[V]

정답 ②

National Competency Standards

Chapter 7
4단자망 회로 해석

4단자 정수

기본유형

87

그림과 같은 4단자 회로망에서 출력 측을 개방하니 $V_1=12$, $I_1=2$, $V_2=4$이고, 출력 측을 단락하니 $V_1=16$, $I_1=4$, $I_2=2$였다. A, B, C, D는 얼마인가?

[부산시설공단, 한국지역난방공사]

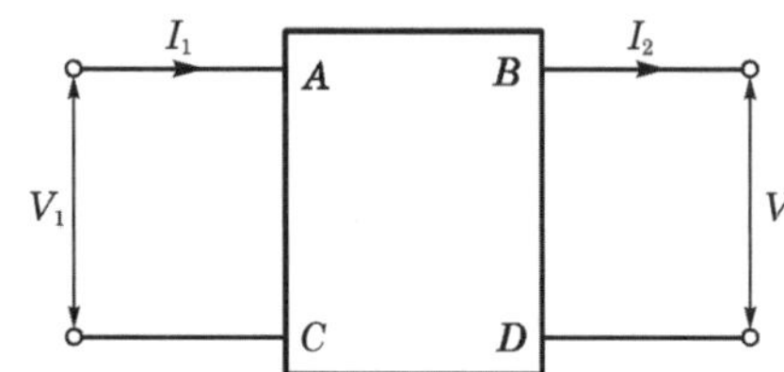

① 3, 8, 0.5, 2　② 8, 0.5, 2, 3
③ 0.5, 2, 3, 8　④ 2, 3, 8, 0.5

핵심

4단자 정수

$\begin{bmatrix} V_1 \\ I_1 \end{bmatrix} = \begin{bmatrix} A & B \\ C & D \end{bmatrix} \begin{bmatrix} V_2 \\ I_2 \end{bmatrix}$에서

$V_1 = AV_2 + BI_2$, $I_1 = CV_2 + DI_2$

$A = \left.\dfrac{V_1}{V_2}\right|_{I_2=0}$: 출력을 개방했을 때 전압 이득

$B = \left.\dfrac{V_1}{I_2}\right|_{V_2=0}$: 출력을 단락했을 때 전달 임피던스

$C = \left.\dfrac{I_1}{V_2}\right|_{I_2=0}$: 출력을 개방했을 때 전달 어드미턴스

$D = \left.\dfrac{I_1}{I_2}\right|_{V_2=0}$: 출력 단자를 단락했을 때 전류 이득

해설

$A = \left.\dfrac{V_1}{V_2}\right|_{I_2=0} = \dfrac{12}{4} = 3$, $B = \left.\dfrac{V_1}{I_2}\right|_{V_2=0} = \dfrac{16}{2} = 8$

$C = \left.\dfrac{I_1}{V_2}\right|_{I_2=0} = \dfrac{2}{4} = 0.5$, $D = \left.\dfrac{I_1}{I_2}\right|_{V_2=0} = \dfrac{4}{2} = 2$

정답 ①

관련유형

87-1

4단자 정수 A, B, C, D 중에서 어드미턴스의 차원을 가진 정수는 어느 것인가?

[대전도시철도공사]

① A　② B
③ C　④ D

해설

A는 출력을 개방했을 때 전압 이득, B는 출력을 단락했을 때 전달 임피던스, C는 출력을 개방했을 때 전달 어드미턴스, D는 출력 단자를 단락했을 때 전류 이득이다.

정답 ③

T형 회로의 4단자 정수

기본유형

88

그림과 같은 T형 회로에서 4단자 정수 중 D의 값은?

[대구도시철도공사]

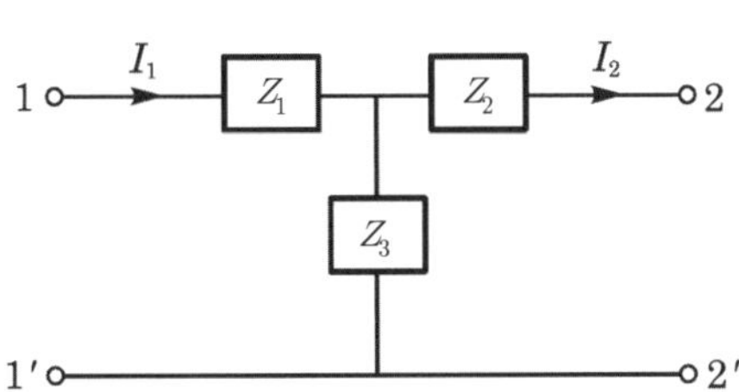

① $1+\dfrac{Z_1}{Z_3}$　　② $\dfrac{Z_1Z_2}{Z_3}+Z_2+Z_1$

③ $\dfrac{1}{Z_3}$　　④ $1+\dfrac{Z_2}{Z_3}$

핵심

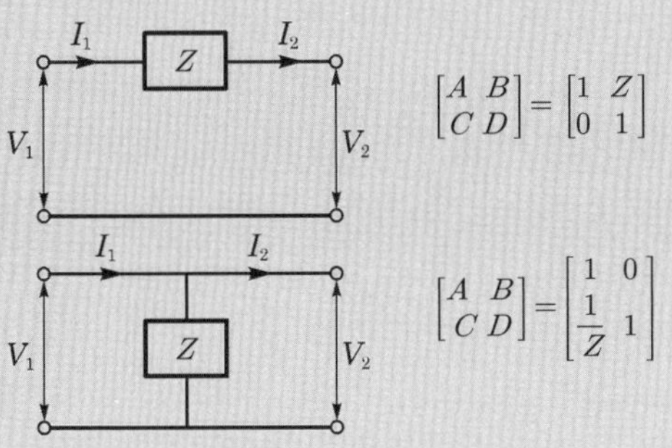

$$\begin{bmatrix} A & B \\ C & D \end{bmatrix}=\begin{bmatrix} 1 & Z \\ 0 & 1 \end{bmatrix}$$

$$\begin{bmatrix} A & B \\ C & D \end{bmatrix}=\begin{bmatrix} 1 & 0 \\ \dfrac{1}{Z} & 1 \end{bmatrix}$$

해설

$$\begin{bmatrix} A & B \\ C & D \end{bmatrix}=\begin{bmatrix} 1 & Z_1 \\ 0 & 1 \end{bmatrix}\begin{bmatrix} 1 & 0 \\ \dfrac{1}{Z_3} & 1 \end{bmatrix}\begin{bmatrix} 1 & Z_2 \\ 0 & 1 \end{bmatrix}=\begin{bmatrix} 1+\dfrac{Z_1}{Z_3} & Z_1 \\ \dfrac{1}{Z_3} & 1 \end{bmatrix}\begin{bmatrix} 1 & Z_2 \\ 0 & 1 \end{bmatrix}$$

$$=\begin{bmatrix} 1+\dfrac{Z_1}{Z_3} & Z_2\left(1+\dfrac{Z_1}{Z_3}\right)+Z_1 \\ \dfrac{1}{Z_3} & \dfrac{Z_2}{Z_3}+1 \end{bmatrix}$$

정답 ④

관련유형

88-1

그림과 같은 4단자 회로의 4단자 정수 중 D의 값은?

[인천교통공사, 한국중부발전]

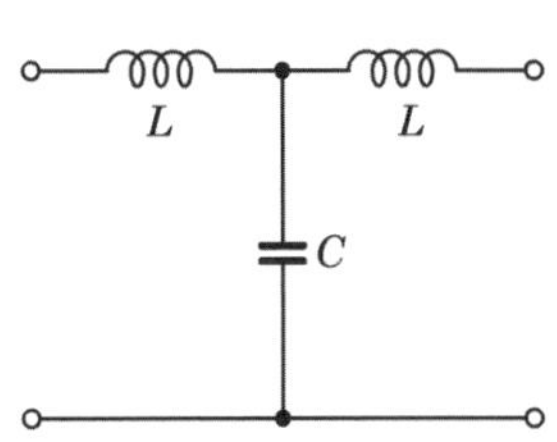

① $1-\omega^2 LC$　　② $j\omega L(2-\omega^2 LC)$

③ $j\omega C$　　④ $j\omega L$

해설

$$\begin{bmatrix} A & B \\ C & D \end{bmatrix}=\begin{bmatrix} 1 & j\omega L \\ 0 & 1 \end{bmatrix}\begin{bmatrix} 1 & 0 \\ j\omega C & 1 \end{bmatrix}\begin{bmatrix} 1 & j\omega L \\ 0 & 1 \end{bmatrix}$$

$$=\begin{bmatrix} 1-\omega^2 LC & j\omega L(2-\omega^2 LC) \\ j\omega C & 1-\omega^2 LC \end{bmatrix}$$

정답 ①

π형 회로의 4단자 정수

기본유형

89

그림과 같은 π형 회로의 4단자 정수 D의 값은? [대구도시철도공사]

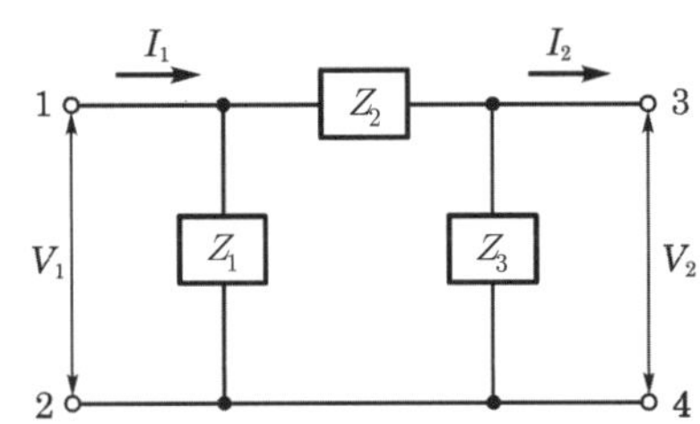

① Z_2 ② $1+\frac{Z_2}{Z_1}$

③ $\frac{1}{Z_1}+\frac{1}{Z_3}$ ④ $1+\frac{Z_2}{Z_3}$

핵심

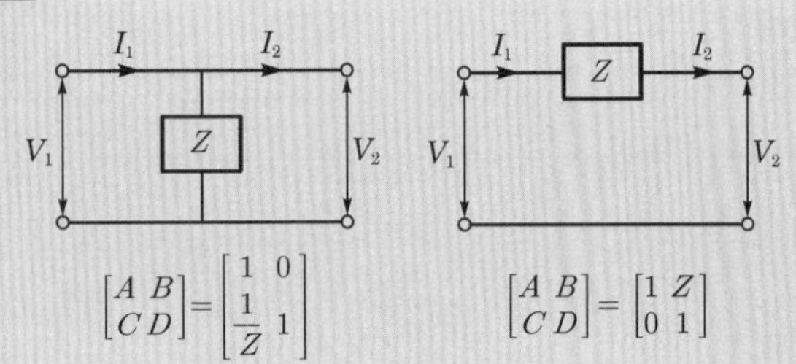

해설

$$\begin{bmatrix} A & B \\ C & D \end{bmatrix} = \begin{bmatrix} 1 & 0 \\ \frac{1}{Z_1} & 1 \end{bmatrix} \begin{bmatrix} 1 & Z_2 \\ 0 & 1 \end{bmatrix} \begin{bmatrix} 1 & 0 \\ \frac{1}{Z_3} & 1 \end{bmatrix} = \begin{bmatrix} 1+\frac{Z_2}{Z_3} & Z_2 \\ \frac{Z_1+Z_2+Z_3}{Z_1 \cdot Z_3} & 1+\frac{Z_2}{Z_1} \end{bmatrix}$$

정답 ②

관련유형

89-1

4단자 정수가 A, B, C, D인 송전 선로의 등가 π회로를 그림과 같이 하면 Z_1의 값은? [한국남부발전]

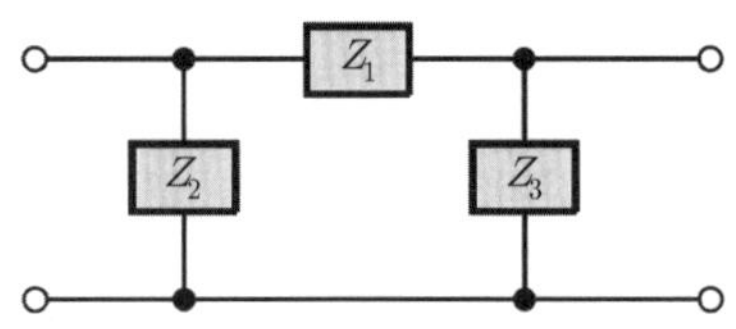

① B ② $\frac{A}{B}$

③ $\frac{D}{B}$ ④ $\frac{1}{B}$

해설

4단자 정수 A, B, C, D

$$\begin{bmatrix} A & B \\ C & D \end{bmatrix} = \begin{bmatrix} 1 & 0 \\ \frac{1}{Z_2} & 1 \end{bmatrix} \begin{bmatrix} 1 & Z_1 \\ 0 & 1 \end{bmatrix} \begin{bmatrix} 1 & 0 \\ \frac{1}{Z_3} & 1 \end{bmatrix}$$

$$= \begin{bmatrix} 1+\frac{Z_1}{Z_3} & Z_1 \\ \frac{1}{Z_2}+\frac{1}{Z_3}+\frac{Z_1}{Z_2 Z_3} & 1+\frac{Z_1}{Z_2} \end{bmatrix}$$

$A=1+\frac{Z_1}{Z_3}$, $B=Z_1$

$C=\frac{1}{Z_2}+\frac{1}{Z_3}+\frac{Z_1}{Z_2 Z_3}$, $D=1+\frac{Z_1}{Z_2}$

정답 ①

영상 임피던스

기본유형

90

그림과 같은 회로의 영상 임피던스 Z_{01}, Z_{02}는 각각 몇 [Ω]인가? [부산시설공단]

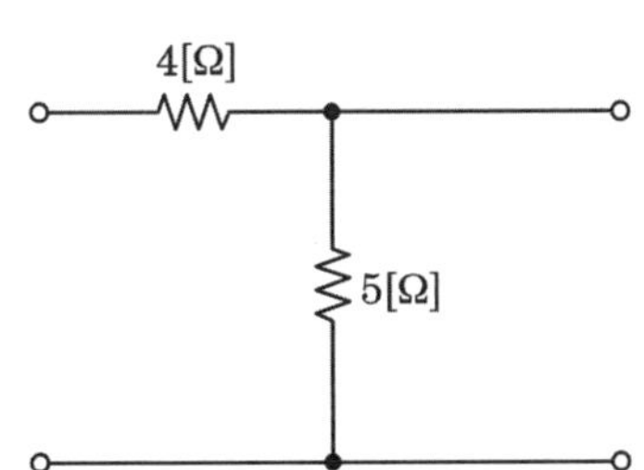

① $Z_{01}=9,\ Z_{02}=5$ ② $Z_{01}=4,\ Z_{02}=5$

③ $Z_{01}=4,\ Z_{02}=\frac{20}{9}$ ④ $Z_{01}=6,\ Z_{02}=\frac{10}{3}$

핵심

영상 임피던스

$Z_{01}=\sqrt{\frac{AB}{CD}}$, $Z_{02}=\sqrt{\frac{BD}{AC}}$

해설

$$\begin{bmatrix} A & B \\ C & D \end{bmatrix}=\begin{bmatrix} 1 & 4 \\ 0 & 1 \end{bmatrix}\begin{bmatrix} 1 & 0 \\ \frac{1}{5} & 1 \end{bmatrix}=\begin{bmatrix} \frac{9}{5} & 4 \\ \frac{1}{5} & 1 \end{bmatrix}$$

$$\therefore Z_{01}=\sqrt{\frac{AB}{CD}}=\sqrt{\frac{\frac{9}{5}\times 4}{\frac{1}{5}\times 1}}=6[\Omega],$$

$$Z_{02}=\sqrt{\frac{BD}{AC}}=\sqrt{\frac{4\times 1}{\frac{9}{5}\times\frac{1}{5}}}=\frac{10}{3}[\Omega]$$

정답 ④

관련유형

90-1

4단자 회로에서 4단자 정수를 $A,\ B,\ C,\ D$라 하면 영상 임피던스 $\frac{Z_{01}}{Z_{02}}$은? [전기기사]

① $\frac{D}{A}$ ② $\frac{B}{C}$

③ $\frac{C}{B}$ ④ $\frac{A}{D}$

해설

$Z_{01}\cdot Z_{02}=\frac{B}{C}$

$\frac{Z_{01}}{Z_{02}}=\frac{A}{D}$

정답 ④

National Competency Standards

Chapter 8
분포 정수 회로

특성 임피던스

기본유형

91

단위길이당 임피던스 및 어드미턴스가 각각 Z 및 Y인 전송 선로의 특성 임피던스는?

[대구도시철도공사, 대전도시철도공사]

① $\sqrt{ZY}$ ② $\sqrt{\frac{Z}{Y}}$

③ $\sqrt{\frac{Y}{Z}}$ ④ $\frac{Y}{Z}$

핵심

특성 임피던스

$Z_O=\sqrt{\frac{Z}{Y}}=\sqrt{\frac{R+j\omega L}{G+j\omega C}}\,[\Omega]$

해설

$Z=R+j\omega L[\Omega]$, $Y=G+j\omega C[\Omega]$

$\therefore Z_O=\sqrt{\frac{Z}{Y}}=\sqrt{\frac{R+j\omega L}{G+j\omega C}}\,[\Omega]$

정답 ②

관련유형

91-1

선로의 단위길이의 분포 인덕턴스, 저항, 정전 용량, 누설 컨덕턴스를 각각 L, r, C 및 g로 할 때 특성 임피던스는?

[한국중부발전]

① $(r+j\omega L)(g+j\omega C)$ ② $\sqrt{(r+j\omega L)(g+j\omega C)}$

③ $\sqrt{\frac{r+j\omega L}{g+j\omega C}}$ ④ $\sqrt{\frac{g+j\omega C}{r+j\omega L}}$

해설

$Z_O=\sqrt{\frac{Z}{Y}}=\sqrt{\frac{R+j\omega L}{G+j\omega C}}\,[\Omega]$

정답 ③

무손실 선로

기본유형

92

무손실 분포 정수 선로에 대한 설명 중 옳지 않은 것은?

[인천교통공사, 한국가스공사, 한국서부발전]

① 전파 정수 γ는 $j\omega\sqrt{LC}$이다.
② 진행파의 전파 속도는 $\sqrt{LC}$이다.
③ 특성 임피던스는 $\sqrt{\dfrac{L}{C}}$이다.
④ 파장은 $\dfrac{1}{f\sqrt{LC}}$이다.

핵심

무손실 선로(조건 : $R=G=0$)

㉠ 특성 임피던스 $Z_O=\sqrt{\dfrac{Z}{Y}}=\sqrt{\dfrac{L}{C}}\,[\Omega]$

㉡ 전파 정수 $\gamma=\sqrt{Z\cdot Y}=\sqrt{(R+j\omega L)(G+j\omega C)}$
$=j\omega\sqrt{LC}$
$\alpha=0,\ \beta=\omega\sqrt{LC}$

㉢ 전파 속도 $v=\dfrac{1}{\sqrt{LC}}[\text{m/sec}]$

해설

전파 속도 $v=f\cdot\lambda$
$=\dfrac{1}{\sqrt{LC}}[\text{m/sec}]$

정답 ②

관련유형

92-1

무손실 선로가 되기 위한 조건 중 옳지 않은 것은?

[한국전력기술, 한국남부발전]

① $Z_O=\sqrt{\dfrac{L}{C}}$ ② $\gamma=\sqrt{ZY}$

③ $\alpha=\omega\sqrt{LC}$ ④ $v=\dfrac{1}{\sqrt{LC}}$

해설

전파 정수 $\gamma=\sqrt{Z\cdot Y}=j\omega\sqrt{LC}$
$\alpha=0,\ \beta=\omega\sqrt{LC}$

정답 ③

무왜형 선로

기본유형

93

분포 정수 회로가 무왜 선로로 되는 조건은? (단, 선로의 단위길이당 저항을 R, 인덕턴스를 L, 정전 용량을 C, 누설 컨덕턴스를 G라 한다.) [한국전력기술]

① $RC=LG$ ② $RL=CG$

③ $R=\sqrt{\frac{L}{C}}$ ④ $R=\sqrt{LC}$

핵심

무왜형 선로의 조건

$\frac{R}{L}=\frac{G}{C}$, $RC=LG$

해설

일그러짐이 없는 선로, 즉 무왜형 선로 조건 $RC=LG$

정답 ①

관련유형

93-1

선로의 분포 정수 R, L, C, G 사이에 $\frac{R}{L}=\frac{G}{C}$의 관계가 있으면 전파 정수 γ는? [한국중부발전]

① $RG+j\omega LC$ ② $RL+j\omega CG$

③ $\sqrt{RG}+j\omega\sqrt{LC}$ ④ $RL+j\omega\sqrt{GC}$

핵심

㉠ 전파 정수 : $\gamma=\sqrt{Z\cdot Y}=\sqrt{(R+j\omega L)(G+j\omega C)}=\alpha+j\beta$

㉡ 무왜형 선로 조건 : $RC=LG$

해설

무왜형 선로

$\gamma=\sqrt{Z\cdot Y}=\sqrt{RG}+j\omega\sqrt{LC}$

감쇠 정수 $\alpha=\sqrt{RG}$, 위상 정수 $\beta=\omega\sqrt{LC}$

정답 ③

관련유형

93-2

다음 분포 정수 회로에 대한 설명으로 옳지 않은 것은? [인천교통공사]

① $\frac{R}{L}=\frac{G}{C}$인 회로를 무왜형 회로라 한다.

② $R=G=0$인 회로를 무손실 회로라 한다.

③ 무손실 회로, 무왜형 회로의 감쇠 정수는 $\sqrt{RG}$이다.

④ 무손실 회로, 무왜형 회로에서의 위상 속도는 $\frac{1}{\sqrt{CL}}$이다.

해설

무손실 선로 $\gamma=\sqrt{Z\cdot Y}=\sqrt{(R+j\omega L)(G+j\omega C)}=j\omega\sqrt{LC}$

감쇠 정수 $\alpha=0$, 위상 정수 $\beta=\omega\sqrt{LC}$

정답 ③

전압 반사 계수

기본유형

94

분포 전송 선로의 특성 임피던스가 100[Ω]이고 부하 저항이 300[Ω]이면 전압 반사 계수는?

[서울교통공사, 한국남부발전]

① 2　　② 1.5
③ 1.0　　④ 0.5

핵심

전압 반사 계수

$$\beta = \frac{Z_L - Z_O}{Z_L + Z_O}$$

해설

$$\beta = \frac{300-100}{300+100} = \frac{200}{400} = 0.5$$

정답 ④

관련유형

94-1

전송 선로의 특성 임피던스가 100[Ω]이고, 부하 저항이 400[Ω]일 때 전압 정재파비 S는 얼마인가? [전기기사]

① 0.25　　② 0.6
③ 1.67　　④ 4.0

해설

전압 정재파비 $S = \frac{1+\rho}{1-\rho}$

반사 계수 $\rho = \frac{Z_L - Z_O}{Z_L + Z_O}$ 이므로 $\rho = \frac{400-100}{400+100} = 0.6$

$\therefore S = \frac{1+0.6}{1-0.6} = 4$

정답 ④

National Competency Standards

Chapter 9
과도 현상

과도 현상과 시정수

기본유형

95

전기 회로에서 일어나는 과도 현상은 그 회로의 시정수와 관계가 있다. 이 사이의 관계를 옳게 표현한 것은?

[대구시설공단]

① 회로의 시정수가 클수록 과도 현상은 오랫동안 지속된다.
② 시정수는 과도 현상의 지속 시간에는 상관되지 않는다.
③ 시정수의 역이 클수록 과도 현상은 천천히 사라진다.
④ 시정수가 클수록 과도 현상은 빨리 사라진다.

핵심

시정수 τ값이 커질수록 $e^{-\frac{1}{\tau}t}$의 값이 증가하므로 과도 상태는 길어진다.
즉, 시정수와 과도분은 비례 관계에 있게 된다.

해설

시정수와 과도분은 비례 관계이므로 시정수가 클수록 과도분은 많다.

정답 ①

관련유형

95-1

시정수의 의미를 설명한 것 중 틀린 것은? [전기기사]

① 시정수가 작으면 과도 현상이 짧다.
② 시정수가 크면 정상 상태에 늦게 도달한다.
③ 시정수는 τ로 표기하며 단위는 초[s]이다.
④ 시정수는 과도 기간 중 변화해야 할 양의 0.632[%]가 변화하는 데 소요된 시간이다.

해설

시정수 τ값이 커질수록 $e^{-\frac{1}{\tau}t}$의 값이 증가하므로 과도 상태는 길어진다. 즉, 시정수와 과도분은 비례 관계에 있게 된다.

정답 ④

시정수

기본유형 96

다음 그림에서 스위치 S를 닫을 때 시정수의 값[s]은? (단, $L=10$[mH], $R=10[\Omega]$이다.)

[대구도시철도공사, 서울교통공사, 대구시설공단, 한국중부발전, 한국가스공사]

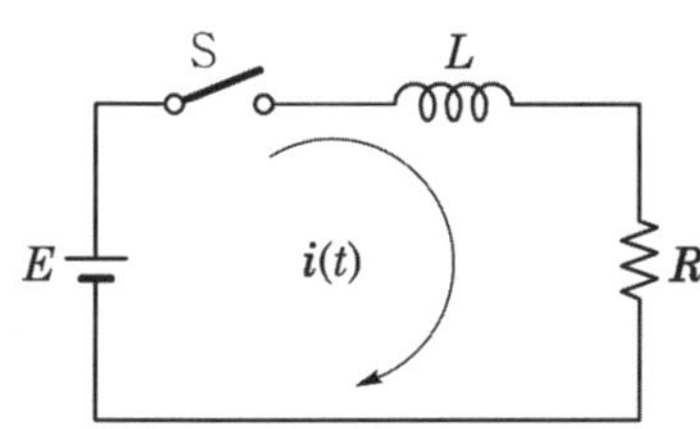

① 10^3　　② 10^{-3}
③ 10^2　　④ 10^{-2}

핵심

시정수

$\tau=\dfrac{L}{R}$[sec]

해설

시정수 $\tau=\dfrac{L}{R}$[sec]에서

$\tau=\dfrac{10\times 10^{-3}}{10}=10^{-3}$[sec]

정답 ②

관련유형 96-1

RL 직렬 회로에서 시정수가 0.03[sec], 저항이 14.7[Ω]일 때, 코일의 인덕턴스[mH]는? [전기기사]

① 441　　② 362
③ 17.6　　④ 2.53

해설

시정수 $\tau=\dfrac{L}{R}$[S] 식에서 $L=\tau R$이다.

$\therefore L=0.03\times 14.7=0.441[\text{H}]=441[\text{mH}]$

정답 ①

관련유형 96-2

권수가 2,000회이고, 저항이 12[Ω]인 솔레노이드에 전류 10[A]를 흘릴 때, 자속이 6×10^{-2}[Wb]가 발생하였다. 이 회로의 시정수[s]는? [전기기사]

① 1　　② 0.1
③ 0.01　　④ 0.001

해설

코일의 자기 인덕턴스

$L=\dfrac{N\phi}{I}=\dfrac{2{,}000\times 6\times 10^{-2}}{10}=12[\text{H}]$

$\therefore$ 시정수 $\tau=\dfrac{L}{R}=\dfrac{12}{12}=1[\text{s}]$

정답 ①

과도 현상, R-L 직렬 회로

기본유형

97

그림과 같은 회로에서 S를 닫은 후 0.01[s]일 때 전류는 몇 [A]인가? [한국전력기술]

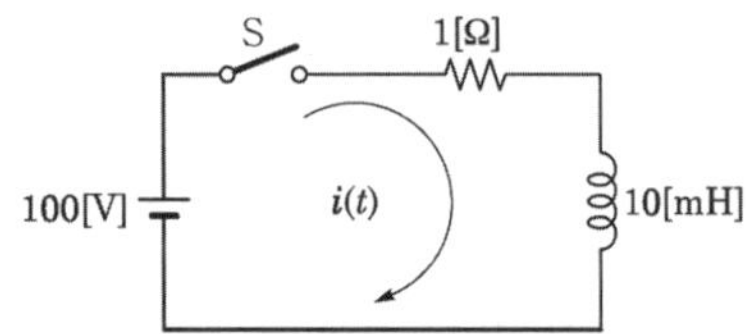

① 100 ② 63.2
③ 36.8 ④ 24.6

핵심

$t=\tau$인 경우 전류

$$i(t)=\frac{E}{R}\left(1-e^{-\frac{R}{L}t}\right)\bigg|_{t=\frac{L}{R}}=0.632\frac{E}{R}[\text{A}]$$

해설

$t=\tau=\dfrac{L}{R}=\dfrac{10\times 10^{-3}}{1}=0.01$이므로

$$\text{전류 } i(t)=0.632\frac{E}{R}=0.632\frac{100}{1}=63.2[\text{A}]$$

정답 ②

관련유형

97-1

$R=100[\Omega]$, $L=1$[H]의 직렬 회로에 직류 전압 $E=100$[V]를 가했을 때 $t=0.01$[s] 후의 전류 i_t[A]는 약 얼마인가? [한국전력거래소]

① 0.362 ② 0.632
③ 3.62 ④ 6.32

해설

과도 전류

$$i(t)=\frac{E}{R}\left(1-e^{-\frac{R}{L}t}\right)=\frac{100}{100}\left(1-e^{-\frac{100}{1}\times 0.01}\right)=1(1-e^{-1})=0.632[\text{A}]$$

정답 ②

관련유형

97-2

직류 과도 저항 $R[\Omega]$과 인덕턴스 L[H]의 직렬 회로에서 옳지 않은 것은? [부산시설공단, 한국가스공사, 한국지역난방공사]

① 회로의 시정수는 $\tau=\dfrac{L}{R}$[s]이다.

② $t=0$에서 직류 전압 E[V]를 가했을 때 t[s] 후의 전류는 $i(t)=\dfrac{E}{R}\left(1-e^{-\frac{R}{L}t}\right)$[A]이다.

③ 과도 기간에 있어서의 인덕턴스 L의 단자 전압은 $V_L(t)=Ee^{-\frac{L}{R}t}$이다.

④ 과도 기간에 있어서의 저항 R의 단자 전압 $V_R(t)=E\left(1-e^{-\frac{R}{L}t}\right)$이다.

핵심

- 직류 인가 시 전류 : $i(t)=\dfrac{E}{R}\left(1-e^{-\frac{R}{L}t}\right)$[A]
- L에 단자 전압 : $V_L=L\dfrac{di(t)}{dt}$[V]

해설

$$V_L=L\frac{di}{dt}=L\frac{d}{dt}\left(\frac{E}{R}-\frac{E}{R}e^{-\frac{R}{L}t}\right)=L\frac{E}{R}\frac{R}{L}e^{-\frac{R}{L}t}=Ee^{-\frac{R}{L}t}$$

정답 ③

관련유형

97-3

$R-L$ 직렬 회로에서 그 양단에 직류 전압 E[V]를 연결한 후 스위치 S를 개방하면 $\frac{L}{R}$[s] 후의 전류값은 몇 [A]인가?

[대구도시철도공사, 대구시설공단]

① $\frac{E}{R}$　② $0.368\frac{E}{R}$

③ $0.5\frac{E}{R}$　④ $0.632\frac{E}{R}$

해설

$R-L$ 직렬 회로에서 스위치 개방 시 과도 전류는

$i(t)=\frac{E}{R}e^{-\frac{R}{L}t}$이므로 시정수 시간에서의 전류는

$\therefore\ i(\tau)=\frac{E}{R}e^{-\frac{R}{L}t}=\frac{E}{R}e^{-\frac{R}{L}\times\frac{L}{R}}$

$=\frac{E}{R}e^{-1}=0.368\frac{E}{R}$[A]

정답 ②

관련유형

97-4

인덕턴스 0.5[H], 저항 2[Ω]의 직렬 회로에 30[V]의 직류 전압을 급히 가했을 때 스위치를 닫은 후 0.1초 후의 전류의 순싯값 i[A]와 회로의 시정수 τ[s]는?

[전기기사]

① $i=4.95,\ \tau=0.25$

② $i=12.75,\ \tau=0.35$

③ $i=5.95,\ \tau=0.45$

④ $i=13.95,\ \tau=0.25$

해설

- 시정수 $\tau=\frac{L}{R}=\frac{0.5}{2}=0.25$[s]
- 전류 $i(t)=\frac{E}{R}(1-e^{-\frac{R}{L}t})$에서 $t=0.1$초이므로

$\therefore\ i(t)=\frac{30}{2}(1-e^{-\frac{2}{0.5}\times 0.1})=4.95$[A]

정답 ①

과도 현상, R-C 직렬 회로

기본유형

98

직류 $R-C$ 직렬 회로에서 회로의 시정수 값은?

[서울교통공사, 대구시설공단, 한국가스공사, 대구도시철도공사, 한국동서발전]

① $\dfrac{R}{C}$　② $\dfrac{E}{R}$

③ $\dfrac{1}{RC}$　④ RC

해설

㉠ $R-L$ 회로의 시정수 : $\tau=\dfrac{L}{R}[\mathrm{s}]$

㉡ $R-C$ 회로의 시정수 : $\tau=RC[\mathrm{s}]$

정답 ④

관련유형

98-1

$R-C$ 직렬 회로의 과도 현상에 대하여 옳게 설명된 것은?

[대구시설공단]

① $R-C$값이 클수록 과도 전류값은 천천히 사라진다.

② $R-C$값이 클수록 과도 전류값은 빨리 사라진다.

③ 과도 전류는 $R-C$값과 상관없다.

④ $\dfrac{1}{RC}$의 값이 클수록 과도 전류값은 천천히 사라진다.

핵심

시정수와 과도분 전류는 비례하므로 시정수 RC값이 클수록 과도 전류는 커지게 된다.

$i(t)=\dfrac{E}{R}e^{-\frac{1}{RC}t}$

정답 ①

초기 전압과 전류, R-C 직렬 회로

기본유형

99

그림과 같은 $R-C$ 직렬 회로에서 콘덴서 C의 초기 전압이 5[V]이었다. $i(t)$를 나타내는 식은?

[한국남동발전]

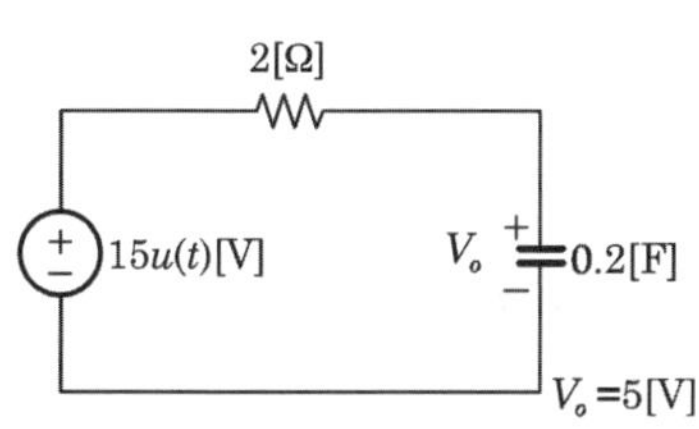

① $5e^{-0.4t}$ ② $5e^{-2.5t}$

③ $7.5e^{-2.5t}$ ④ $10e^{-0.4t}$

핵심

초기치가 있는 경우

전류 $i(t)=\dfrac{E-V_{(0)}}{R}e^{-\frac{1}{RC}t}$ ($V_{(0)}$: 초기 전압)

해설

$i(t)=\dfrac{E-V_0}{R}e^{-\frac{1}{RC}t}$ 에서

$i(t)=\dfrac{15-5}{2}e^{-\frac{1}{2\times0.2}t}=5e^{-2.5t}$

정답 ②

관련유형

99-1

그림에서 $t=0$에서 스위치 S를 닫았다. 콘덴서에 충전된 초기 전압 $V_C(0)$가 1[V]였다면 전류 $i(t)$를 변환한 값 I(s)는?

[전기기사]

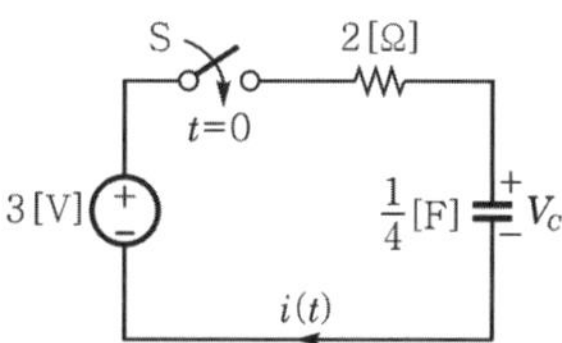

① $\dfrac{3}{2s+4}$ ② $\dfrac{3}{s(2s+4)}$

③ $\dfrac{2}{s(s+2)}$ ④ $\dfrac{1}{s+2}$

해설

콘덴서에 초기 전압 $V_C(0)$가 있는 경우이므로

전류 $i(t)=\dfrac{E-V_C(0)}{R}e^{-\frac{1}{RC}t}$

$\therefore\ i(t)=\dfrac{3-1}{2}e^{-\frac{1}{2\times\frac{1}{4}}t}=e^{-2t}$

$\because\ I(s)=\mathcal{L}^{-1}[i(t)]=\dfrac{1}{s+2}$

정답 ④

과도 현상, R-L-C 직렬 회로

기본유형

100

$R-L-C$ 직렬 회로에서 $R=100[\Omega]$, $L=0.1\times 10^{-3}$[H], $C=0.1\times 10^{-6}$[F]일 때 이 회로는?

[부산시설공단, 한국남동발전]

① 진동적이다.
② 비진동이다.
③ 정현파 진동이다.
④ 진동일 수도 있고 비진동일 수도 있다.

핵심

진동 여부 판별식

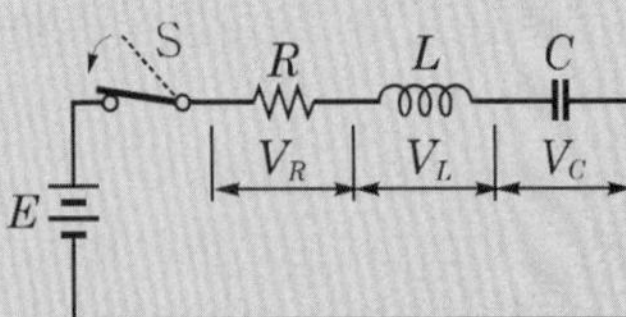

$\left(\frac{R}{2L}\right)^2-\frac{1}{LC}=R^2-4\frac{L}{C}=0$: 임계 진동

$\left(\frac{R}{2L}\right)^2-\frac{1}{LC}=R^2-4\frac{L}{C}>0$: 비진동

$\left(\frac{R}{2L}\right)^2-\frac{1}{LC}=R^2-4\frac{L}{C}<0$: 진동

해설

진동 여부 판별식 $R^2-4\frac{L}{C}=100^2-4\frac{0.1\times 10^{-3}}{0.1\times 10^{-6}}>0$

∴ 비진동

정답 ②

관련유형

100-1

저항 R, 인덕턴스 L, 콘덴서 C의 직렬 회로에서 발생되는 과도 현상이 진동이 되기 위한 조건은? [한국서부발전, 한국전력기술]

① $\left(\frac{R}{2L}\right)^2-\frac{1}{LC}<0$
② $\left(\frac{R}{2L}\right)^2-\frac{1}{LC}>0$
③ $\left(\frac{R}{2L}\right)^2-\frac{1}{LC}=0$
④ $\frac{R}{2L}-\frac{1}{LC}=0$

해설

진동 여부 판별식에서 진동 조건

$\left(\frac{R}{2L}\right)^2-\frac{1}{LC}=R^2-4\frac{L}{C}<0$

정답 ①

Chapter 10
라플라스 변환

라플라스 변환 – 지수 함수

기본유형

101

$f(t) = 1 - e^{-at}$ 의 라플라스 변환은?

[한국남동발전, 한국남부발전, 한국중부발전]

① $\dfrac{1}{s+a}$ ② $\dfrac{1}{s(s+a)}$

③ $\dfrac{a}{s}$ ④ $\dfrac{a}{s(s+a)}$

핵심

$\mathcal{L}[u(t)] = \dfrac{1}{s}$, $\mathcal{L}[e^{-at}] = \dfrac{1}{s+a}$

해설

$$F(s) = \mathcal{L}[f(t)] = \mathcal{L}[1 - e^{-at}] = \frac{1}{s} - \frac{1}{s+a} = \frac{s+a-s}{s(s+a)}$$

$$= \frac{a}{s(s+a)}$$

정답 ④

관련유형

101-1

$f(t) = \dfrac{e^{at} + e^{-at}}{2}$ 의 라플라스 변환은?

[한국가스공사, 한국지역난방공사]

① $\dfrac{s}{s^2+a^2}$ ② $\dfrac{s}{s^2-a^2}$

③ $\dfrac{a}{s^2+a^2}$ ④ $\dfrac{a}{s^2-a^2}$

핵심

쌍곡선 함수의 지수 함수 표현식

$\cosh at = \dfrac{e^{+at} + e^{-at}}{2}$

$\mathcal{L}[\cosh at] = \dfrac{s}{s^2 - a^2}$

해설

$$F(s) = \mathcal{L}\left[\frac{1}{2}(e^{at} + e^{-at})\right] = \frac{1}{2}\left(\frac{1}{s-a} + \frac{1}{s+a}\right)$$

$$= \frac{s}{s^2 - a^2}$$

정답 ②

라플라스 변환 – 구형파

기본유형

102

그림과 같은 구형파의 라플라스 변환은?

[부산시설공단]

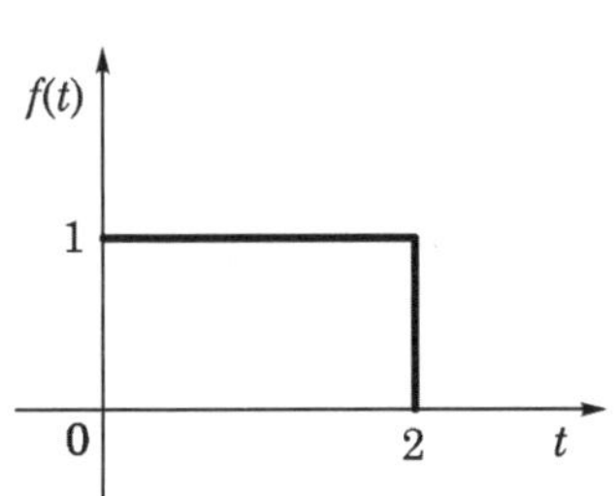

① $\frac{1}{s}(1-e^{-s})$　② $\frac{1}{s}(1+e^{-s})$

③ $\frac{1}{s}(1-e^{-2s})$　④ $\frac{1}{s}(1+e^{-2s})$

핵심

시간 추이 정리

$\mathcal{L}[f(t-a)]=e^{-as}\cdot F(s)$

해설

$f(t)=u(t)-u(t-2)$

시간 추이 정리를 적용하면

$F(s)=\frac{1}{s}-e^{-2s}\cdot\frac{1}{s}=\frac{1}{s}(1-e^{-2s})$

정답 ③

관련유형

102-1

그림과 같이 높이가 1인 펄스의 라플라스 변환은?

[대구도시철도공사]

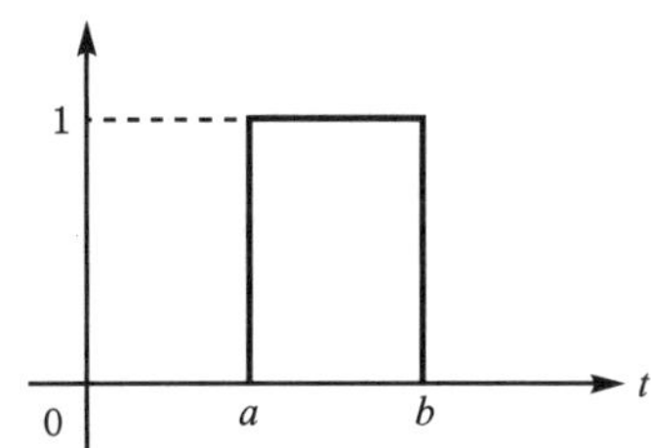

① $\frac{1}{s}(e^{-as}+e^{-bs})$　② $\frac{1}{s}(e^{-as}-e^{-bs})$

③ $\frac{1}{a-b}\left(\frac{e^{-as}+e^{-bs}}{s}\right)$　④ $\frac{1}{a-b}\left(\frac{e^{-as}-e^{-bs}}{s}\right)$

해설

$f(t)=u(t-a)-u(t-b)$

시간 추이 정리를 적용하면

$F(s)=\frac{e^{-as}}{s}-\frac{e^{-bs}}{s}=\frac{1}{s}(e^{-as}-e^{-bs})$

정답 ②

초깃값 정리

기본유형

103

다음과 같은 2개의 전류 초깃값 $i_1(0^+)$, $i_2(0^+)$가 옳게 구해진 것은? [한전KPS, 한국가스공사]

$$I_1(s)=\frac{12(s+8)}{4s(s+6)},\ I_2(s)=\frac{12}{s(s+6)}$$

① 3, 0　　② 4, 0
③ 4, 2　　④ 3, 4

핵심

초깃값 정리

$\lim_{t\to 0}f(t)=\lim_{s\to\infty}sF(s)$

해설

초깃값 정리에 의해

$\lim_{s\to\infty}s\cdot I_1(s)=\lim_{s\to\infty}s\cdot\frac{12(s+8)}{4s(s+6)}=3$

$\lim_{s\to\infty}s\cdot I_2(s)=\lim_{s\to\infty}s\cdot\frac{12}{s(s+6)}=0$

정답 ①

관련유형

103-1

$e(t)$의 z 변환을 $E(z)$라 했을 때, $e(t)$의 초깃값은? [전기기사]

① $\lim_{z\to 0}zE(z)$　　② $\lim_{z\to 0}E(z)$
③ $\lim_{z\to\infty}zE(z)$　　④ $\lim_{z\to\infty}E(z)$

해설

- 초깃값 정리 $\lim_{t\to 0}e(t)=\lim_{z\to\infty}E(z)$
- 최종값 정리 $\lim_{t\to\infty}e(t)=\lim_{z\to 1}\left(1-\frac{1}{Z}\right)E(z)$

정답 ④

최종값 정리

기본유형

104

$F(s)=\dfrac{3s+10}{s^3+2s^2+5s}$ 일 때 $f(t)$의 최종값은?

[서울교통공사, 한국남동발전, 한국중부발전, 한국전력거래소, 한국가스공사, 한국지역난방공사]

① 0　　② 1
③ 2　　④ 8

핵심

- **최종값 정리**
  $f(\infty)=\lim_{t\to\infty}f(t)=\lim_{s\to 0}sF(s)$
- **초깃값 정리**
  $f(0)=\lim_{t\to 0}f(t)=\lim_{s\to\infty}sF(s)$

해설

최종값 정리에 의해

$\lim_{s\to 0}s\cdot F(s)=\lim_{s\to 0}s\cdot\dfrac{3s+10}{s(s^2+2s+5)}=\dfrac{10}{5}=2$

정답 ③

관련유형

104-1

$F(s)=\dfrac{5s+3}{s(s+1)}$ 일 때 $f(t)$의 정상값은? [전기기사]

① 5　　② 3
③ 1　　④ 0

해설

정상값은 최종값과 같으므로 최종값 정리에 의해

$\lim_{s\to 0}s\cdot F(s)=\lim_{s\to 0}s\dfrac{5s+3}{s(s+1)}=3$

정답 ②

관련유형

104-2

$f(t)$와 $\dfrac{df}{dt}$는 라플라스 변환이 가능하며 $\mathcal{L}[f(t)]$를 $F(s)$라고 할 때 최종값 정리는? [전기기사]

① $\lim_{s\to 0}F(s)$　　② $\lim_{s\to\infty}sF(s)$
③ $\lim_{s\to\infty}F(s)$　　④ $\lim_{s\to 0}sF(s)$

해설

초깃값과 최종값의 정리

초깃값의 정리	$f(0)=\lim_{s\to\infty}sF(s)$
최종값의 정리	$f(\infty)=\lim_{s\to 0}sF(s)$

정답 ④

역라플라스 변환

기본유형

105

다음 함수의 역라플라스 변환을 구하면?

[한전KPS, 한국남동발전]

$$F(s) = \frac{3s+8}{s^2+9}$$

① $3\cos 3t - \frac{8}{3}sin3t$ ② $3\sin 3t + \frac{8}{3}cos3t$

③ $3\cos 3t + \frac{8}{3}sint$ ④ $3\cos 3t + \frac{8}{3}sin3t$

핵심

라플라스(laplace) 변환표

$\mathcal{L}[\cos\omega t] = \frac{s}{s^2+\omega^2}$, $\mathcal{L}[\sin\omega t] = \frac{\omega}{s^2+\omega^2}$

해설

$$F(s) = \frac{3s+8}{s^2+9} = \frac{3s}{s^2+3^2} + \frac{8}{s^2+3^2}$$

$$= 3\left(\frac{s}{s^2+3^2}\right) + \frac{8}{3}\left(\frac{3}{s^2+3^2}\right)$$

$\therefore\ f(t) = \mathcal{L}^{-1}[F(s)] = 3\cos 3t + \frac{8}{3}\sin 3t$

정답 ④

관련유형

105-1

$\frac{s\sin\theta + \omega\cos\theta}{s^2+\omega^2}$ 의 역라플라스 변환을 구하면? [서울교통공사]

① $\sin(\omega t - \theta)$ ② $\sin(\omega t + \theta)$

③ $\cos(\omega t - \theta)$ ④ $\cos(\omega t + \theta)$

해설

$\frac{s}{s^2+\omega^2}\sin\theta + \frac{\omega}{s^2+\omega^2}\cos\theta$(역라플라스 변환하면)

$= \cos\omega t\sin\theta + \sin\omega t\cos\theta$

$= \sin(\omega t + \theta)$

정답 ②

관련유형

105-2

다음 함수의 라플라스 역변환은? [한국남부발전]

$$I(s) = \frac{2s+3}{(s+1)(s+2)}$$

① $e^{-t} - e^{-2t}$ ② $e^{t} - e^{-2t}$

③ $e^{-t} + e^{-2t}$ ④ $e^{t} + e^{-2t}$

해설

$$F(s) = \frac{2s+3}{s^2+3s+2} = \frac{2s+3}{(s+2)(s+1)} = \frac{K_1}{s+2} + \frac{K_2}{s+1}$$

부분 분수 전개법으로 풀이하면

$K_1 = \left.\frac{2s+3}{s+1}\right|_{s=-2} = 1$

$K_2 = \left.\frac{2s+3}{s+2}\right|_{s=-1} = 1$

$\therefore\ F(s) = \frac{1}{s+2} + \frac{1}{s+1}$

$\because\ f(t) = e^{-t} + e^{-2t}$

정답 ③

Chapter 1 제어계와 전달 함수

Chapter 2 안정도 판별법

Chapter 3 시퀀스 회로

PART 03

제어 공학

National Competency Standards

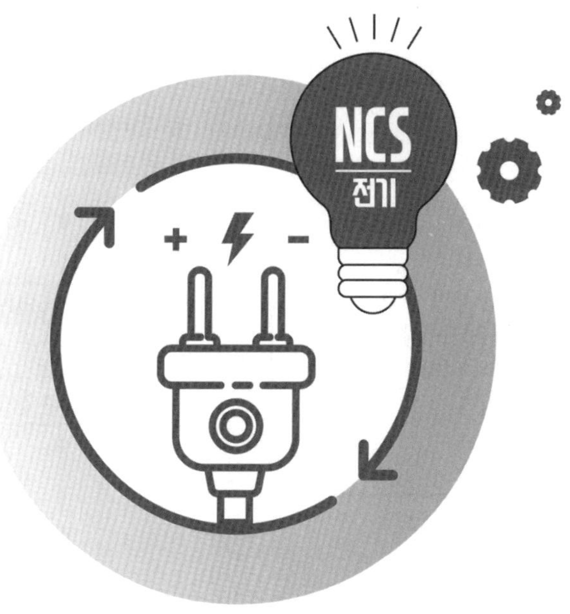

Chapter 1

제어계와 전달 함수

제어계의 분류

기본유형

106

온도, 유량, 압력 등 공정 제어의 제어량으로 하는 제어는? [한전KPS]

① 프로세스 제어 ② 자동 조정
③ 서보 기구 ④ 정치 제어

해설

프로세스 제어는 플랜트나 생산 공정 중의 상태량인 온도, 유량, 압력, 액위, 농도, 밀도 등을 제어량으로 하는 제어로서 프로세스에 가해지는 외란의 억제를 주목적으로 한다. 그 예로는 온·압력 제어장치 등이 있다.

정답 ①

관련유형

106-1

자동 제어의 분류에서 제어량의 종류에 의한 분류가 아닌 것은? [전기기사]

① 서보 기구 ② 추치 제어
③ 프로세서 제어 ④ 자동 조정

해설

제어계의 분류

제어량에 의한 분류	목표값에 의한 분류
• 서보 기구 제어 • 프로세서 제어 • 자동 조정 제어	• 정치 제어 • 추치 제어

정답 ②

전달 함수

기본유형

107

그림과 같은 회로망의 전달 함수 $G(s)$는? (단, $s=j\omega$이다.) [한전KPS, 한국가스공사, 한국서부발전]

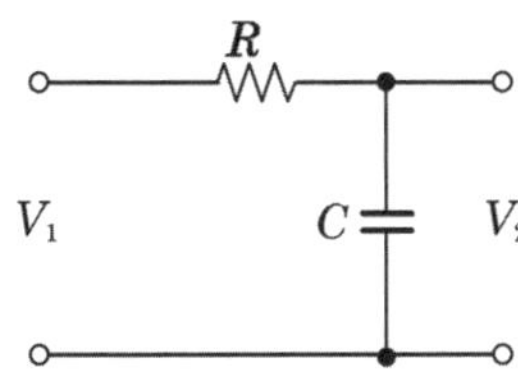

① $\dfrac{1}{1+s}$　② $\dfrac{CR}{s+CR}$

③ $\dfrac{CR}{RCs+1}$　④ $\dfrac{1}{RCs+1}$

핵심

전달 함수

모든 초기 조건을 0으로 하고 입력 라플라스 변환과 출력 라플라스 변환의 비로 전압비 전달 함수인 경우

$$R \to R,\ L \to sL,\ C \to \frac{1}{sC}$$

해설

$$G(s)=\frac{V_2(s)}{V_1(s)}=\frac{\frac{1}{Cs}}{R+\frac{1}{Cs}}=\frac{1}{RCs+1}$$

전달 함수

제어계 또는 요소의 입력 신호와 출력 신호의 관계를 수식적으로 표현한 것을 전달 함수라 한다.

전달 함수는 '모든 초기치를 0으로 했을 때 출력 신호의 라플라스 변환과 입력 신호의 라플라스 변환의 비'로 정의한다.

입력 신호 $r(t)$에 대해 출력 신호 $c(t)$를 발생하는 그림의 전달 함수 $G(s)$는

$G(s)=\dfrac{\mathcal{L}[c(t)]}{\mathcal{L}[r(t)]}=\dfrac{C(s)}{R(s)}$가 된다.

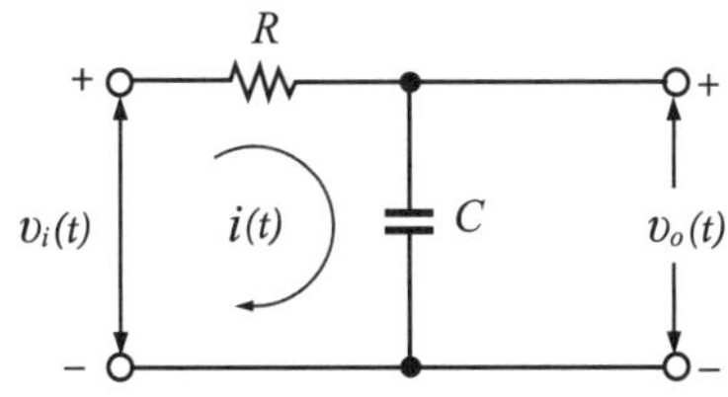

$$\begin{cases} v_i(t)=Ri(t)+\dfrac{1}{C}\displaystyle\int i(t)dt \\ v_o(t)=\dfrac{1}{C}\displaystyle\int i(t)dt \end{cases}$$

위의 식을 초깃값 0인 조건에서 라플라스 변환하면

$$\begin{cases} V_i(s)=\left(R+\dfrac{1}{Cs}\right)I(s) \\ V_o(s)=\dfrac{1}{Cs}I(s) \end{cases}$$

$$\therefore\ G(s)=\frac{V_o(s)}{V_i(s)}=\frac{1}{RCs+1}$$

정답 ④

관련유형

107-1

그림의 전기 회로에서 전달 함수 $\dfrac{E_2(s)}{E_1(s)}$는? [한국남동발전]

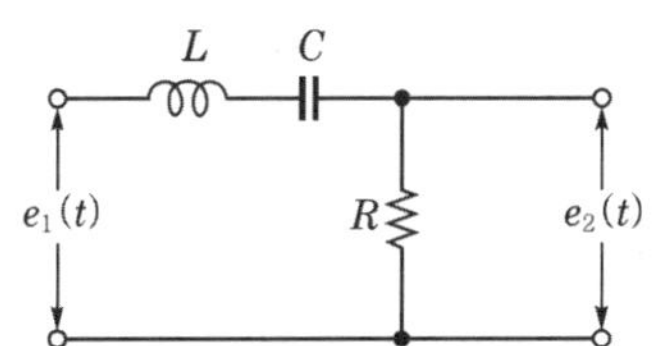

① $\dfrac{LRs}{LCs^2+RCs+1}$　② $\dfrac{Cs}{LCs^2+RCs+1}$

③ $\dfrac{RCs}{LCs^2+RCs+1}$　④ $\dfrac{LRCs}{LCs^2+RCs+1}$

해설

$$G(s)=\frac{E_2(s)}{E_1(s)}=\frac{R}{Ls+\frac{1}{Cs}+R}=\frac{RCs}{LCs^2+RCs+1}$$

정답 ③

피드백 회로 전체 전달 함수

기본유형 108

그림과 같은 피드백 회로의 종합 전달 함수는?

[한전KPS, 한국서부발전, 한국전력기술]

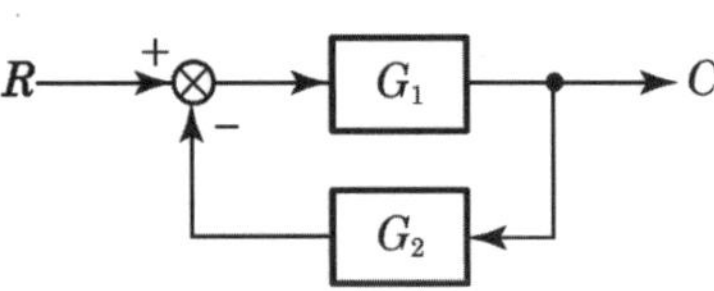

① $\frac{1}{G_1}+\frac{1}{G_2}$ ② $\frac{G_1}{1-G_1G_2}$

③ $\frac{G_1}{1+G_1G_2}$ ④ $\frac{G_1G_2}{1+G_1G_2}$

핵심

블록 선도의 등가 변환

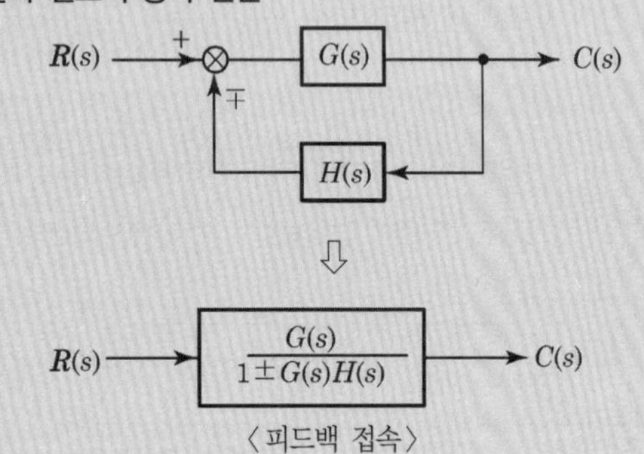

〈피드백 접속〉

해설

$(R-CG_2)G_1=C,\ RG_1=C+CG_1G_2=C(1+G_1G_2)$

$\therefore G(s)=\frac{C}{R}=\frac{G_1}{1+G_1G_2}$

참고로 개루프 전달 함수는 $G=G(s)H(s)$

정답 ③

관련유형 108-1

다음과 같은 블록 선도의 등가 합성 전달 함수는? [한전KPS]

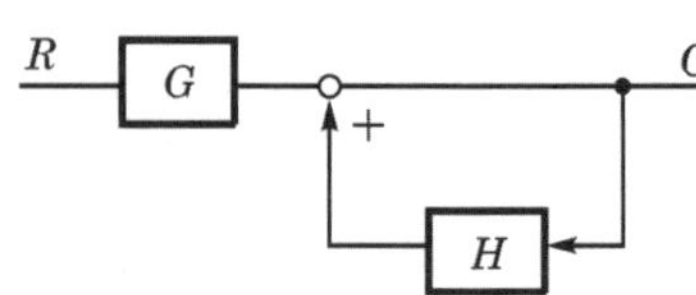

① $\frac{G}{1+H}$

② $\frac{G}{1+GH}$

③ $\frac{G}{1-GH}$

④ $\frac{G}{1-H}$

해설

$RG+CH=C,\ RG=C(1-H)$

$\therefore G(s)=\frac{C}{R}=\frac{G}{1-H}$

정답 ④

관련유형 108-2

다음 블록 선도의 전체 전달 함수가 1이 되기 위한 조건은?

[한국중부발전]

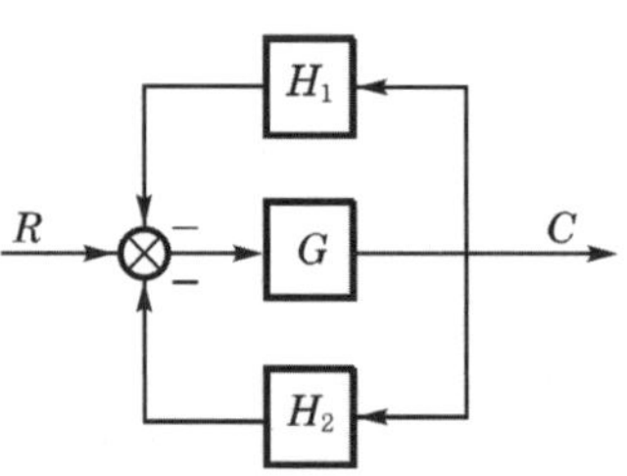

① $G=\frac{1}{1-H_1-H_2}$ ② $G=\frac{1}{1+H_1+H_2}$

③ $G=\frac{-1}{1-H_1-H_2}$ ④ $G=\frac{-1}{1+H_1+H_2}$

해설

$(R-CH_1-CH_2)G=C$

$RG=C(1+H_1G+H_2G)$

$\therefore$ 전체 전달 함수 $\frac{C}{R}=\frac{G}{1+H_1G+H_2G}$

$\because 1=\frac{G}{1+H_1G+H_2G}$

$G=1+H_1G+H_2G$

$G(1-H_1-H_2)=1$

$G=\frac{1}{1-H_1-H_2}$

정답 ①

제어 요소의 전달 함수

기본유형

109

비례 요소를 나타내는 전달 함수는? [한국가스공사]

① $G(s)=K$ ② $G(s)=Ks$

③ $G(s)=\frac{K}{s}$ ④ $G(s)=\frac{K}{Ts+1}$

핵심

각종 제어 요소의 전달 함수

- 비례 요소의 전달 함수 : K
- 미분 요소의 전달 함수 : Ks
- 적분 요소의 전달 함수 : $\frac{K}{s}$
- 1차 지연 요소의 전달 함수 : $G(s)=\frac{K}{1+Ts}$
- 부동작 시간 요소의 전달 함수 : $G(s)=Ke^{-Ls}$

해설

비례 요소의 전달 함수는 K이다.

정답 ①

관련유형

109-1

다음 사항을 옳게 표현한 것은? [한국가스공사]

① 비례 요소의 전달 함수는 $\frac{1}{Ts}$이다.

② 미분 요소의 전달 함수는 K이다.

③ 적분 요소의 전달 함수는 Ts이다.

④ 1차 지연 요소의 전달 함수는 $\frac{K}{Ts+1}$이다.

해설

① 적분 요소, ② 비례 요소, ③ 미분 요소에 대한 설명이다.

정답 ④

관련유형

109-2

그림과 같은 $R-C$ 회로에서 $RC \ll 1$인 경우, 어떤 요소의 회로인가? [전기기사]

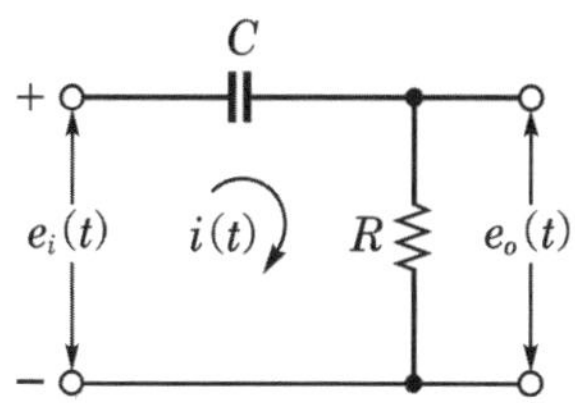

① 비례 요소 ② 미분 요소

③ 적분 요소 ④ 추이 요소

해설

전달 함수 $G(s)=\frac{R}{\frac{1}{Cs}+R}=\frac{RCs}{RCs+1}$

$RC \ll 1$인 경우 $G(s) \fallingdotseq RCs$

따라서 1차 지연 요소를 포함한 미분 요소의 전달 함수가 된다.

정답 ②

관련유형

109-3

다음 전달 함수 중 적분 요소에 해당되는 것은? [전기기사]

① 전위차계 ② 인덕턴스 회로

③ $R-C$ 직렬 회로 ④ $L-R$ 직렬 회로

해설

- 비례 요소 : 증폭기, 전위차계, 지렛대
- 미분 요소 : 전기 시스템의 인덕터
- 적분 요소 : 전기 시스템의 콘덴서, 기계 시스템의 질량, 관성

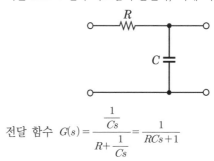

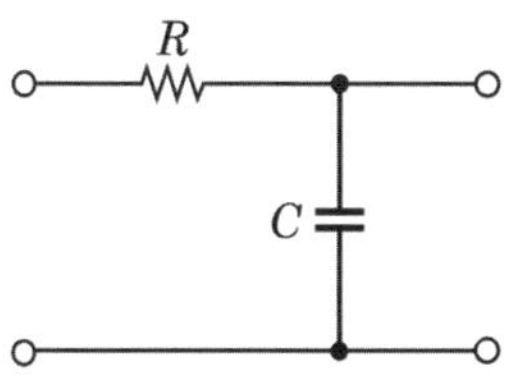

전달 함수 $G(s)=\frac{\frac{1}{Cs}}{R+\frac{1}{Cs}}=\frac{1}{RCs+1}$

$RC \gg 1$인 경우

$G(s) \fallingdotseq \frac{1}{RCs}$로 적분 요소가 된다.

- 1차 지연 요소 : $R-L$ 직렬 회로

정답 ③

정상 편차

기본유형

110

단위 피드백 제어계의 개루프 전달 함수가 $G(s)=\dfrac{1}{(s+1)(s+2)}$일 때 단위 계단 입력에 대한 정상 편차는? [한국중부발전]

① $\dfrac{1}{3}$ ② $\dfrac{2}{3}$

③ 1 ④ $\dfrac{4}{3}$

해설

위치 편차 상수 $K_p=\lim_{s\to 0} G(s)$

$=\lim_{s\to 0}\dfrac{1}{(s+1)(s+2)}=\dfrac{1}{2}$

∴ 정상 위치 편차 $e_{ssp}=\dfrac{1}{1+K_p}=\dfrac{1}{1+\dfrac{1}{2}}=\dfrac{2}{3}$

정답 ②

관련유형

110-1

그림과 같은 제어계에서 단위 계단 외란 D가 인가되었을 때의 정상 편차는? [한국중부발전]

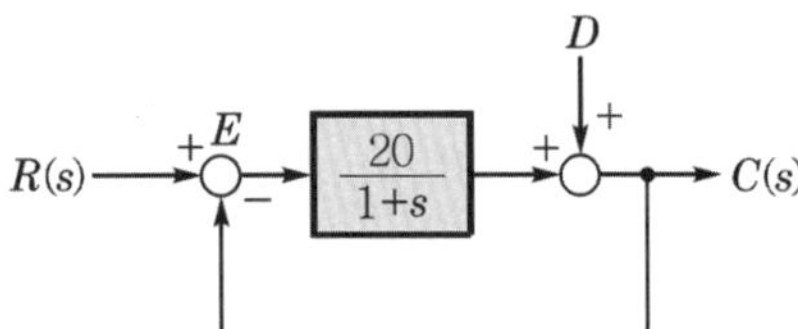

① 20 ② 21

③ $\dfrac{1}{10}$ ④ $\dfrac{1}{21}$

해설

정상 위치 편차 상수

$K_p=\lim_{s\to 0}G(s)H(s)=\lim_{s\to 0}\dfrac{20}{1+s}=20$에서

∴ 정상 위치 편차 : $e_{sp}=\dfrac{1}{1+K_p}=\dfrac{1}{21}$

정답 ④

관련유형

110-2

개루프 전달 함수가 다음과 같은 계에서 단위 속도 입력에 대한 정상 편차는? [한국서부발전, 한국중부발전]

$$G(s)=\frac{10}{s(s+1)(s+2)}$$

① 0.2 ② 0.25

③ 0.33 ④ 0.5

해설

㉠ 개루프 전달 함수 $G=G(s)H(s)$에서 $H(s)=1$인 전달 함수를 단위 페루프 제어계라 한다.

㉡ 정상 속도 편차 상수

$K_v=\lim_{s\to 0}s^1G(s)=\lim_{s\to 0}s\cdot\dfrac{10}{s(s+1)(s+2)}$

$=\dfrac{10}{2}=5$

∴ 정상 속도 편차 $e_{sv}=\dfrac{1}{K_v}=\dfrac{1}{5}=0.2$

참고로 정상 가속도 편차는 $e_{ssa}=\dfrac{1}{K_a}=\dfrac{1}{\lim_{s\to 0}s^2G(s)}$

정답 ①

Chapter 2

안정도 판별법

기본유형

111

특성 방정식 $s^3+2s^2+(k+3)s+10=0$에서 Routh 안정도 판별법으로 판별 시 안정하기 위한 k의 범위는?

[한국지역난방공사, 한국남부발전, 한국서부발전, 한국중부발전]

① $k>2$ ② $k<2$
③ $k>1$ ④ $k<1$

핵심

Routh표 제1열의 모든 값의 부호에 변화가 없으면 제어계가 안정하다.

해설

특성 방정식이 3차 방정식인 경우

$F(s)=a_0s^3+a_1s^2+a_2s+a_3=0$일 때

Routh의 표

s^3	a_0	a_2
s^2	a_1	a_3
s^1	b_1	b_2
s^0	c_1	c_2

$b_1=\dfrac{\begin{bmatrix}a_0 & a_2\\ a_1 & a_3\end{bmatrix}}{-a_1}$, $b_2=0$

$c_1=\dfrac{\begin{bmatrix}a_1 & a_3\\ b_1 & b_2\end{bmatrix}}{-b_1}$, $c_2=0$

따라서

s^3	1	$k+3$
s^2	2	10
s^1	$\dfrac{2(k+3)-10}{2}$	0
s^0	10	0

제1열의 부호 변화가 없으면 안정하므로

$\dfrac{2(k+3)-10}{2}>0$

$\therefore\ k>2$

정답 ①

관련유형

111-1

다음과 같은 궤환 제어계가 안정하기 위한 K의 범위는?

[한국전력거래소, 한국남부발전]

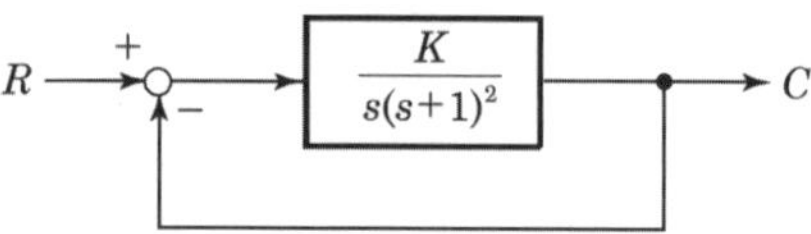

① $K>0$ ② $K>1$
③ $0<K<1$ ④ $0<K<2$

해설

특성 방정식은 $1+G(s)H(s)=1+\dfrac{K}{s(s+1)^2}=0$이 된다.

$s(s+1)^2+K=s^3+2s^2+s+K=0$

Routh의 표

s^3	1	1
s^2	2	K
s^1	$\dfrac{2-K}{2}$	0
s^0	K	0

제1열의 부호 변화가 없어야 안정하다.

$\dfrac{2-K}{2}>0$, $K>0$

$\therefore\ 0<K<2$

정답 ④

보드 선도 안정 판정

기본유형

112

보드 선도에서 이득 곡선이 0[dB]인 선을 지날 때의 주파수에서 양의 위상 여유가 생기고, 위상 곡선이 −180도를 지날 때 양의 이득 여유가 생긴다면 이 폐루프 시스템의 안정도는 어떻게 되겠는가? [한국석유공사]

① 항상 안정
② 항상 불안정
③ 조건부 안정
④ 안정성 여부를 판가름할 수 없다.

해설

위상, 여유, 이득 여유가 양쪽 모두 양(+)이면 안정하다.

정답 ①

관련유형

112-1

보드 선도 안정 판정의 설명 중 옳은 것은? [한국석유공사]

① 위상 곡선이 −180°점에서 이득값이 양이다.
② 이득 여유는 음의 값, 위상 여유는 양의 값이다.
③ 이득 곡선의 0[dB] 점에서 위상차가 180°보다 크다.
④ 이득(0[dB])축과 위상(−180°)축을 일치시킬 때 위상 곡선이 위에 있다.

해설

위상 여유(θ_m)와 이득 여유(g_m)는 보드 선도에 있어서는 이득 선도 g의 0[dB]선과 위상 선도 θ의 −180°선을 일치시켜 양선도를 그렸을 때 이득 선도가 0[dB]선을 끊는 점의 위상을 −180°로부터 측정한 θ_m이 위상 여유이며 위상 선도가 −180°선을 끊는 점의 이득의 부호를 바꾼 g_m이 이득 여유이다.

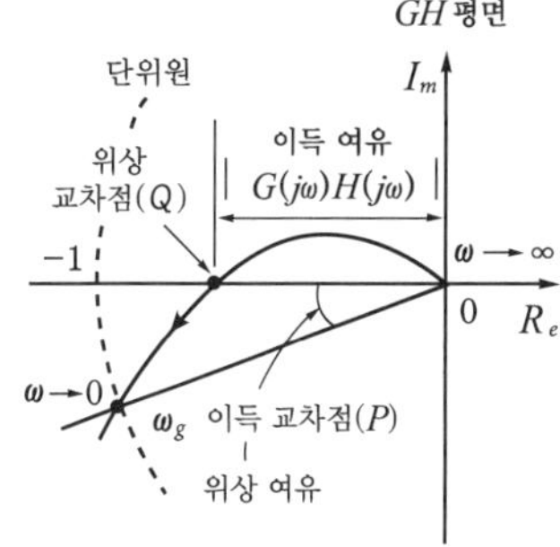

정답 ④

이득 여유

기본유형 113

$G(j\omega)=j0.1\omega$에서 $\omega=0.01$[rad/s]일 때 계의 이득은? [한국석유공사, 한국서부발전]

① −100[dB] ② −80[dB]
③ −60[dB] ④ −40[dB]

해설

$$G(j\omega)=j0.1\omega|_{\omega=0.01}=j0.001$$
$$=j10^{-3}=10^{-3}\angle 90°$$
$$\therefore\ g=20\log|G(j\omega)|=20\log 10^{-3}$$
$$=-60\log 10=-60[\text{dB}]$$

정답 ③

관련유형 113-1

$G(s)H(s)=\dfrac{20}{s(s-1)(s+2)}$인 계의 이득 여유[dB]는? [전기기사]

① −20 ② −10
③ 1 ④ 10

핵심

이득 여유(GM) $=20\log\dfrac{1}{|GH_c|}$ [dB]

해설

이득 여유는 폐회로계가 불안정한 상태에 도달하기까지 허용할 수 있는 이득 K의 [dB]량이다.

$$G(j\omega)H(j\omega)=\frac{20}{j\omega(j\omega-1)(j\omega+2)}=\frac{20}{-\omega^2+j\omega(-\omega^2-2)}$$

위 식에서 허수부가 0인 경우는 $|G(j\omega)H(j\omega)|$이므로

$$\omega(-\omega^2-2)=0$$
$$\omega_c\neq 0$$
$$-\omega^2-2=0$$
$$\therefore\ \omega^2=-2$$
$$|G(j\omega)H(j\omega)|_{\omega^2=-2}=\left|\frac{20}{-\omega^2}\right|_{\omega^2=-2}=10$$
$$\therefore\ GM=20\log_{10}\frac{1}{|GH|}=20\log\frac{1}{10}=-20[\text{dB}]$$

정답 ①

근궤적

기본유형

114

근궤적에 대한 설명 중 옳은 것은? [한국석유공사]

① 점근선은 허수축에서만 교차된다.
② 근궤적이 허수축을 끊는 K의 값은 일정하다.
③ 근궤적은 절대 안정도 및 상대 안정도와 관계가 없다.
④ 근궤적의 개수는 극점의 수와 영점의 수 중에서 큰 것과 일치한다.

해설

근궤적의 작도법

- 점근선은 실수축상에서만 교차하고 그 수는 $n=p-z$ 이다.
- 근궤적이 K의 변화에 따라 허수축을 지나 s평면의 우반 평면으로 들어가는 순간은 계의 안정성이 파괴되는 임계점에 해당된다. 즉, K의 값은 일정하지 않다.
- 근궤적은 절대 안정도와 상대 안정도 모두를 제공해 준다. 따라서 보다 안정된 설계를 할 수 있다.

정답 ④

관련유형

114-1

근궤적에 관한 설명으로 틀린 것은? [한국석유공사]

① 근궤적은 실수축에 대하여 상하 대칭으로 나타난다.
② 근궤적의 출발점은 극점이고 근궤적의 도착점은 영점이다.
③ 근궤적의 가지수는 극점의 수와 영점의 수 중에서 큰 수와 같다.
④ 근궤적이 s 평면의 우반면에 위치하는 K의 범위는 시스템이 안정하기 위한 조건이다.

해설

K의 변화에 따라 근궤적이 허수축을 지나 s평면의 우반면으로 들어가는 순간은 계의 안정성이 파괴되는 임계점이 된다.

정답 ④

National Competency Standards

Chapter 3
시퀀스 회로

논리 회로의 진리표

기본유형

115

다음 진리표의 논리 소자는? [한전KPS, 한국남동발전]

입력		출력
A	B	C
0	0	1
0	1	0
1	0	0
1	1	0

① NOR ② OR
③ AND ④ NAND

해설

OR 회로의 진리표

$C=A+B$

OR 회로		
입력		출력
A	B	C
0	0	0
0	1	1
1	0	1
1	1	1

NOR 회로의 진리표

$C=\overline{A+B}$

NOR 회로		
입력		출력
A	B	C
0	0	1
0	1	0
1	0	0
1	1	0

정답 ①

관련유형

115-1

그림과 같은 논리 회로에서 A=1, B=1인 입력에 대한 출력 X, Y는 각각 얼마인가? [한국전력기술]

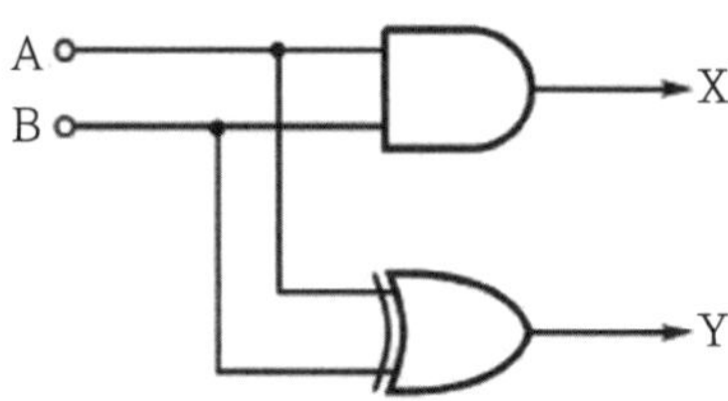

① X=0, Y=0 ② X=0, Y=1
③ X=1, Y=0 ④ X=1, Y=1

해설

X는 AND 회로, Y는 XOR 회로

AND 회로		
입력		출력
A	B	C
0	0	0
0	1	0
1	0	0
1	1	1

XOR 회로		
입력		출력
A	B	C
0	0	0
0	1	1
1	0	1
1	1	0

정답 ③

논리 회로식

기본유형

116

다음 논리 회로가 나타내는 식은?

[한국중부발전, 한전KPS, 한국남부발전]

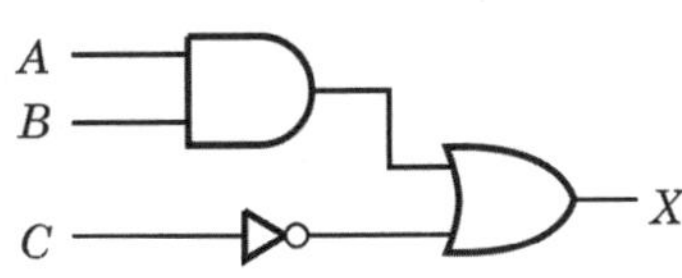

① $X=(A \cdot B)+\overline{C}$
② $X=(\overline{A \cdot B})+C$
③ $X=(\overline{A+B}) \cdot C$
④ $X=(A+B) \cdot \overline{C}$

핵심

기본 논리 회로

㉠ AND 회로 : A, B

㉡ NOT 회로 :

㉢ OR 회로 : A, B

$\therefore X=(A \cdot B)+\overline{C}$

①

관련유형

116-1

다음 논리 회로의 출력 X는?

[한국가스공사, 한국남부발전]

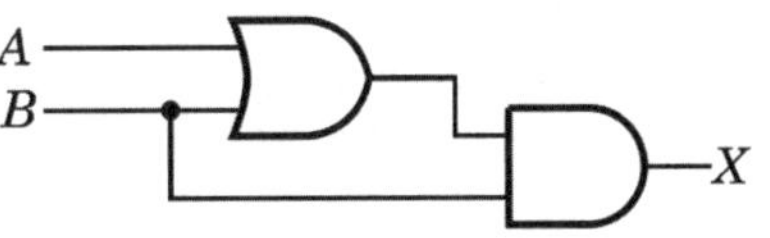

① A ② B
③ $A+B$ ④ $A \cdot B$

해설

$X=(A+B)B=AB+BB=B(A+1)=B$

정답 ②

관련유형

116-2

다음의 논리 회로를 간단히 하면?

[한국중부발전]

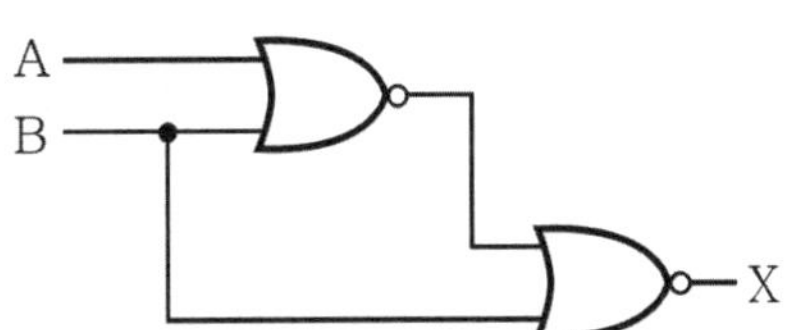

① $X=AB$ ② $X=\overline{A}B$
③ $X=A\overline{B}$ ④ $X=\overline{AB}$

해설

$X=\overline{(\overline{A+B})+B}=(A+B) \cdot \overline{B}$
$=A\overline{B}+B\overline{B}=A\overline{B}$

정답 ③

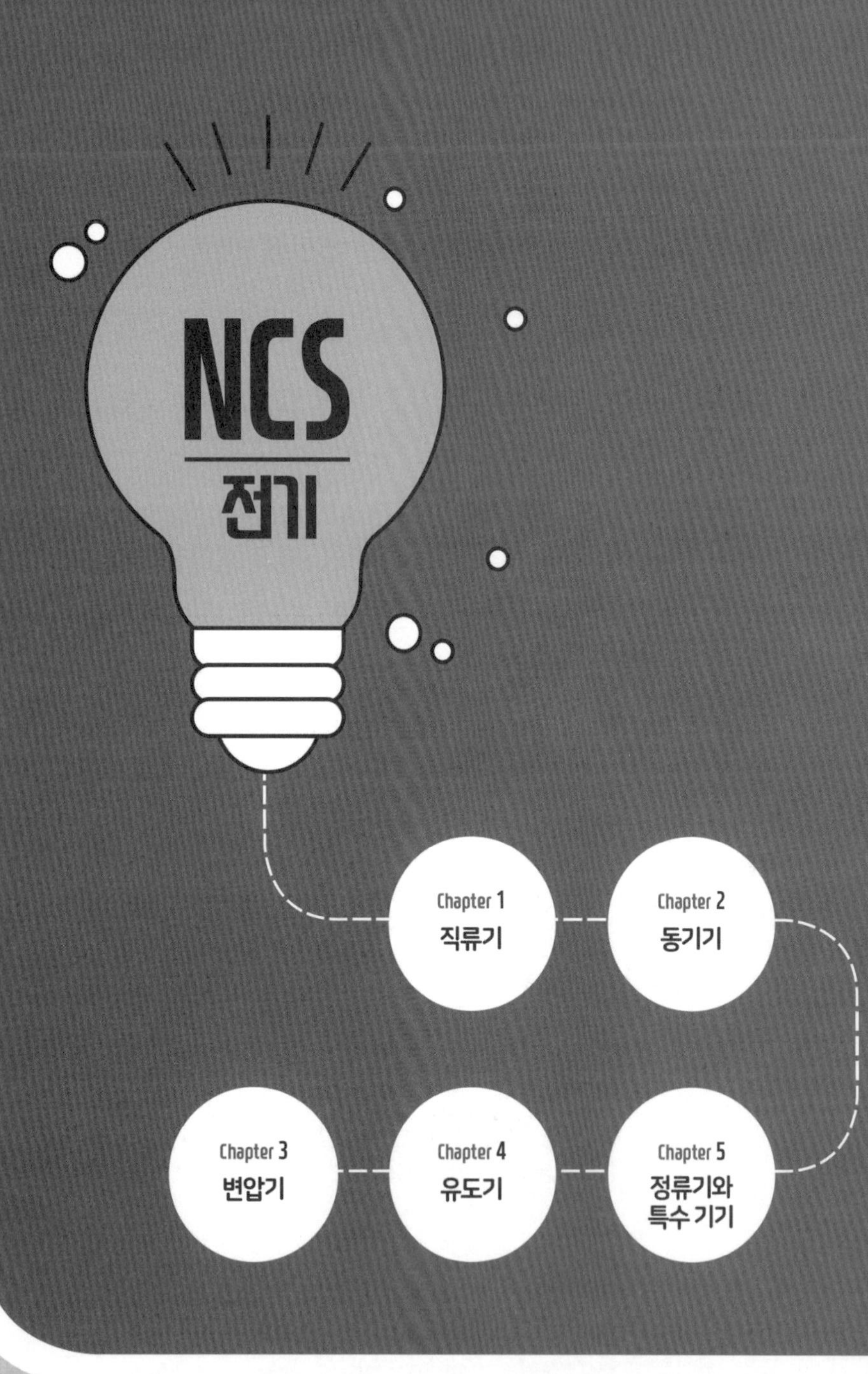
NCS
전기
Chapter 1
직류기
Chapter 2
동기기
Chapter 3
변압기
Chapter 4
유도기
Chapter 5
정류기와
특수 기기

PART 04

전기 기기

National Competency Standards

Chapter 1
직류기

손실

기본유형

117

보통 전기 기계에서는 규소 강판을 성층하여 사용하는 경우가 많다. 성층하는 이유는 다음 중 어느 것을 줄이기 위한 것인가?

[한국남동발전, 부산교통공사, 한국중부발전]

① 히스테리시스손 ② 와전류손
③ 동손 ④ 기계손

핵심

- **철손**(P_i) = **히스테리시스손**(P_h) + **와류손**(P_e)
  히스테리시스손 $P_h = \sigma_h \cdot f B_m^{\ 1.6}$[W/m³]
  와류손 $P_e = \sigma_e (t\ k_f\ f B_m)^2$[W/m³]
  여기서,
  σ_h, σ_e : 히스테리시스, 와류 상수
  f : 주파수(직류기에서는 회전 속도에 비례) [Hz]
  B_m : 최대 자속 밀도[Wb/m²]
  t : 강판의 두께[mm]
  k_f : 파형률
- **동손**(P_c) = $I^2 R$[W]

해설

- 철에 규소가 함유된 규소 강판을 사용한다 → 히스테리시스손 감소
- 0.35 ~ 0.5[mm] 두께인 얇은 강판을 성층하여 사용한다 → 와류손 감소

정답 ②

관련유형

117-1

직류기의 손실 중에서 기계손으로 옳은 것은?

[한국전력거래소, 한국전력기술]

① 풍손 ② 와류손
③ 표유부하손 ④ 브러시의 전기손

해설

직류기의 손실

㉠ 전기적 손실

손실	무부하손 (고정손)	철손 = 히스테리시스손 + 와류손
		유전체손
	부하손 (가변손)	동손 = 저항손
		표유부하손

㉡ 기계적 손실(무부하손) : 마찰손(베어링 및 브러시의 마찰손), 풍손 등

정답 ①

관련유형

117-2

히스테리시스손과 관계가 없는 것은? [한국남부발전]

① 최대 자속 밀도 ② 철심의 재료
③ 회전수 ④ 철심용 규소 강판의 두께

해설

히스테리시스손(P_h) = $\eta f \cdot B_m^{\ 1.6\sim2}$ [W/m³]
(η : 히스테리시스 상수, f : 주파수, B_m : 최대 자속 밀도[Wb/m²])
규소 강판의 두께는 와류손과 관계가 있다.

정답 ④

직류기 권선법

기본유형

118

직류기의 권선을 단중 파권으로 감으면 어떻게 되는가?

[대구도시철도공사, 한국동서발전]

① 내부 병렬 회로수가 극수만큼 생긴다.
② 내부 병렬 회로수는 극수에 관계없이 언제나 2개다.
③ 저압 대전류용 권선이다.
④ 균압환을 연결해야 한다.

핵심

파권
병렬 회로의 수가 극수에 관계없이 항상 2개로 고전압 소전류에 유효하고, 균압환이 불필요하다.

해설

전기자 권선법의 중권과 파권의 특성을 비교하면 다음과 같다.

	병렬 회로 수(a)	브러시 수(b)	용도	균압환
중권 (Lap winding, 병렬권)	$a=p$	$b=p$	저전압, 대전류용	필요
파권 (Wave winding, 직렬권)	$a=2$	$b=2$ or p	고전압, 소전류용	불필요

정답 ②

관련유형

118-1

직류기 권선법에 대한 설명 중 틀린 것은? [전기기사]

① 단중 파권은 균압환이 필요하다.
② 단중 중권의 병렬 회수는 극수와 같다.
③ 저전류 · 고전압 출력은 파권이 유리하다.
④ 단중 파권의 유기 전압은 단중 중권의 $\frac{P}{2}$이다.

해설

균압환은 중권일 때 병렬 회로 사이에 전압의 불균일 시 순환 전류가 흐르지 않도록 하기 위해 설치한다.

정답 ①

관련유형

118-2

4극 전기자 권선이 단중 중권인 직류 발전기의 전기자 전류가 20[A]이면 각 전기자 권선의 병렬 회로에 흐르는 전류[A]는?

[한국중부발전]

① 10　　② 8
③ 5　　④ 2

핵심

단중 중권의 경우 병렬 회로의 수 (a) = 자극의 수 (p)이므로 도체의 전류 $I=\frac{I_a}{p}$[A]이다.

해설

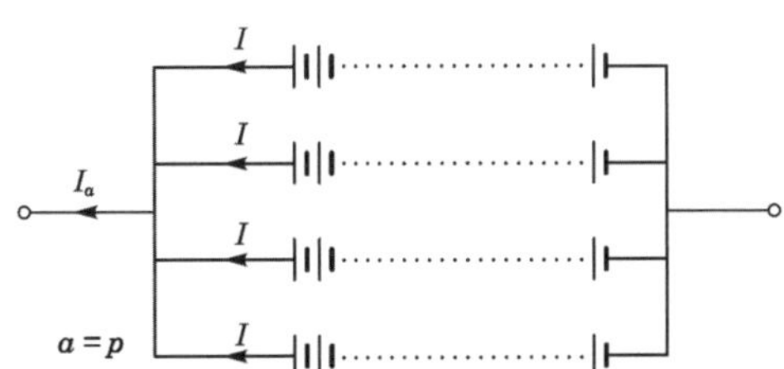

$I_a = a \cdot I$[A]

$\therefore I=\frac{I_a}{a}=\frac{20}{4}=5$[A]

정답 ③

분권 발전기의 유기 기전력

기본유형

119

전기자 저항 0.4[Ω], 단자 전압이 200[V], 부하 전류 46[A], 계자 전류가 4[A]인 직류 분권 발전기의 유기 기전력[V]은? [서울시설공단, 대구도시공사, 한국중부발전, 한국전력기술, 한국석유공사]

① 180 ② 220
③ 225 ④ 240

핵심

유기 기전력 : $E = V + I_a R_a$ [V]
전기자 전류 : $I_a = I_n + I_f$ [A]
(I_n은 부하 전류, I_f는 계자 전류)

해설

$R_a = 0.4[\Omega]$, $V = 200[V]$, $I_n = 46[A]$, $I_f = 4[A]$이므로
$I_a = I_n + I_f = 46 + 4 = 50[A]$
$E = V + I_a R_a = 200 + 50 \times 0.4 = 220[V]$

 ②

관련유형

119-1

정격 전압 100[V], 정격 전류 50[A]인 분권 발전기의 유기 기전력은 몇 [V]인가? (전기자 저항 0.2[Ω], 계자 전류 및 전기자 반작용은 무시한다.) [한국가스공사]

① 110 ② 120
③ 125 ④ 127.5

해설

분권 발전기의 전기자 전류는 $I_a = I_f + I_n$에서 계자 전류 I_f가 0이다.
즉 $I_a = I_n$
유기 기전력 $E_a = V_n + I_a r_a$
$= 100 + 50 \times 0.2 = 110[V]$

정답 ①

전동기의 토크

기본유형

120

P[kW], n[rpm]인 전동기의 토크는?

[한국전력기술, 한국지역난방공사, 한국남동발전]

① $0.01625\dfrac{P}{n}$　② $716\dfrac{P}{n}$

③ $956\dfrac{P}{n}$　④ $975\dfrac{P}{n}$

핵심

$$T=\frac{P}{2\pi\frac{N}{60}}[\text{N}\cdot\text{m}]$$

$$\tau=\frac{T}{9.8}=\frac{60}{9.8\times2\pi}\cdot\frac{P}{n}=0.975\frac{P}{n}[\text{kg}\cdot\text{m}]$$

해설

출력 P[kW]이므로

$$\tau=\frac{P\times10^3}{\omega}[\text{N}\cdot\text{m}]=\frac{P\times10^3}{9.8\omega}[\text{kg}\cdot\text{m}]$$

$$=\frac{1}{9.8}\times\frac{P\times10^3}{2\pi\times\frac{n}{60}}\fallingdotseq975\frac{P}{n}[\text{kg}\cdot\text{m}]$$

정답 ④

관련유형

120-1

직류 직권 전동기에서 토크 τ와 회전수 N과의 관계는?

[경기도시공사]

① $\tau\propto N$　② $\tau\propto N^2$

③ $\tau\propto\dfrac{1}{N}$　④ $\tau\propto\dfrac{1}{N^2}$

핵심

$T\propto\dfrac{1}{N^2}$: 직권 전동기는 속도가 빠를 때는 토크가 작고, 느릴 때는 토크가 매우 크다. 그러므로 전기 철도용 전동기에 유효하다.

해설

$$T=\frac{p}{2\pi\frac{N}{60}}=\frac{Zp}{2\pi a}\phi I_a=k_1\phi I_a=K_2{I_a}^2\text{(직권 전동기는 }\phi\propto I_a\text{)}$$

$$N=k\frac{V-I_a(R_a+r_f)}{\phi}\propto\frac{1}{\phi}\propto\frac{1}{I_a}\text{에서 }I_a\propto\frac{1}{N}$$

$$\therefore\ T=k_3\left(\frac{1}{N}\right)^2\propto\frac{1}{N^2}$$

정답 ④

관련유형

120-2

직류 분권 전동기가 전기자 전류 100[A]일 때 50[kg · m]의 토크를 발생하고 있다. 부하가 증가하여 전기자 전류가 120[A]로 되었다면 발생 토크[kg · m]는 얼마인가?

[한국남부발전, 한국지역난방공사]

① 60　② 67

③ 88　④ 160

해설

$$\text{토크 }\tau=\frac{1}{9.8}\cdot\frac{P}{2\pi\frac{N}{60}}=0.975\frac{EI_a}{N}\propto I_a$$

$$\tau'=\tau\cdot\frac{I_a'}{I_a}=50\times\frac{120}{100}=60[\text{kg}\cdot\text{m}]$$

정답 ①

직류 발전기의 최대 효율

기본유형 121

일정 전압으로 운전하고 있는 직류 발전기의 손실이 $\alpha+\beta I^2$으로 표시될 때, 효율이 최대가 되는 전류는? (단, α, β는 상수이다.) [한국중부발전]

① $\dfrac{\alpha}{\beta}$ ② $\dfrac{\beta}{\alpha}$

③ $\sqrt{\dfrac{\alpha}{\beta}}$ ④ $\sqrt{\dfrac{\beta}{\alpha}}$

핵심

- **효율** : $\eta=\dfrac{출력}{입력}\times100$

$=\dfrac{출력}{출력+손실}\times100$

$=\dfrac{VI}{VI+P_i+I^2\cdot r}\times100$

- **손실** : $P_l=P_i+I^2r$ [W]

P_i : 무부하손(고정손) ┌ 철손 └ 기계손

I^2r : 부하손(가변손) ┌ 동손 └ 표유 부하손

- **최대 효율의 조건** : 무부하손 = 부하손($P_i=I^2r$)

해설

손실 $\alpha+\beta I^2$ 중에서 α는 부하 전류와 관계없는 고정손이고, βI^2은 전류의 제곱에 비례하는 가변손이다.
최대 효율 조건은 고정손=가변손이므로, 즉 $\alpha=\beta I^2$이 되는 부하 전류 I는

$I=\sqrt{\dfrac{\alpha}{\beta}}$ [A]에서 최대 효율이 된다.

정답 ③

관련유형 121-1

직류 발전기가 90[%] 부하에서 최대 효율이 된다면 이 발전기의 전부하에 있어서 고정손과 부하손의 비는? [전기기사]

① 1.1 ② 1.0

③ 0.9 ④ 0.81

해설

직류 발전기의 $\dfrac{1}{m}$ 부하 시 최대 효율 조건

$P_i=\left(\dfrac{1}{m}\right)^2P_c$ 이므로 $\dfrac{P_i}{P_c}=\left(\dfrac{1}{m}\right)^2=0.9^2=0.81$

정답 ④

직류 발전기의 유도 기전력

기본유형

122

60[kw], 4극, 전기자 도체의 수 300개, 중권으로 결선된 직류 발전기가 있다. 매극당 자속은 0.05[wb]이고 회전 속도는 1200[rpm]이다. 이 직류 발전기가 전부하에 전력을 공급할 때 직렬로 연결된 전기자 도체에 흐르는 전류 [A]는?

[한국중부발전, 경기도시공사, 한국서부발전]

① 32　② 42
③ 50　④ 57

해설

유기 기전력

$E = \frac{pZ\phi}{a} \cdot \frac{N}{60}$

$= \frac{4 \times 300 \times 0.05}{4} \cdot \frac{1200}{60} = 300[V]$

직류 발전기에서의 전기자 전류

$I_a = \frac{P}{E} = \frac{6000[W]}{300[V]} = 200[A]$

∴ 각 병렬 회로의 전기자 도체에 흐르는 전류

$I = \frac{I_a(\text{전기자 전류})}{a(\text{병렬 회로수})} = \frac{200}{4} = 50[A]$

정답 ③

관련유형

122-1

1,000[kw], 500[V]의 직류 발전기가 있다. 회전수 246[rpm], 슬롯수 192, 각 슬롯 내의 도체수 6, 극수는 12이다. 전부하에서의 자속수[Wb]는? (단, 전기자 저항은 0.006[Ω]이고, 전기자 권선은 단중 중권이다.)

[한국가스공사, 한국동서발전]

① 0.502　② 0.305
③ 0.2065　④ 0.1084

해설

부하 전류$(I) = \frac{P}{V} = \frac{1,000 \times 10^3}{500} = 2,000[A]$

여기서, P : 전력

총 도체수(Z) = 슬롯수×슬롯당 도체수 = $192 \times 6 = 1,152$

∴ 유도 기전력$(E) = V + I_a r_a = 500 + 2,000 \times 0.006 = 512$

∴ $E = \frac{pZ}{60a}\phi N$에서

여기서, p : 극수

$\phi = \frac{60aE}{pZN} = \frac{60 \times 12 \times 512}{12 \times 1,152 \times 246} = 0.1084[Wb]$

(단, 중권 : $a = p$, 파권 : $a = 2$)

정답 ④

전동기의 회전수

기본유형 123

전기자 저항 0.3[Ω], 직권 계자 권선의 저항 0.7[Ω]의 직권 전동기에 110[V]를 가하였더니 부하 전류가 10[A]이었다. 이때 전동기의 속도[rpm]는? (단, 기계 정수는 2이다.) [경기도시공사]

① 1,200 ② 1,500
③ 1,800 ④ 3,600

해설

직권 전동기($I_a = I_f = I_n$)는 $\phi \propto I_a$이므로 회전 속도를 구하면 다음과 같다.

$$n = 2.0 \times \frac{110 - 10 \times (0.3 + 0.7)}{10} = 20[\text{rps}]$$

회전 속도 $N = 60n = 60 \times 20 = 1,200[\text{rpm}]$

정답 ①

관련유형 123-1

단자 전압 220[V]에서 전기자 전류 30[A]가 흐르는 직권 전동기의 회전수는 500[rpm]이다. 전기자 전류 20[A]일 때의 회전수는 약 몇 [rpm]인가? (단, 전기자 저항과 계자 권선의 저항의 합은 0.8[Ω]이고 자기 포화와 전기자 반작용은 무시한다.) [전기기사]

① 620 ② 680
③ 720 ④ 780

해설

회전 속도 $N = K\frac{V - I_a(R_a + r_f)}{\phi} = K\frac{220 - 30 \times 0.8}{30} = 500[\text{rpm}]$에서

$K = 500 \times \frac{30}{196}$이므로

변화되는 회전 속도는 $N' = K\frac{220 - 20 \times 0.8}{20}$

$$= 500 \times \frac{30}{196} \times \frac{220 - 20 \times 0.8}{20}$$

$$= 780.6[\text{rpm}]$$

정답 ④

직류 발전기의 종류

기본유형

124

다음 (   )에 알맞은 것은?

[한국남동발전, 한국가스공사, 한국전력거래소]

> 직류 발전기에서 계자 권선이 전기자에 병렬로 연결된 직류기는 (㉠) 발전기라 하며, 전기자 권선과 계자 권선이 직렬로 접속된 직류기는 (㉡) 발전기라 한다.

① ㉠ 분권, ㉡ 직권
② ㉠ 직권, ㉡ 분권
③ ㉠ 복권, ㉡ 분권
④ ㉠ 자여자, ㉡ 타여자

해설

직류 발전기의 종류

(1) 타여자 발전기 : 계자 권선과 전기자가 별개로 결선되며 발전기의 외부로부터 전원을 공급하여 계자를 여자시켜 발전하는 방식
(2) 자여자 발전기 : 자기 자신이 여자해서 발전하는 방식
㉠ 분권 발전기 : 계자 권선과 전기자가 병렬로 접속
㉡ 직권 발전기 : 계자 권선과 전기자가 직렬로 접속
㉢ 복권 발전기 : 직권 계자 권선과 분권 계자 권선이 전기자와 직 · 병렬로 접속
내분권 복권 발전기, 외분권 복권 발전기로 나뉜다.

정답 ①

관련유형

124-1

직류 발전기를 병렬 운전할 때, 균압 모선이 필요한 직류기는?

[전기기사]

① 직권 발전기, 분권 발전기
② 분권 발전기, 복권 발전기
③ 직권 발전기, 복권 발전기
④ 분권 발전기, 단극 발전기

해설

직류 발전기의 병렬 운전

(1) 목적
능률(효율) 증대, 예비기 설치 시 경제적이다.
(2) 필요 조건
㉠ 극성이 일치할 것
㉡ 정격(단자) 전압이 같을 것
㉢ 외부 특성 곡선이 일치하고, 어느 정도 수하 특성일 것
(수하 특성 : 용접기, 누설 변압기, 차동 복권기)

$I = I_a + I_b$

$V = E_a - I_a R_a = E_b - I_b R_b$

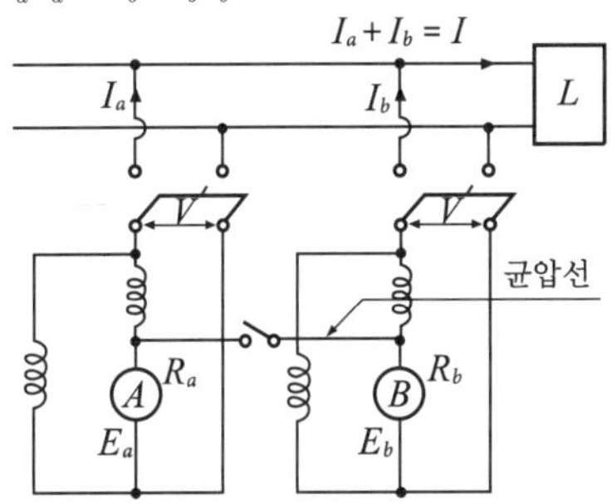

〈직류 발전기의 병렬 운전〉

㉣ 직권 계자 권선이 있는 직권 · 복권 직류 발전기의 경우 안정된 병렬 운전(부하 분담 균등)을 하기 위하여 균압(모)선을 반드시 설치할 것

정답 ③

직류 전동기의 속도 제어법

기본유형 125

직류 전동기에서 정출력 가변 속도의 용도에 적합한 속도 제어법은? [한국지역난방공사]

① 일그너 제어 ② 계자 제어
③ 저항 제어 ④ 전압 제어

해설

회전 속도 $N=k\dfrac{V-I_aR_a}{\phi}\propto\dfrac{1}{\phi}$

출력 $P=E\cdot I_a=\dfrac{Z}{a}P\phi\dfrac{N}{60}I_a\propto\phi N$ 에서 자속을 변화하여 속도 제어를 하면 출력이 일정하므로 계자 제어를 정출력 제어라 한다.

정답 ②

관련유형 125-1

직류 전동기의 속도 제어 방법에서 광범위한 속도 제어가 가능하며, 운전 효율이 가장 좋은 방법은?
[전기산업기사, 전기공사산업기사]

① 계자 제어 ② 전압 제어
③ 직렬 저항 제어 ④ 병렬 저하 제어

해설

직류 전동기 속도 제어는 3가지 방식이 있다. 직류 전동기 속도 공식을 가지고 실명을 하면 쉽다.

직류 전동기 속도 $N=K\dfrac{V-I_aR_a}{\phi}$[rpm]

여기서, R_a는 전기자 저항, 보극 저항 및 이것에 직렬인 저항의 합

따라서, N을 바꾸는 방법으로 V, R_a, ϕ을 가감하는 방식이 있다.

전압 제어 (V를 조정하여 속도를 제어하는 방식)	㉠ 전용 전원을 설치하여 전압을 가감하여 속도를 제어 일정 토크를 내고자 할 때, 대용량인 것에 쓰임 ㉡ 정토크 제어 ㉢ 제어 범위가 넓으며, 손실이 거의 없는 것이 특징 ㉣ 고효율로 속도가 저하해도 가장 큰 토크를 낼 수 있고 역전도 가능하지만 장치가 극히 복잡하여 설비비가 많이 든다. 워드 레오나드 방식은 이러한 방법의 일례이다.
계자 제어 (ϕ를 조정하여 속도를 제어하는 방식)	㉠ 분권 계자 권선과 직렬로 넣은 계자 조정기를 가감하여 자속 변화 ㉡ 정출력 제어 ㉢ 계자 전류가 적어 전력 손실이 적고 조작이 간편 ㉣ 속도 제어 범위가 좁다.
저항 제어 (R_a를 조정하여 속도를 제어하는 방식)	㉠ 전기자 회로에 삽입된 가변 저항을 조정하여 속도를 제어 ㉡ 제어가 용이하고 보수 및 점검이 쉽다. ㉢ 가격이 저렴하다. ㉣ 저항기의 전력 손실이 크고 속도가 저하하였을 때에는 부하의 변화에 따라 속도가 심하게 변하여 취급이 곤란 ㉤ 효율이 나쁘다.

정답 ②

Chapter 2
동기기

동기 발전기의 동기 속도

기본유형 126

극수 6, 회전수 1,000[rpm]인 교류 발전기와 병렬 운전하는 극수 8인 교류 발전기의 회전수[rpm]를 구하면?

[서울시설공단, 광주도시공사, 서울교통공사, 한전KPS, 경기도시공사, 한국중부발전, 한국석유공사, 한국전력기술]

① 500　② 750
③ 1,000　④ 1,500

핵심

동기 발전기의 병렬 운전 조건은 기전력의 크기, 위상, 파형 및 주파수가 같아야 한다.

A발전기 주파수 : $f=N_s\dfrac{P}{120}$[Hz]를 구한 다음,

B발전기의 회전 속도 : $N_s=\dfrac{120\cdot f}{P}$[rpm]에 대입한다.

해설

교류 발전기는 교류 형태로 역학적 에너지를 전기 에너지로 전환하여 교류 기전력을 일으키는 발전기이다. 전자 감응 작용을 응용한 것으로, 간단히 교류기라고도 한다. 교류 발전기는 단상과 3상이 있으나 발전소에 있는 발전기는 모두 3상이며, 동기 속도라는 일정한 속도로 회전하므로 3상 동기 발전기라 한다. 이와 같이 동기 속도로 회전하는 교류 발전기, 전동기를 동기기라 한다.

여기서, 동기 속도 $N_s=\dfrac{120f}{P}$[rpm]

$$1,000=\frac{120f}{6}$$

$$f=\frac{1,000\times 6}{120}=50[\text{Hz}]$$

$$\therefore N=\frac{120\times 50}{8}=750[\text{rpm}]$$

정답 ②

관련유형 126-1

동기 발전기에서 동기 속도와 극수와의 관계를 표시한 것은? (단, N: 동기 속도, P: 극수이다.) [전기기사]

①
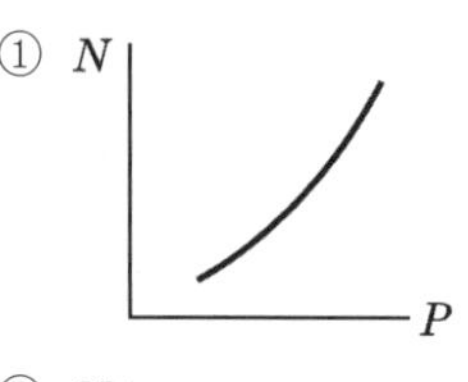

②
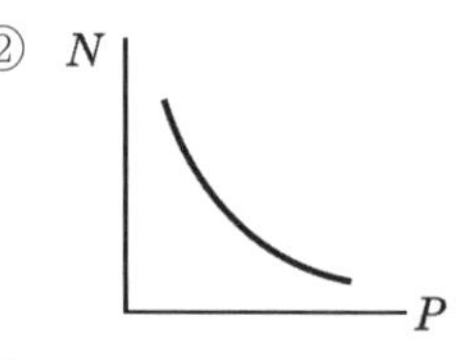

③
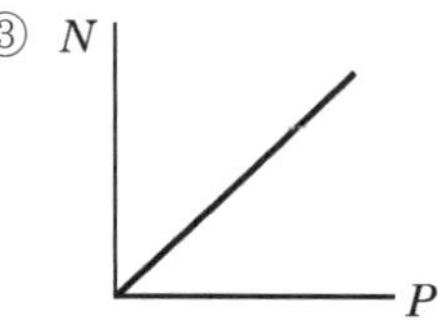

④
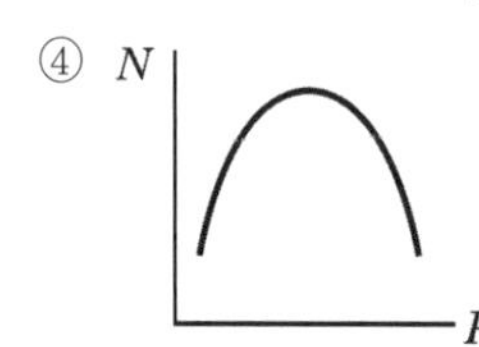

해설

$N_s=\dfrac{120f}{P}[\text{rpm}]\propto\dfrac{1}{P}$

동기 속도 N_s는 극수 P에 반비례하므로 반비례 곡선이 된다.

정답 ②

동기기의 권선

기본유형

127

동기 발전기의 권선을 분포권으로 하면?

[한국지역난방공사]

① 집중권에 비하여 합성 유도 기전력이 높아진다.
② 권선의 리액턴스가 커진다.
③ 파형이 좋아진다.
④ 난조를 방지한다.

핵심

분포권

(1) 장점
　㉠ 기전력의 고조파가 감소하여 파형 개선
　㉡ 권선의 누설 리액턴스가 감소
　㉢ 전기자 권선에 의한 열을 고르게 분포시켜 과열을 방지하고 코일 배치가 균일하게 되어 냉각 효과가 있다.

(2) 단점
　집중권에 비해 합성 유기 기전력이 감소한다.

해설

분포권으로 하였을 때 기전력이 감소하는 비 $\left(\dfrac{\text{분포권 기전력}}{\text{집중권 기전력}}\right)$를 분포 계수($K_d$)라 하며, 다음과 같다.

$$K_d = \frac{\sin\dfrac{\pi}{2m}}{q\sin\dfrac{\pi}{2mq}}$$

여기서, q : 매극 매상의 홈(slot)의 수
　　　m : 상(phase)의 수

정답 ③

관련유형

127-1

동기기의 전기자 권선이 매극 매상당 슬롯수가 4, 상수가 3인 권선의 분포 계수는? (단, $\sin 7.5° = 0.1305$, $\sin 15° = 0.2588$, $\sin 22.5° = 0.3827$, $\sin 30° = 0.5$이다.)

[전기기사]

① 0.487　　② 0.844
③ 0.866　　④ 0.958

해설

$$\text{분포 계수}(K_d) = \frac{\sin\dfrac{\pi}{2m}}{q\sin\dfrac{\pi}{2mq}} = \frac{\sin\dfrac{\pi}{2\times 3}}{4\sin\dfrac{\pi}{2\times 3\times 4}} = 0.958$$

정답 ④

동기기의 전기자 반작용

기본유형

128

동기 발전기에서 유기 기전력과 전기자 전류가 동상인 경우의 전기자 반작용은?

[서울시설공단, 대구도시철도공사, 경기도시공사]

① 교차 자화 작용　② 증자 작용
③ 감자 작용　④ 직축 반작용

핵심

전기자 전류에 의한 자속이 주자속에 영향을 미치는 현상을 전기자 반작용이라 하며, 전기자 전류(I_a)와 유기 기전력(E)이 동상일 때 횡축 반작용(교차 작용)이라 한다.

해설

동기 발전기의 전기자 반작용은 다음과 같다.

(1) 횡축 반작용
전기자 전류 I_a가 유기 기전력 E와 동상인 경우(역률 100[%]) 교차 자화 작용으로 주자속(계자 자속)과 전기자의 자계가 맞물려 편자 작용

(2) 직축 반작용
㉠ 감자 작용 : 계자 자속 감소
전기자 전류 I_a가 유기 기전력 E보다 $\frac{\pi}{2}$ 뒤지는 경우, 즉 뒤진 역률($\frac{\pi}{2}$ lagging)인 경우
㉡ 증자 작용 : 계자 자속 증가
전기자 전류 I_a가 유기 기전력 E보다 $\frac{\pi}{2}$ 앞서는 경우, 즉 앞선 역률($\frac{\pi}{2}$ leading)인 경우

정답 ①

관련유형

128-1

동기 발전기에서 전기자 전류를 I, 유기 기전력과 전기 전류와의 위상각을 θ라 하면 횡축 반작용을 하는 성분은?

[한국전력기술]

① $I\cot\theta$　② $I\tan\theta$
③ $I\sin\theta$　④ $I\cos\theta$

핵심

전기자 전류(I)와 유기 기전력(E)이 동상일 때 횡축 반작용을 한다.

해설

I와 E가 위상차 θ일 때 벡터도

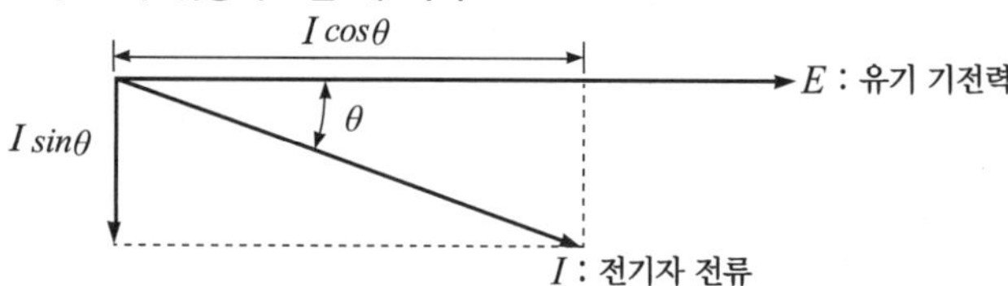

㉠ $I\cdot\cos\theta$ 성분은 E와 동상이므로 횡축 반작용을 한다.
㉡ $I\cdot\sin\theta$ 성분은 E와 위상차 $90^\circ\left(\frac{\pi}{2}\right)$이므로 직축 반작용을 한다(감자 작용).

정답 ④

관련유형

128-2

3상 동기 발전기에 3상 전류(평형)가 흐를 때 전기자 반작용은 이 전류가 기전력에 대하여 A일 때 감자 작용이 되고 B일 때 증자 작용이 된다, A, B의 적당한 것은 어느 것인가? [한국가스공사]

① A : 90° 뒤질 때, B : 90° 앞설 때
② A : 90° 앞설 때, B : 90° 뒤질 때
③ A : 90° 뒤질 때, B : 90° 동상일 때
④ A : 90° 동상일 때, B : 90° 앞설 때

해설

㉠ 감자 작용(직축 반작용) : 전기자 전류 I_a가 기전력 E보다 위상이 90° 뒤진 경우
㉡ 증자 작용(직축 반작용) : 전기자 전류 I_a가 기전력 E보다 위상이 90° 앞선 경우

정답 ①

관련유형

128-3

동기 전동기에서 감자 작용을 할 때는 어떤 경우인가? [한전KPS]

① 공급 전압보다 앞선 전류가 흐를 때
② 공급 전압보다 뒤진 전류가 흐를 때
③ 공급 전압과 동상 전류가 흐를 때
④ 공급 전압과 상관없이 전류가 흐를 때

핵심

동기 전동기의 전기자 반작용에서 직축 반작용은 동기 발전기와 반대로 작용하므로 I_a가 V보다 $90°\left(\frac{\pi}{2}[\text{rad}]\right)$ 앞설 때 감자 작용을 한다.

해설

동기 전동기에서 전기자 전류 I_a의 위상은 공급 전압 V에 대한 위상을 말하므로 전기자 반작용을 살펴보면 공급 전압은 유기 기전력과 반대 방향이 되어 발전기의 경우와 반대로 된다.

㉠ I_a와 V가 동상일 때는 횡축 반작용으로 교차 자화 작용
㉡ I_a가 V보다 $\frac{\pi}{2}$ 앞설 때는 직축 반작용으로 감자 작용
㉢ I_a가 V보다 $\frac{\pi}{2}$ 뒤질 때는 직축 반작용으로 증자 작용

정답 ①

비돌극형 동기 발전기의 출력

기본유형

129

비돌극형 동기 발전기의 단자 전압(1상)을 V, 유도 기전력(1상)을 E, 동기 리액턴스를 x_s, 부하각을 δ라고 하면 1상의 출력[W]은 얼마인가? [대구도시철도공사]

① $\frac{E^2 V}{x_s} sin\delta$　② $\frac{EV^2}{x_s} sin\delta$
③ $\frac{EV}{x_s} sin\delta$　④ $\frac{EV}{x_s} cos\delta$

핵심

비돌극기의 1상 출력

$P = \frac{EV}{x_s} sin\delta$[W]

해설

전기자 저항 r_a는 매우 작으므로,

동기 임피던스 : $Z_s = r_a + jx_s \fallingdotseq jx_s$[Ω]

1상 유기 기전력 : $E = V + Z_s I \fallingdotseq V + jx_s I$[V]

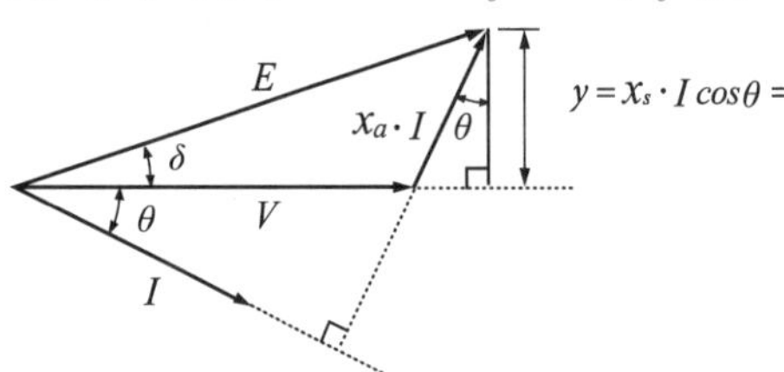

$y = x_s I\cos\theta$
$= E \cdot \sin\delta$

$\therefore I \cdot \cos\theta = \frac{E}{x_s} sin\delta$

동기 발전기의 1상 출력 : P_1[W]

$P_1 = VI\cos\theta = \frac{E \cdot V}{x_s} \cdot \sin\delta$[W]

정답 ③

관련유형

129-1

원통형 회전자를 가진 동기 발전기는 부하각 δ가 몇 도일 때, 최대 출력을 낼 수 있는가? [서울시설공단]

① 0°　② 30°
③ 60°　④ 90°

핵심

돌극형은 부하각 $\delta = 60°$ 부근에서 최대 출력을 내고, 비돌극기(원통형 회전자)는 $\delta = 90°$에서 최대가 된다.

해설

돌극기 출력 $P = \frac{E \cdot V}{x_d \sin\delta} + \frac{V^2(x_d - x_q)}{2x_d \cdot x_q}\sin 2\delta$[W]

비돌극기 출력 $P = \frac{EV}{x_s}\sin\delta$[W]

비돌극기(원통형 회전자)는 부하각 $\delta = 90°$에서 최대 출력이 발생한다.

최대 출력 $P_m = \frac{EV}{x_s}$[W] (여기서, $\sin\delta = 1.0$)

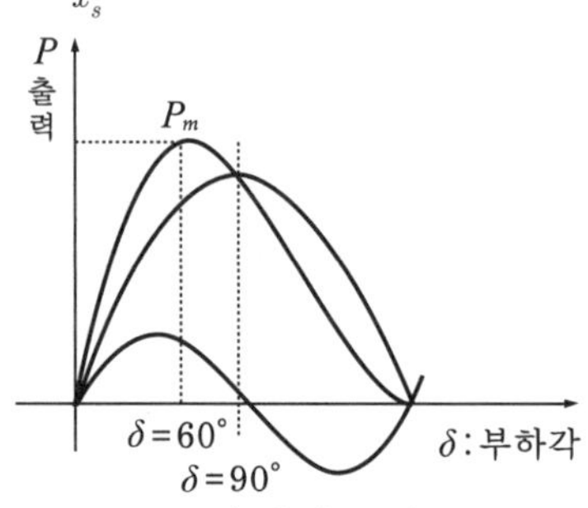

〈돌극기 출력 그래프〉

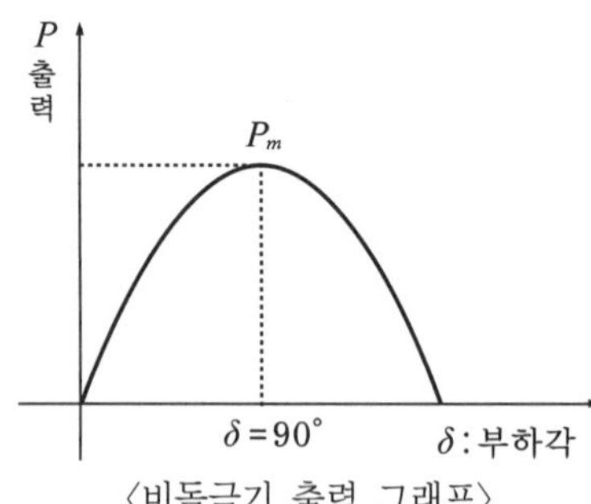

〈비돌극기 출력 그래프〉

정답 ④

3상 동기 발전기의 동기 임피던스

기본유형

130

8,000[kVA], 6,000[V]인 3상 교류 발전기의 % 동기 임피던스가 80[%]이다. 이 발전기의 동기 임피던스는 몇 [Ω]인가? [대구도시철도공사, 한국중부발전]

① 3.6 ② 3.2
③ 3.0 ④ 2.4

핵심

- **퍼센트 동기 임피던스**

$$\%Z_s = \frac{I \cdot Z_s}{E} \times 100 = \frac{P_n Z_s}{10 V^2}$$

- **동기 임피던스**

$$Z_s = \%Z_s \cdot \frac{10 V^2}{P_n}$$

해설

퍼센트 동기 임피던스식

$$\%Z_s = \frac{I \cdot Z_s}{E} \times 100 = \frac{\sqrt{3}\, V \cdot I Z_s}{\sqrt{3} \cdot VE} \times 100$$

$$= \frac{P_n Z_s}{V^2} \times 100 = \frac{P_n[\text{kVA}] \cdot Z_s}{10 V^2[\text{kV}]}[\%]\text{에서}$$

동기 임피던스는 $Z_s = \%Z_s \dfrac{10 \cdot V^2[\text{kV}]}{P_n[\text{kVA}]}$

$$= 80 \times \frac{10 \times 6^2}{8{,}000} = 3.6[\Omega]$$

정답 ①

관련유형

130-1

3상 동기 발전기의 여자 전류 5[A]에 대한 1상의 유기 기전력이 600[V]이고 그 3상 단락 전류는 30[A]이다. 이 발전기의 동기 임피던스[Ω]는? [서울시설공단, 한국동서발전]

① 10 ② 20
③ 30 ④ 40

해설

동기 임피던스

$$Z_s = \frac{E}{I_s} = \frac{600}{30} = 20[\Omega]$$

정답 ②

3상 동기 발전기의 단락비

기본유형

131

정격 전압 6,000[V], 정격 출력 12,000[kVA], 매상의 동기 임피던스가 3[Ω]인 3상 동기 발전기의 단락비는 얼마인가? [한국가스공사, 한국석유공사]

① 1.0　　② 1.2
③ 1.3　　④ 1.5

핵심

- **단위법 % 동기 임피던스**

$$Z_s' = \frac{\%Z_s}{100} = \frac{P \cdot Z_s}{10^3 V^2}$$

- **단락비**

$$K_s = \frac{1}{Z_s'} = \frac{10^3 \cdot V^2}{P \cdot Z_s}$$

해설

퍼센트 동기 임피던스

$$\%Z_s = \frac{I \cdot Z_s}{E} \times 100 = \frac{I_n}{I_s} \times 100 = \frac{P[\text{kVA}] \cdot Z_s}{10V^2[\text{kV}]}$$

단위법으로 표시한 퍼센트 동기 임피던스

$$Z_s' = \frac{\%Z_s}{100} = \frac{P \cdot Z_s}{10^3 \cdot V^2}$$

단락비 $K_s = \frac{I_s}{I_n} = \frac{1}{Z_s'} = \frac{10^3 \cdot V^2}{P \cdot Z_s}$

$$= \frac{10^3 \times 6^2}{1,200 \times 3} = 1$$

정답 ①

관련유형

131-1

10,000[kVA], 6,000[V], 60[Hz], 24극, 단락비 1.2인 3상 동기 발전기의 동기 임피던스[Ω]는? [대구도시철도공사]

① 1　　② 3
③ 10　　④ 30

해설

동기 발전기의 단위법 % 동기 임피던스 $Z_s' = \frac{PZ_s}{10^3 V^2}$

단락비 $K_s = \frac{1}{Z_s'} = \frac{10^3 V^2}{PZ_s}$ 에서

동기 임피던스 $Z_s = \frac{10^3 V^2}{PK_s} = \frac{10^3 \times 6^2}{10,000 \times 1.2} = 3[\Omega]$

정답 ②

관련유형

131-2

정격 용량 12000[kVA], 정격 전압 6600[V]의 3상 교류 발전기가 있다. 무부하 곡선에서의 정격 전압에 대한 계자 전류는 280[A], 3상 단락 곡선에서의 계자 전류 280[A]에서의 단락 전류는 920[A]이다. 이 발전기의 단락비와 동기 임피던스[Ω]는 얼마인가?

[서울시설공단]

① 단락비=1.14, 동기 임피던스=7.17[Ω]
② 단락비=0.876, 동기 임피던스=7.17[Ω]
③ 단락비=1.14, 동기 임피던스=4.14[Ω]
④ 단락비=0.876, 동기 임피던스=4.14[Ω]

해설

정격 전류 $I_n = \dfrac{P}{\sqrt{3}\,V_n}$

$= \dfrac{12000 \times 10^3}{\sqrt{3} \times 6600} = 1049.758[\text{A}]$

단락비 $K_s = \dfrac{I_s}{I_n}$

$= \dfrac{920}{1049.758} = 0.876$

동기 임피던스 $Z_s = \dfrac{E}{I_s} = \dfrac{\frac{V_n}{\sqrt{3}}}{I_s}$

$= \dfrac{\frac{6600}{\sqrt{3}}}{920} = 4.141[\Omega]$

정답 ④

관련유형

131-3

단락비가 큰 동기 발전기에 대한 설명으로 틀린 것은?

[한전KPS, 경기도시공사, 한국석유공사]

① 전기자 반작용이 작다.
② 과부하 용량이 크다.
③ 전압 변동률이 크다.
④ 동기 임피던스가 작다.

핵심

단락비 $K_s \propto \dfrac{1}{Z_s}$ 이므로 단락비가 큰 동기 발전기는 동기 임피던스가 작기 때문에, 즉 전기자 반작용이 작고 전압 변동률이 작다.

해설

단락비가 큰 동기 발전기의 특징은 다음과 같다.

㉠ 동기 임피던스가 작다.

$K_s \propto \dfrac{1}{Z_s}$

㉡ 전압 변동률이 작다.
㉢ 전기자 반작용이 작다(계자 기자력은 크고, 전기자 기자력은 작다).
㉣ 출력, 과부하 내량이 크다.
㉤ 안정도가 높다.
㉥ 송전 선로의 충전 용량이 크다.
㉦ 회전자가 크다.
㉧ 철손이 증가하여 효율이 약간 감소한다.
㉨ 자기 여자 현상이 작다.
㉩ 기계 치수가 커 가격이 고가이다.

정답 ③

동기 발전기의 자기 여자 현상

기본유형

132

동기 발전기의 자기 여자 현상 방지법이 아닌 것은?

[대구도시철도공사]

① 수전단에 리액턴스를 병렬로 접속한다.
② 발전기 2대 또는 3대를 병렬로 모선에 접속한다.
③ 송전 선로의 수전단에 변압기를 접속한다.
④ 단락비가 작은 발전기로 충전한다.

핵심

자기 여자 현상은 진상 전류에 의해 무부하 단자 전압이 상승하는 작용이므로 방지법은 진상 전류를 제한하는 것이다.

해설

동기 발전기의 자기 여자 현상 방지책은 다음과 같다.
㉠ 2대 또는 3대의 발전기를 병렬로 모선에 접속한다.
㉡ 수전단에 동기 조상기를 접속하여 부족 여자로 운전한다.
㉢ 송전 선로의 수전단에 변압기를 접속한다.
㉣ 수전단에 리액턴스를 병렬로 접속한다.
㉤ 전기자 반작용은 작고, 단락비를 크게 한다.

정답 ④

관련유형

132-1

동기 발전기의 자기 여자 작용은 부하 전류의 위상이 다음 중 어느 때 일어나는가?

[전기공사기사]

① 역률이 1일 때
② 지상 역률(늦은 역률 0)일 때
③ 진상 역률(빠른 역률 0)일 때
④ 역률과 무관하다.

해설

동기 발전기의 자기 여자 작용은 전류의 위상이 전압보다 90° 앞설 때($\cos\theta = 0$ 진상) 증자 작용에 의해 무부하 단자 전압이 상승하는 현상이다.

정답 ③

동기기의 안정도 증진

기본유형

133

동기기의 안정도를 증진시키는 방법이 아닌 것은?

[서울교통공사, 한국가스공사, 한국전력거래소, 한국석유공사]

① 속응 여자 방식을 채용한다.
② 역상 임피던스를 크게 한다.
③ 회전부의 플라이휠 효과를 작게 한다.
④ 단락비를 크게, 정상 리액턴스를 작게 한다.

핵심

동기기의 안정도

동기기의 안정도는 동기 이탈하지 않고 운전할 수 있는 능력을 말하며 향상책으로는 동기 임피던스를 작게, 단락비를 크게 하며 속응 여자 방식, 플라이휠을 설치하는 것이다.

해설

동기기의 안정도를 증진시키는 방법

㉠ 단락비를 크게 할 것
㉡ 동기 임피던스가 작을 것(정상 리액턴스는 작고, 영상 및 역상 임피던스는 클 것)
㉢ 회전부의 플라이휠(관성 모멘트) 효과를 크게 할 것
㉣ 발전기의 조속기 동작을 신속히 할 것
㉤ 자동 전압 조정기(AVR)의 속응도를 크게 할 것. 즉, 속응 여자 방식을 채택할 것
㉥ 동기 탈조 계전기를 사용할 것

정답 ③

관련유형

133-1

다음 중 동기 발전기의 안정도를 증진시키기 위해 설계상 고려해야 할 방법으로 옳은 것을 모두 고르면? [한국가스공사]

ㄱ. 관성 모멘트를 크게 한다.
ㄴ. 자동 전압 조정기의 속응도를 작게 한다.
ㄷ. 동기 임피던스를 크게 한다.
ㄹ. 정상 리액턴스는 작게, 영상 및 역상 임피던스는 크게 한다.

① ㄱ, ㄴ
② ㄱ, ㄹ
③ ㄴ, ㄷ
④ ㄷ, ㄹ

해설

동기기의 안정도를 증진시키는 방법

㉠ 단락비를 크게 할 것
㉡ 동기 임피던스가 작을 것(정상 리액턴스는 작고, 영상 및 역상 임피던스는 클 것)
㉢ 회전부의 플라이휠(관성 모멘트) 효과를 크게 할 것
㉣ 발전기의 조속기 동작을 신속히 할 것
㉤ 자동 전압 조정기(AVR)의 속응도를 크게 할 것. 즉, 속응 여자 방식을 채택할 것
㉥ 동기 탈조 계전기를 사용할 것

정답 ②

동기기의 제동 권선

기본유형

134

다음 중 동기기의 제동 권선(damper winding)의 효용이 아닌 것은? [부산교통공사]

① 난조 방지
② 불평형 부하 시의 전류 전압 파형 개선
③ 과부하 내량의 증대
④ 송전선의 불평형 단락 시에 이상 전압의 방지

핵심

제동 권선
제동 권선은 동기기 자극면에 설치한 단락환과 동봉으로 난조 방지와 불평형 전류 개선, 이상 전압 억제 및 기동 토크를 발생한다.

해설

제동 권선의 효용은 다음과 같다.
㉠ 난조 방지
㉡ 불평형 부하 시 전류 전압 파형 개선
㉢ 송전선 불평형 단락 시 이상 전압 발생 방지(억제)
㉣ 기동하는 경우 유도 전동기의 농형 권선으로서 기동 토크를 발생

정답 ③

관련유형

134-1

부하 급변 시 부하각과 부하 속도가 진동하는 난조 현상을 일으키는 원인이 아닌 것은? [경기도시공사, 한국가스공사]

① 원동기의 조속이 감도가 너무 예민한 경우
② 자속의 분포가 기울어져 자속의 크기가 감소한 경우
③ 전기자 회로의 저항이 너무 큰 경우
④ 원동기의 토크에 고조파가 포함된 경우

해설

난조는 부하 급변 시 부하각과 회전 속도가 진동하는 현상으로 원인은 다음과 같다.
㉠ 전기자 회로의 저항이 너무 큰 경우
㉡ 부하가 변동이 급격한 경우
㉢ 원동기의 토크에 고조파가 포함된 경우
㉣ 원동기의 조속기 감도가 너무 예민한 경우
㉤ 회전자의 관성 모멘트가 작은 경우

정답 ②

동기 발전기의 병렬 운전

기본유형

135

2대의 동기 발전기를 병렬 운전할 때, 무효 횡류(무효 순환 전류)가 흐르는 경우는?

[대구도시철도공사, 한국동서발전, 한국전력기술, 한국남동발전]

① 부하 분담의 차가 있을 때
② 기전력의 파형에 차가 있을 때
③ 기전력의 위상차가 있을 때
④ 기전력 크기에 차가 있을 때

핵심

병렬 운전 시 기전력의 크기가 다를 때 두 발전기 사이를 순환하는 전류가 흐르는데 이를 무효 순환 전류(I_c)라 한다.

무효 순환 전류 $I_c = \dfrac{E_A - E_B}{2Z_s}$ [A]

해설

동기 발전기의 병렬 운전 시

㉠ 기전력의 크기가 다를 때
무효 순환 전류가 흘러서 저항손 증가, 전기자 권선 과열, 역률 변동 등이 일어난다.
㉡ 기전력의 위상차가 있을 때
동기화 전류가 흐르고 동기 화력 작용, 출력 변동이 일어난다.
㉢ 기전력의 주파수가 다를 때
동기화 전류가 교대로 주기적으로 흘러서 심해지면 병렬 운전을 할 수 없다.
㉣ 기전력의 파형이 다를 때
고조파 무효 순환 전류가 흐르고 전기자 저항손이 증가하여 과열의 원인이 된다.

정답 ④

관련유형

135-1

동기 발전기의 병렬 운전에 필요한 조건이 아닌 것은?

[서울시설공단]

① 기전력의 크기가 같을 것
② 기전력의 위상이 같을 것
③ 기전력의 주파수가 같을 것
④ 기전력의 용량이 같을 것

해설

3상 동기 발전기를 병렬 운전을 하고자 하는 경우에는 다음 조건을 만족해야 한다.

㉠ 유기(유도) 기전력의 크기가 같을 것
㉡ 위상이 같을 것
㉢ 주파수가 같을 것
㉣ 파형 및 상회전 방향이 같을 것

정답 ④

동기 발전기의 돌발 단락

기본유형

136

동기 발전기의 돌발 단락 전류를 주로 제한하는 것은?

[한국중부발전, 경기도시공사]

① 동기 리액턴스 ② 누설 리액턴스
③ 권선 저항 ④ 역상 리액턴스

핵심

- **돌발 단락 전류**

$I_s = \dfrac{E}{x_l}$[A]

- **영구(지속) 단락 전류**

$I_s = \dfrac{E}{x_a + x_l} = \dfrac{E}{x_s}$[A]

해설

동기기에서 저항은 누설 리액턴스에 비하여 작으며 전기자 반작용은 단락 전류가 흐른 후에 작용하므로 돌발 단락 전류를 제한하는 것은 누설 리액턴스이다. 역상 리액턴스는 역상 전류에 대응하는 것으로 3상 평형 단락이 되면 역상 전류는 흐르지 않는다.

동기 리액턴스 $x_s = x_a + x_l$ [Ω]

여기서, x_a : 반작용 리액턴스

x_l : 누설 리액턴스

3상 동기 발전기의 단락 사고가 발생하였을 때 돌발(초기) 단락 전류는 누설 리액턴스가 제한하고, 지속(영구) 단락 전류는 누설 리액턴스와 반작용 리액턴스의 합인 동기 리액턴스가 억제한다.

정답 ②

관련유형

136-1

동기 발전기의 돌발 단락 시 발생되는 현상으로 틀린 것은?

[전기기사]

① 큰 과도 전류가 흘러 권선 소손
② 단락 전류는 전기자 저항으로 제한
③ 코일 상호 간 큰 전자력에 의한 코일 파손
④ 큰 단락 전류 후 점차 감소하여 지속 단락 전류 유지

해설

㉠ 돌발 단락 진류 $I_S = \dfrac{E}{r_a + jx_l} \fallingdotseq \dfrac{E}{jx_l}$

㉡ 영구 단락 전류 $I_S = \dfrac{E}{r_a + j(x_a + x_l)} = \dfrac{E}{jx_s}(r_a \ll x_s = x_a + x_l)$

㉢ 돌발 단락 시 초기에는 단락 전류는 제한하는 것이 누설 리액턴스(x_l)뿐이므로 큰 단락 전류가 흐르다가 수초 후 반작용 리액턴스(x_a)가 발생되어 작은 영구(지속) 단락 전류가 흐른다.

정답 ②

관련유형

136-2

발전기의 단자 부근에서 단락이 일어났다고 하면 단락 전류는?

[경기도시공사]

① 계속 증가한다.
② 발전기가 즉시 정지한다.
③ 일정한 큰 전류가 흐른다.
④ 처음은 큰 전류이나 점차로 감소한다.

해설

동기 발전기의 단자 부근에서 일어나면 처음에는 큰 전류가 흐르나 전기자 반작용의 누설 리액턴스에 의해 점점 작아져 지속 단락 전류가 흐른다.

정답 ④

동기 발전기의 전압 변동률

기본유형

137

정격 단자 전압 V_n, 무부하 단자 전압 V_0일 때 동기 발전기의 전압 변동률[%]은? [서울시설공단, 한국전력기술]

① $\dfrac{V_n - V_0}{V_n} \times 100$　② $\dfrac{V_n - V_0}{V_0} \times 100$

③ $\dfrac{V_0 - V_n}{V_n} \times 100$　④ $\dfrac{V_0 - V_n}{V_0} \times 100$

핵심

동기 발전기의 전압 변동률

$\varepsilon = \dfrac{V_0 - V_n}{V_n} \times 100[\%]$

정답 ③

관련유형

137-1

정격 6,600[V]인 3상 동기 발전기가 정격 출력(역률=1)으로 운전할 때 전압 변동률이 12[%]였다. 여자와 회전수를 조정하지 않은 상태로 무부하 운전하는 경우, 단자 전압[V]은? [전기기사]

① 7,842　② 7,392

③ 6,943　④ 6,433

해설

전압 변동률 $\varepsilon = \dfrac{V_0 - V_n}{V_n} \times 100[\%]$

무부하 단자 전압 $V_0 = V_n(1+\varepsilon') = 6{,}600 \times (1+0.12) = 7.392[\mathrm{V}]$

정답 ②

3상 유도 전동기의 동기 와트

기본유형

138

8극의 3상 유도 전동기가 60[Hz]의 전원에 접속되어 운전할 때 864[rpm]의 속도로 494[N · m]의 토크를 낸다. 이때 동기 와트의 값은 약 몇 [W]인가?

[경기도시공사]

① 76,214 ② 53,215
③ 46,558 ④ 34,761

핵심

동기 와트

$T_s = P_2 = T \cdot 2\pi \dfrac{N_s}{60}$

여기서, T는 토크
N_s는 동기 속도

해설

동기 속도 $N_s = \dfrac{120f}{P} = \dfrac{120 \times 60}{8} = 900[\text{rpm}]$

토크 $T = \dfrac{P_2}{2\pi \dfrac{N_s}{60}} = 494[\text{N} \cdot \text{m}]$

동기 와트 $T_s = P_2 = T \cdot 2\pi \dfrac{N_s}{60} = 494 \times 2\pi \times \dfrac{900}{60}$
$= 46,558.4[\text{W}]$

정답 ③

관련유형

138-1

3상 유도 전동기에서 동기 와트로 표시되는 것은?

[전기공사기사]

① 각속도 ② 토크
③ 2차 출력 ④ 1차 입력

해설

토크 $T = \dfrac{P_0}{2\pi \dfrac{N}{60}} = \dfrac{P_2}{2\pi \dfrac{N_s}{60}}$ 에서

유도 전동기의 토크는 동기 속도에서 2차 입력과 정비례하므로 $T_s = P_2$를 동기 와트로 표시한 토크라 한다.

정답 ②

동기 발전기의 주변 속도

기본유형

139

60[Hz], 12극, 회전자 외경 2[m]의 동기 발전기에 있어서 자극면의 주변 속도[m/s]는 얼마인가?

[한국중부발전, 한국가스공사, 한국동서발전]

① 50π　　② 40π
③ 30π　　④ 20π

핵심

동기 발전기의 주변 속도

$v=\pi DN_s\dfrac{1}{60}=\pi D\dfrac{2f}{P}$

여기서, D : 회전자 외경
P : 극 수
N_s : 분당 회전수 (동기 속도 = $\dfrac{120f}{P}$)

해설

$v=\pi D\times\dfrac{2f}{P}$

$=\pi\times 2\times\dfrac{2\times 60}{12}$

$=20\pi\,[\mathrm{m/s}]$

정답 ④

관련유형

139-1

동기 발전기의 회전자 둘레를 2배로 하면 회전자 주변 속도는 몇 배가 되는가?

[전기기사]

① 1　　② 2
③ 4　　④ 8

해설

주변 속도

$v=\pi Dn=\pi\times 2r\times n=2\pi r\times n\,[\mathrm{m/s}]$이므로

여기서, D : 회전자 직경
n : 초당 회전수
r : 회전자 반경
$2\pi r$: 회전자 둘레

주변 속도는 회전자 둘레에 비례한다.

정답 ②

동기 발전기 병렬 운전 시 수수 전력

기본유형

140

병렬 운전 중인 두 대의 기전력의 상차가 30°이고 기전력(선간)이 3,300[V], 동기 리액턴스 5[Ω]일 때 각 발전기가 주고받는 전력[kW]은? [한국가스공사]

① 181.5　② 225.4
③ 326.3　④ 425.5

핵심

동기 발전기의 수수 전력

$$P=\frac{E^2}{2x_s}\sin\delta$$

여기서, E : 1상의 유기 기전력
x_s : 동기 리액턴스
δ : 기전력의 위상차

해설

1상의 유기 기전력

$$E=\frac{V_n}{\sqrt{3}}=\frac{3,300}{\sqrt{3}}=1,905[\text{V}]$$

수수 전력(서로 주고받는 유효 전력)

$$P=\frac{E^2}{2x_s}\sin\delta=\frac{1,905^2}{2\times5}\times\sin30°\times10^{-3}$$
$$=181.45[\text{kW}]$$

정답 ①

관련유형

140-1

동일 정격의 3상 동기 발전기 2대를 무부하로 병렬 운전하고 있을 때, 두 발전기의 기전력 사이에 30°의 위상차가 있으면 한 발전기에서 다른 발전기에 공급되는 유효 전력은 몇 [kW]인가? (단, 각 발전기의 (1상의) 기전력은 1,000[V], 동기 리액턴스는 4[Ω]이고, 전기자 저항은 무시한다.)

[전기산업기사, 전기공사산업기사]

① 62.5　② $62.5\times\sqrt{3}$
③ 125.5　④ $125.5\times\sqrt{3}$

해설

수수 전력

$$P=\frac{E^2}{2x_s}\sin\delta_s$$
$$=\frac{1,000\times10^3}{2\times4}\sin30°\times10^{-3}$$
$$=62.5[\text{kW}]$$

정답 ①

동기 전동기의 V곡선

기본유형

141

동기 전동기의 위상 특성 곡선(V곡선)에 대한 설명 중 맞지 않는 것은? [경기도시공사]

① 횡축에 여자 전류를 나타낸다.
② 종축에 전기자 전류를 나타낸다.
③ 동일 출력에 대해서 부족 여자일 때 뒤진 역률이다.
④ V곡선의 최저점에는 역률이 0이다.

해설

V곡선의 최저점이 전기자 전류의 최소 크기로 역률이 100[%]이다.

정답 ④

관련유형

141-1

동기 전동기의 위상 특성 곡선(V곡선)에 대한 설명으로 옳은 것은? [전기기사, 전기공사기사]

① 공급 전압 V와 부하가 일정할 때 계자 전류의 변화에 대한 전기자 전류의 변화를 나타낸 곡선
② 출력을 일정하게 유지할 때 계자 전류와 전기자 전류의 관계
③ 계자 전류를 일정하게 유지할 때 전기자 전류와 출력 사이의 관계
④ 역률을 일정하게 유지할 때 계자 전류와 전기자 전류의 관계

해설

동기 전동기의 위상 특성 곡선(V곡선)은 공급 전압과 부하가 일정한 상태에서 계자 전류의 변화에 대한 전기자 전류의 크기와 위상 관계를 나타낸 곡선이다.

정답 ①

National Competency Standards

Chapter 3
변압기

변압기유

기본유형

142

변압기의 절연 내력과 냉각 효과 증대를 위해 사용되는 변압기유의 구비 조건이 아닌 것은?

[광주광역시도시공사, 경기도시공사, 한국지역난방공사, 한국남동발전]

① 응고점이 낮을 것 ② 점도가 높을 것
③ 인화점이 높을 것 ④ 절연 내력이 클 것

핵심

변압기유(oil)의 사용 목적은 절연 내력과 냉각 효과를 증대하기 위함이다. 그러므로 구비 조건은 절연 내력이 크고, 인화점이 높으며, 점도 및 응고점은 낮은 것이 좋다.

해설

변압기유

(1) 구비 조건
- ㉠ 절연 내력이 클 것
- ㉡ 절연 재료 및 금속에 화학 작용을 일으키지 않을 것
- ㉢ 인화점이 높고 응고점이 낮을 것
- ㉣ 점도가 낮고(유동성이 풍부) 비열이 커서 냉각 효과가 클 것
- ㉤ 고온에 있어 석출물이 생기거나 산화하지 않을 것
- ㉥ 증발량이 적을 것

(2) 열화 방지책으로 콘서베이터(conservator)를 설치한다.

정답 ②

관련유형

142-1

변압기의 기름 중 아크 방전에 의하여 가장 많이 발생하는 가스는? [전기기사]

① 수소 ② 일산화탄소
③ 아세틸렌 ④ 산소

해설

변압기의 절연유(oil) 내에서 층간 및 상간 단락 시 아크 방전에 의해 발생되는 가스는 수소이다.

정답 ①

관련유형

142-2

변압기에서 콘서베이터의 용도는? [경기도시공사]

① 통풍 장치 ② 변압유의 열화 방지
③ 강제 순환 ④ 코로나 방지

해설

콘서베이터는 변압기의 기름이 공기와 접촉되면, 불용성 침전물이 생기는 것을 방지하기 위해서 변압기의 상부에 설치된 원통형의 유조(기름통)로서, 그 속에는 $\frac{1}{2}$ 정도의 기름이 들어 있고 주변압기 외함 내의 기름과는 가는 파이프로 연결되어 있다. 변압기 부하의 변화에 따르는 호흡 작용에 의한 변압기 기름의 팽창, 수축이 콘서베이터의 상부에서 행해지므로 높은 온도의 기름이 직접 공기와 접촉하는 것을 방지하여 기름의 열화를 방지하는 것이다.

정답 ②

관련유형

142-3

변압기유의 열화 방지 방법 중 틀린 것은? [대구도시철도공사]

① 밀봉 방식 ② 흡착제 방식
③ 수소 봉입 방식 ④ 개방형 콘서베이터

해설

변압기유 열화 방지를 위하여 변압기 상부에 콘서베이터(conservator)를 설치하고 있으며 형식에는 개방형, 밀봉 방식, 흡착제 방식, 질소 봉입 방식 등이 있다.

정답 ③

변압기의 전압 변동률

기본유형

143

3,300/210[V], 10[kVA]의 단상 변압기가 있다. % 저항 강하=3[%], % 리액턴스 강하=4[%]이다. 이 변압기가 무부하인 경우의 2차 단자 전압[V]은? (단, 변압기가 지역률 80[%]일 때 정격 출력을 낸다.)

[경기도시공사]

① 168 ② 216
③ 220 ④ 228

핵심

전압 변동률

$\varepsilon = p\cos\theta + q\sin\theta$ [%]

$\varepsilon = \dfrac{V_{20} - V_{2n}}{V_{2n}} \times 100$에서 $V_{20} = V_{2n}\left(1 + \dfrac{\varepsilon}{100}\right)$

$\sin\theta = \sqrt{1-\cos^2\theta}$

여기서, p : 저항 강하
q : 리액턴스 강하
$\cos\theta$: 역률
V_{20} : 2차 무부하 전압
V_{2n} : 2차 전부하 전압

해설

$\varepsilon = p\cos\theta + q\sin\theta = 3\times0.8 + 4\times0.6 = 4.8$[%]

$\therefore\ V_{20} = V_{2n}\left(1+\dfrac{\varepsilon}{100}\right) = 210\times\left(1+\dfrac{4.8}{100}\right) \fallingdotseq 220$[V]

정답 ③

관련유형

143-1

어느 변압기의 백분율 저항 강하가 2[%], 백분율 리액턴스 강하가 3[%]일 때 역률(지역률) 80[%]인 경우의 전압 변동률[%]은?

[대구도시철도공사, 한국석유공사]

① −0.2 ② 3.4
③ 0.2 ④ −3.4

핵심

변압기의 백분율 강하에 의한 전압 변동률

$\varepsilon = p\cos\theta \pm q\sin\theta$[%]

여기서, + : 지역률, − : 진역률

해설

$\varepsilon = p\cos\theta + q\sin\theta = 2\times0.8 + 3\times0.6 = 3.4$[%]

($\because\ \sin\theta = \sqrt{1-\cos^2\theta} = \sqrt{1-0.8^2} = 0.6$)

정답 ②

관련유형

143-2

어떤 단상 변압기의 2차 무부하 전압이 240[V]이고, 정격 부하 시의 2차 단자 전압이 230[V]이다. 전압 변동률은 약 몇 [%]인가?

[부산교통공사, 한국중부발전, 한국남동발전, 한국가스공사, 한국전력거래소, 한국지역난방공사]

① 4.35 ② 5.15
③ 6.65 ④ 7.35

해설

전압 변동률

$$\varepsilon = \frac{V_{20} - V_{2n}}{V_{2n}} \times 100$$
$$= \frac{240-230}{230} \times 100$$
$$= 4.347[\%]$$

정답 ①

관련유형

143-3

단상 변압기에서 전부하의 2차 전압은 100[V]이고, 전압 변동률은 3[%]이다. 1차 단자 전압[V]은? (단, 1, 2차 권선비는 20 : 1이다.)

[경기도시공사]

① 1,940 ② 2,060
③ 2,260 ④ 2,360

해설

전압 변동률 $\varepsilon = \frac{V_{20} - V_{2n}}{V_{2n}} \times 100[\%]$

$V_{20} = V_{2n}(1+\varepsilon')(\varepsilon' = \frac{\varepsilon}{100})$

변압기의 권수비 $a = \frac{N_1}{N_2} = \frac{V_1}{V_{20}}$

따라서 1차 단자 전압

$$V_1 = aV_{20} = aV_{2n}(1+\varepsilon')$$
$$= 20 \times 100 \times (1+0.03) = 2{,}060[V]$$

정답 ②

변압기의 % 저항 강하 / % 리액턴스 강하

기본유형

144

5[kVA], 3,000/200[V]인 변압기의 단락 시험에서 임피던스 전압 120[V], 동손 150[W]라 하면 % 저항 강하는 몇 [%]인가? [경기도시공사]

① 2　　② 3
③ 4　　④ 5

핵심

- 정격 용량

$P = VI \times 10^{-3}$[kVA]

- 동손

$P_c = I^2 r$ [W]

- 퍼센트 저항 강하

$$P = \frac{I \cdot r}{V} \times 100 = \frac{I^2 \cdot r}{VI} \times 100 = \frac{P_c}{P} \times 100$$

해설

$$P = \frac{I_{1n} r}{V_{1n}} \times 100 = \frac{I_{1n}^{\ 2} r}{V_{1n} I_{1n}} \times 100 = \frac{150}{5,000} \times 100 = 3[\%]$$

정답 ②

관련유형

144-1

10[kVA], 2,000/100[V] 변압기에서 1차에 환산한 등가 임피던스는 $6.2 + j7[\Omega]$이다. 이 변압기의 % 리액턴스 강하[%]는? [서울시설공단]

① 3.5　　② 1.75
③ 0.35　　④ 0.175

핵심

- 1차 전류

$I_1 = \frac{P}{V_1}$[A]

- 퍼센트 리액턴스 강하

$q = \frac{I_1 x}{V_1} \times 100$

해설

$$I_1 = \frac{P}{V_1} = \frac{10 \times 10^3}{2,000} = 5[\text{A}]$$

$$\therefore q = \frac{I_1 \cdot x}{V_1} \times 100 = \frac{5 \times 7}{2,000} \times 100 = 1.75[\%]$$

 ②

단상 변압기의 V결선 운전 시 최대 부하

기본유형

145

2[kVA]의 단상 변압기 3대를 써서 △결선하여 급전하고 있는 경우 1대가 소손되어 나머지 2대로 급전하게 되었다. 이 2대의 변압기는 과부하를 20[%]까지 견딜 수 있다고 하면 2대가 부담할 수 있는 최대 부하[kVA]는?

[서울시설공단]

① 약 3.46　② 약 4.15
③ 약 5.16　④ 약 6.92

핵심

단상 변압기 2대를 V결선으로 운전할 때 출력 P_V는

$P_V = \sqrt{3}P_1$[kVA]

단, P_1[kVA]은 변압기 1대의 용량

해설

20[%] 과부하 시 최대 부하 용량은

$P_V = \sqrt{3}P_1(1+0.2)$

$= \sqrt{3}\times 2\times(1+0.2) \fallingdotseq 4.15$[kVA]

정답 ②

관련유형

145-1

500[kVA]의 단상 변압기 상용 3대(결선 △－△), 예비 1대를 갖는 변전소가 있다. 부하의 증가로 인하여 예비 변압기까지 동원해서 사용한다면 응할 수 있는 최대 부하[kVA]는?

[한국서부발전]

① 약 2,000　② 약 1,730
③ 약 1,500　④ 약 830

해설

예비 변압기 1대를 포함하여 총 4대기 V결선 × 2회신 운전한다.

∴ 출력 $P = \sqrt{3}P_1\times 2 = \sqrt{3}\times 500\times 2 = 1{,}730$[kVA]

정답 ②

변압기의 최대 효율

기본유형

146

전부하에 있어 철손과 동손의 비율이 1 : 2인 변압기의 효율이 최대인 부하는 전부하의 대략 몇 [%]인가?

[대구도시철도공사, 경기도시공사]

① 50　② 60
③ 70　④ 80

핵심

$\frac{1}{m}$ 부하 시 철손(무부하손)은 P_i[W], 동손(부하손)은 $\left(\frac{1}{m}\right)^2 P_c$ [W]이다.
최대 효율의 조건은 무부하손=부하손이므로
$P_i = \left(\frac{1}{m}\right)^2 P_c$에서 $\frac{1}{m} = \sqrt{\frac{P_i}{P_c}}$ 이다.

해설

$P_i : P_c = 1 : 2$
$\frac{1}{m} = \sqrt{\frac{P_i}{P_c}} = \sqrt{\frac{1}{2}} = 0.707$
약 70[%] 부하에서 효율이 최대가 된다.

정답 ③

관련유형

146-1

$\frac{3}{4}$ 부하에서 효율이 최대인 주상 변압기의 전부하 시 철손과 동손의 비는?

[전기기사]

① 8 : 4　② 4 : 8
③ 9 : 16　④ 16 : 9

해설

$\frac{1}{m}$ 부하 시 최대 효율의 조건은 $P_i = \left(\frac{1}{m}\right)^2 P_c$ 이므로
손실이 $\frac{P_i}{P_c} = \left(\frac{1}{m}\right)^2 = \left(\frac{3}{4}\right)^2 = \frac{9}{16}$
$\therefore P_i : P_c = 9 : 16$

정답 ③

단권 변압기의 자기 용량 / 부하 용량

기본유형

147

용량 1[kVA], 3,000/200[V]의 단상 변압기를 단권 변압기로 결선해서 3,000/3,200[V]의 승압기로 사용할 때 그 부하 용량[kVA]은? [한전KPS, 경기도시공사]

① 16 ② 15
③ 1 ④ $\frac{1}{16}$

핵심

단상 변압기를 승압용 단권 변압기로 사용할 경우

$$\frac{\text{단권 변압기 용량}(P)}{\text{부하 용량}(W)}=\frac{V_h-V_l}{V_h}$$

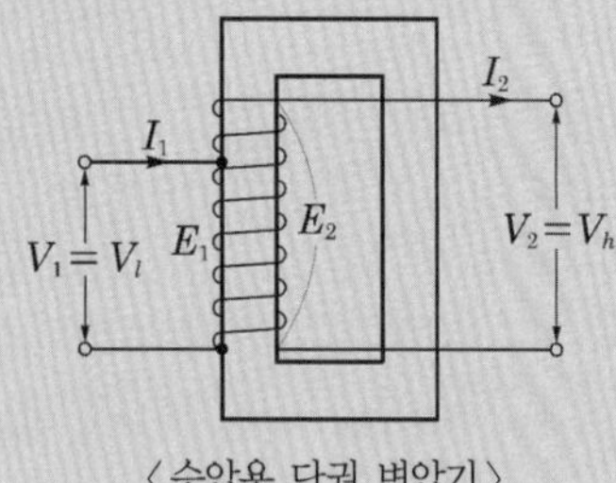

〈승압용 단권 변압기〉

해설

$V_l=E_1(V_1)=3,000[V]$

$V_h=E_1+E_2=3,000+200=3,200[V]$

부하 용량(W)=단권 변압기 용량$(P)\times\frac{V_h}{V_h-V_l}$

$=1\times\frac{3,200}{3,200-3,000}=16[\text{kVA}]$

정답 ①

관련유형

147-1

3,000[V]의 단상 배전선 전압을 3,300[V]로 승압하는 단권 변압기의 자기 용량은 약 몇 [kVA]인가? (단, 여기서 부하 용량은 100[kVA]이다.) [한국석유공사]

① 2.1 ② 5.3
③ 7.4 ④ 9.1

해설

$$\frac{\text{자기 용량}}{\text{부하 용량}}=\frac{V_h-V_l}{V_h}$$

∴ 자기 용량=부하 용량$\times\frac{V_h-V_l}{V_h}$

$=100\times\frac{3,300-3,000}{3,300}\fallingdotseq 9.1[\text{kVA}]$

정답 ④

관련유형

147-2

1차 전압 100[V], 2차 전압 200[V], 선로 출력 50[kVA]인 단권 변압기의 자기 용량은 몇 [kVA]인가? [전기기사]

① 25 ② 50
③ 250 ④ 500

해설

단권 변압기의 $\frac{P(\text{자기 용량, 등가 용량})}{W(\text{선로 용량, 부하 용량})}=\frac{V_h-V_l}{V_h}$ 이므로

자기 용량 $P=\frac{V_h-V_l}{V_h}W=\frac{200-100}{200}\times 50=25[\text{kVA}]$

정답 ①

관련유형

147-3

1차 전압 V_1, 2차 전압 V_2 인 단권 변압기를 Y결선했을 때, 등가 용량과 부하 용량의 비는? (단, $V_1 > V_2$ 이다.) [전기기사]

① $\frac{V_1 - V_2}{\sqrt{3}\, V_1}$
② $\frac{V_1 - V_2}{V_1}$
③ $\frac{V_1^{\,2} - V_2^{\,2}}{\sqrt{3}\, V_1 V_2}$
④ $\frac{\sqrt{3}(V_1 - V_2)}{2 V_1}$

해설

단권 변압기를 Y결선했을 때 부하 용량(W)에 대한 등가 용량(P)의 비는 다음과 같다.

$$\frac{P(\text{등가 용량})}{W(\text{부하 용량})} = \frac{V_h - V_l}{V_h} = \frac{V_1 - V_2}{V_1}$$

정답 ②

관련유형

147-4

단권 변압기의 3상 결선에서 △결선인 경우, 1차 측 선간 전압이 V_1, 2차 측 선간 전압이 V_2일 때 단권 변압기의 자기 용량/부하 용량은? (단, $V_1 > V_2$인 경우이다.) [한국석유공사]

① $\frac{V_1 - V_2}{V_1}$
② $\frac{V_1^2 - V_2^2}{\sqrt{3}\, V_1 V_2}$
③ $\frac{\sqrt{3}(V_1^2 - V_2^2)}{V_1 V_2}$
④ $\frac{V_1 - V_2}{\sqrt{3}\, V_1}$

해설

단권 변압기의 강압용 3상 △결선에서

자기 용량 $P = \frac{V_1^2 - V_2^2}{V_1} I_2$

부하 용량 $W = \sqrt{3}\, V_1 I_1 = \sqrt{3}\, V_2 I_2$

$$\frac{\text{자기 용량}}{\text{부하 용량}} = \frac{P}{W} = \frac{\frac{V_1^2 - V_2^2}{V_1} I_2}{\sqrt{3}\, V_2 I_2} = \frac{V_1^2 - V_2^2}{\sqrt{3}\, V_1 V_2}$$

정답 ②

변압기 단락 시험 / 무부하 시험

기본유형

148

변압기의 단락 시험으로 측정할 수 없는 항목은?

[경기도시공사]

① 동손　② 임피던스 와트
③ 임피던스 전압　④ 철손

해설

단락 시험은 임피던스 전압과 임피던스 전력을 측정하여 임피던스, 동손, % 저항 강하, % 리액턴스 강하 및 전압 변동률이 산출된다.

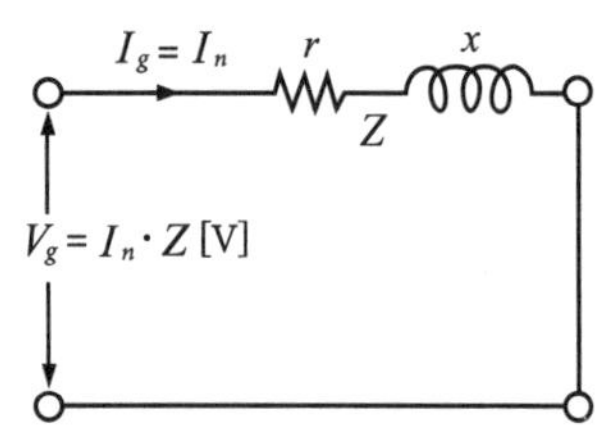

㉠ 임피던스 전압(V_s[V])
2차 단락 전류가 정격 전류와 같은 값을 가질 때 1차 인가 전압
→ 정격 전류에 의한 변압기 내 전압 강하
$V_s = I_n \cdot Z$[V]

㉡ 임피던스 와트(W_s[W])
임피던스 전압 인가 시 입력(임피던스 와트=동손)
$W_s = I_m^{\ 2} \cdot r = P_c$

정답 ④

관련유형

148-1

변압기 단락 시험에서 변압기의 임피던스 전압이란?

[전기기사]

① 여자 전류가 흐를 때의 2차 측 단자 전압
② 정격 전류가 흐를 때의 2차 측 단자 전압
③ 2차 단락 전류가 흐를 때의 변압기 내의 전압 강하
④ 정격 전류가 흐를 때의 변압기 내의 전압 강하

해설

임피던스 전압(V_s)이란 정격 전류에 의한 변압기 내의 전압 강하이다.

정답 ④

관련유형

148-2

변압기의 무부하 시험, 단락 시험에서 구할 수 없는 것은?

[한국가스공사, 한국가스공사]

① 철손　② 동손
③ 절연 내력　④ 전압 변동률

해설

변압기의 무부하 시험에서 무부하 전류(여자 전류), 무부하손(철손), 여자 어드미턴스를 구하고 단락 시험에서 동손과 전압 변동률을 구할 수 있다.

정답 ③

관련유형

148-3

변압기 등가 회로를 그리기 위해서는 여러 시험을 실시해야 한다. 다음 중 실시하지 않아도 되는 시험은?

[한국남동발전]

① 무부하 시험　② 권선의 저항 측정
③ 반환부하 시험　④ 단락 시험

해설

변압기의 등가 회로 작성 시 특성 시험

㉠ 무부하 시험 : 무부하 전류(여자 전류), 철손, 여자 어드미턴스
㉡ 단락 시험 : 임피던스 전압, 임피던스 와트, 동손, 전압 변동률
㉢ 저항 측정

정답 ③

변압기 냉각 방식

기본유형

149

변압기의 냉각 방식 중 유입 자냉식의 표시 기호는?
[광주도시공사, 서울시설공단]

① ANAN ② ONAN
③ ONAF ④ OFAF

해설

㉠ ANAN : 건식 밀폐 자냉식
㉡ ONAN : 유입 자냉식(Oil Natural Air Natural)
㉢ ONAF : 유입 풍냉식
㉣ OFAF : 송유 풍냉식

정답 ②

관련유형

149-1

절연유를 충만시킨 외함 내에 변압기를 수용하고, 오일의 대류 작용에 의하여 철심 및 권선에 발생한 열을 외함에 전달하며, 외함의 방산이나 대류에 의하여 열을 대기로 방산시키는 변압기의 냉각 방식은? [전기산업기사]

① 유입 송유식 ② 유입 수냉식
③ 유입 풍냉식 ④ 유입 자냉식

해설

변압기의 외함에 절연유를 넣고 그 속에 철심과 코일을 수용하여 운전하면 손실에 의해서 가열된 기름은 대류하고 외함의 벽을 통해서 열의 방산으로 냉각하는 방식을 유입 자냉식이라 한다.

정답 ④

변압기 내부 고장 보호

기본유형

150

발전기나 변압기의 내부 고장 검출에 가장 많이 사용되는 계전기는? [한국중부발전]

① 역상 계전기 ② 비율 차동 계전기
③ 과전압 계전기 ④ 과전류 계전기

해설

발전기, 변압기 등의 기기 내부 고장 보호에는 비율 차동 계전기를 사용한다.
계전기의 용도에 의한 분류는 다음과 같다.
㉠ 과전류 계전기(over current relay)
과부하, 단락 보호용
㉡ 과전압 계전기(over-voltage relay)
저항, 소호 리액터로 중성점을 접지한 전로의 접지 고장 검출용
㉢ 차동 계전기(differential relay)
보호 구간 내 유입, 유출의 전류 벡터차를 검출
㉣ 비율 차동 계전기 (ratio differential relay)
고장 전류와 평형 전류의 비율에 의해 동작, 변압기 내부 고장 보호용

정답 ②

관련유형

150-1

변압기의 보호 방식 중 비율 차동 계전기를 사용하는 경우는? [전기기사]

① 고조파 발생을 억제하기 위하여
② 과여자 전류를 억제하기 위하여
③ 과전압 발생을 억제하기 위하여
④ 변압기 상간 단락 보호를 위하여

해설

비율 차동 계전기는 입력 전류와 출력 전류 관계비에 의해 동작하는 계전기로서 변압기의 내부 고장(상간 단락, 권선 지락 등)으로부터 보호를 위해 사용한다.

정답 ④

변압기 상변환 결선법

기본유형

151

변압기의 3상 전원에서 2상 전원을 얻고자 할 때 사용하는 결선은? [한국가스공사, 한국남동발전]

① 스코트 결선
② 포크 결선
③ 2중 델타 결선
④ 대각 결선

해설

변압기의 상(phase)수 변환에서 3상을 2상으로 변환하는 방법은 다음과 같다.
㉠ 스코트(scott) 결선
㉡ 메이어(meyer) 결선
㉢ 우드브리지(wood bridge) 결선

정답 ①

관련유형

151-1

변압기 결선 방식 중 3상에서 6상으로 변환할 수 없는 것은? [전기기사]

① 환상 결선
② 2중 3각 결선
③ 포크 결선
④ 우드브리지 결선

해설

㉠ 3상 전원에서 2상 전압을 얻는 결선 : 스코트 결선, 메이어 결선, 우드브리지 결선
㉡ 3대의 단상 변압기를 사용하여 6상 또는 12상으로 변환시킬 수 있는 결선 방법의 종류 : 2차 2중 Y결선, 2차 2중 △결선, 대각 결선, 포크(fork) 결선 등

정답 ④

이상 변압기의 권수비

기본유형

152

전원 측 저항 1[kΩ], 부하 저항 10[Ω]일 때, 이것에 변압비 $n:1$의 이상 변압기를 사용하여 정합을 취하려 한다. n의 값으로 옳은 것은? [한전KPS, 한국가스공사]

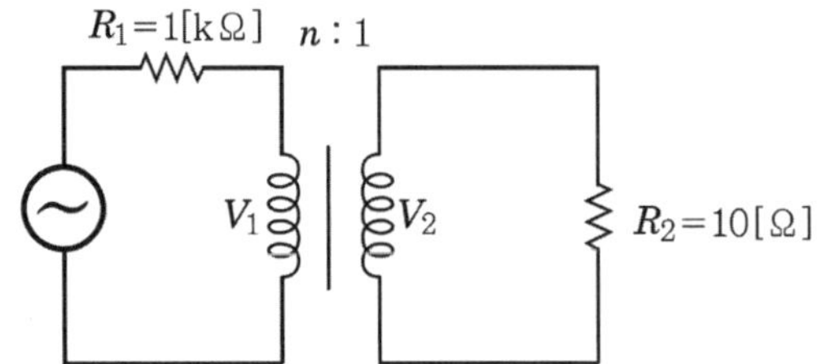

① 1　　② 10
③ 100　　④ 1,000

해설

권수비 $a=\dfrac{n_1}{n_2}=\dfrac{V_1}{V_2}=\dfrac{I_2}{I_1}=\sqrt{\dfrac{Z_g}{Z_L}}$

여기서, Z_g : 전원 내부 임피던스
Z_L : 부하 임피던스

$\therefore \dfrac{n_1}{n_2}=\sqrt{\dfrac{R_1}{R_2}}$

$\because \dfrac{n}{1}=\sqrt{\dfrac{1,000}{10}}$

$n=10$

정답 ②

관련유형

152-1

어느 변압기의 1차 권수가 1,500인 변압기의 2차 측에 접속한 20[Ω]의 저항은 1차 측으로 환산했을 때 8[kΩ]으로 되었다고 한다. 이 변압기의 2차 권수는? [경기도시공사, 한국전력기술]

① 400　　② 250
③ 150　　④ 75

해설

권수비 $a=\dfrac{n_1}{n_2}=\dfrac{E_1}{E_2}=\dfrac{I_2}{I_1}$, $r_1=a^2r_2$

$8,000=a^2\times 20$에서 $a=\sqrt{\dfrac{8,000}{20}}=20$

2차 권수 $n_2=\dfrac{n_1}{a}=\dfrac{1,500}{20}=75$

정답 ④

절연물의 최고 허용 온도

기본유형

153

전기 기기에 사용되는 절연물의 종류 중 H종 절연물에 해당되는 최고 허용 온도는?

[서울시설공단, 한국가스공사, 경기도시공사, 한국석유공사, 한국서부발전]

① 105[℃] ② 120[℃]
③ 155[℃] ④ 180[℃]

해설

절연물의 절연에 따른 최고 허용 온도

Y종(90[℃]), A종(105[℃]), E종(120[℃]), B종(130[℃]), F종(150[℃]), H종(180[℃]), C종(180[℃] 초과)

정답 ④

관련유형

153-1

전기 기기의 도선 및 권선 부분의 절연은 최고 허용 온도에 따라 7종으로 분류되어 있는데 다음 중 최고 허용 온도가 가장 낮은 절연의 종류는? [한국가스공사, 경기도시공사]

① A종 절연 ② C종 절연
③ F종 절연 ④ Y종 절연

해설

절연물의 절연에 따른 최고 허용 온도

Y종(90[℃]), A종(105[℃]), E종(120[℃]), B종(130[℃]), F종(150[℃]), H종(180[℃]), C종(180[℃] 초과)

정답 ④

단권 변압기의 특성

기본유형

154

다음 중 단권 변압기에 대한 설명으로 틀린 것은?

[한국가스공사]

① 소형에 적합하다.
② 누설 자속이 적다.
③ 손실이 적고 효율이 좋다.
④ 재료가 절약되어 경제적이다.

해설

단권 변압기의 장단점

장점	단점
㉠ 소·대형에 모두 사용된다. ㉡ 소형화, 경량화가 가능하다. ㉢ 철손 및 동손이 적어 효율이 높다. ㉣ 자기 용량에 비하여 부하 용량이 커지므로 경제적이다. ㉤ 누설 자속이 거의 없어 전압 변동률이 작고 안정도가 높다.	㉠ 고압 측과 저압 측이 직접 접촉되어 있으므로 저압 측의 절연강도를 고압 측과 동일한 크기의 절연이 필요하다. ㉡ 누설 자속이 거의 없어 % 임피던스가 작기 때문에 사고 시 큰 단락 전류가 흐른다.

정답 ①

관련유형

154-1

단권 변압기의 설명으로 틀린 것은? [전기기사]

① 1차 권선과 2차 권선의 일부가 공통으로 사용된다.
② 분로 권선과 직렬 권선으로 구분된다.
③ 누설 자속이 없기 때문에 전압 변동률이 작다.
④ 3상에는 사용할 수 없고 단상으로만 사용한다.

해설

단권 변압기는 분로 권선과 직렬 권선으로 구분되는 하나의 권선을 1차와 2차로 공용하는 변압기로 권선을 절약할 수 있을 뿐만 아니라 권선의 공용 부분인 분로 권선에는 1차와 2차의 차의 전류가 흐르므로 동손이 적고, 권수비가 1에 가까울수록 경제적이다. 공용 권선이기 때문에 누설 자속이 적고, 전압 변동률이 작아서 효율도 좋다.

정답 ④

Chapter 4
유도기

유도 전동기의 슬립

기본유형

155

유도 전동기의 동기 속도를 N_s, 회전 속도를 N이라 하면 슬립(slip)은 어떻게 되는가?

[서울교통공사, 광주광역시도시공사]

① $\frac{N_s-N}{N_s}$ ② $\frac{N-N_s}{N_s}$
③ $\frac{N_s-N}{N}$ ④ $\frac{N-N_s}{N}$

핵심

동기 속도와 상대 속도의 비를 슬립(slip)이라 한다.

해설

동기 속도 $N_s=\frac{120f}{p}$[rpm] (회전 자계의 회전 속도)

상대 속도 N_s-N(회전 자계와 전동기 회전 속도의 차)

슬립 $s=\frac{N_s-N}{N_s}$

정답 ①

관련유형

155-1

60[Hz], 8극인 3상 유도 전동기의 전부하에서 회전수가 855[rpm]이다. 이때 슬립[%]은?

[서울시설공단, 부산교통공사, 한국남동발전]

① 4 ② 5
③ 6 ④ 7

핵심

슬립

$S=\frac{N_s-N}{N_s}$

해설

$f=60$[Hz], $p=8$[극], $N=855$[rpm]이므로

동기 속도 $N_s=\frac{120f}{p}=\frac{120\times60}{8}=900$[rpm]

$\therefore s=\frac{N_s-N}{N_s}\times100=\frac{900-855}{900}\times100=5$[%]

정답 ②

관련유형

155-2

50[Hz], 4극인 유도 전동기의 슬립이 4[%]일 때의 회전수[rpm]는?

[한국전력기술, 한국동서발전]

① 1,410 ② 1,440
③ 1,470 ④ 1,500

핵심

회전 속도

$N=N_s(1-s)$ [rpm]

해설

슬립 $s=\frac{N_s-N}{N_s}$에서

회전 속도 $N=N_s(1-s)=\frac{120f}{p}(1-s)$

$=\frac{120\times50}{4}\times(1-0.04)=1,440$[rpm]

정답 ②

관련유형

155-3

주파수 60[Hz], 슬립 0.2인 경우 회전자 속도가 720[rpm]일 때 유도 전동기의 극수는?

[경기도시공사, 한국중부발전]

① 4 ② 6
③ 8 ④ 12

해설

회전 속도 $N=N_s(1-s)$

동기 속도 $N_s=\frac{N}{1-s}$

$=\frac{720}{1-0.2}=900$[rpm]

$N_s=\frac{120f}{P}$에서 극수 $P=\frac{120f}{N_s}=\frac{120\times60}{900}=8$극

정답 ③

유도 전동기 회전 시 등가 회로

기본유형

156

200[V], 60[Hz], 6극, 10[kW]인 3상 유도 전동기가 있다. 전부하 시의 회전수가 1,152[rpm]이면 회전자 기전력의 주파수는 몇 [Hz]인가?

[대구도시철도공사, 한국석유공사, 한국동서발전, 한국중부발전]

① 2.2 ② 2.4
③ 2.6 ④ 2.8

핵심

슬립 주파수(회전 시 2차 주파수) : f_2'[Hz]

$f_2' = sf_2 = sf_1$[Hz]

해설

$p=6$, $f_1 = 60$[Hz], $N = 1{,}152$[rpm]이므로

$$N_s = \frac{120f}{p} = \frac{120\times 60}{6} = 1{,}200[\text{rpm}]$$

$$s = \frac{N_s - N}{N_s} = \frac{1{,}200-1{,}152}{1{,}200} = 0.04$$

$\therefore f_2' = sf_1 = 0.04\times 60 = 2.4$[Hz]

정답 ②

관련유형

156-1

권선형 유도 전동기의 전부하 운전 시 슬립이 4[%]이고, 2차 정격 전압이 150[V]이면 2차 유도 기전력은 몇 [V]인가?

[한국남동발전]

① 9 ② 8
③ 7 ④ 6

해설

슬립 s로 운전 시 2차 유도 기전력

$E_{2S} = sE_2 = 0.04\times 150 = 6$[V]

정답 ④

유도 전동기의 슬립과 전력의 변환

기본유형

157

유도 전동기에 있어서 2차 입력 P_2, 출력 P_0, 슬립(slip) s 및 2차 동손 P_{c2}와의 관계를 선정하면?

[한국석유공사]

① $P_2 : P_0 : P_{c2} = 1 : s : 1-s$
② $P_2 : P_0 : P_{c2} = 1-s : 1 : s$
③ $P_2 : P_0 : P_{c2} = 1 : \frac{1}{s} : 1-s$
④ $P_2 : P_0 : P_{c2} = 1 : 1-s : s$

핵심

$P_2 : P_o : P_{c2} = 1 : 1-s : s$

해설

2차 입력 $P_2 = I_2{}^2(r_2+R) = I_2{}^2 \cdot \frac{r_2}{s}$ [W] (1상당)

기계적 출력 $P_0 = I_2{}^2 \cdot R = I_2{}^2 \cdot \frac{1-s}{s} r_2$

2차 동손 $P_{c2} = I_2{}^2 \cdot r_2$

$P_2 : P_0 : P_{c2} = 1 : 1-s : s$

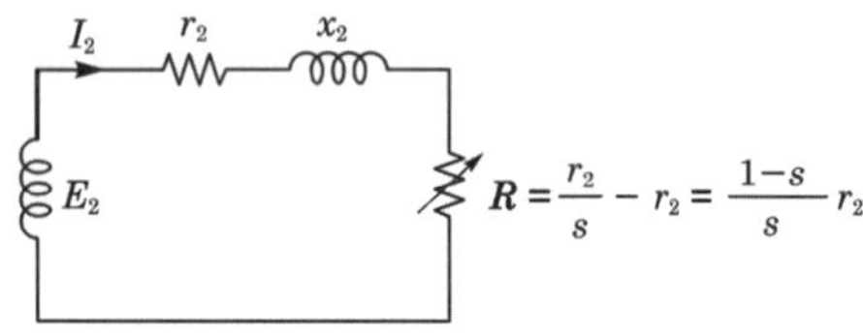

〈2차 등가 회로〉

정답 ④

관련유형

157-1

유도 전동기의 2차 동손을 P_c, 2차 입력을 P_2, 슬립을 s라 할 때 이들 사이의 관계는?

[한국가스공사, 한국동서발전, 한국서부발전]

① $s = \frac{P_c}{P_2}$　② $s = \frac{P_2}{P_c}$
③ $s = P_2 P_c$　④ $s = s \cdot P_2 P_c$

해설

$P_2 : P_c : P_0 = 1 : s : 1-s$

$P_2 : P_c = 1 : s$에서 슬립 $s = \frac{P_c}{P_2}$

정답 ①

관련유형

157-2

15[kW]의 3상 유도 전동기의 기계손이 350[W], 전부하 슬립이 3[%]인 3상 유도 전동기의 전부하 시의 2차 동손은?

[대구도시공사]

① 약 475[W]　② 약 460.5[W]
③ 약 453[W]　④ 약 439.5[W]

해설

㉠ 2차 출력

$P_0 = P + P_m = 15{,}000 + 350 = 15{,}350$[W]

여기서, P: 부하에 전달된 출력, P_m : 기계손

㉡ 2차 동손

$P_c = \frac{s}{1-s} P_o = \frac{0.03}{1-0.03} \times 15{,}350$

$= 474.74$[W]

정답 ①

관련유형

157-3

정격 출력이 7.5[kW]의 3상 유도 전동기가 전부하 운전에서 2차 동손이 300[W]이다. 슬립은 약 몇 [%]인가? [한국동서발전]

① 3.85　② 4.61
③ 7.51　④ 9.42

해설

2차 입력, 2차 동손, 출력과 슬립의 관계

$P_2 : P_{c2} : P_0 = 1 : s : 1-s$

슬립 $s = \frac{P_{c2}}{P_2} = \frac{P_{c2}}{P_{c2}+P_0}$

$= \frac{300}{7{,}500+300} = 0.0385$

정답 ①

농형 유도 전동기 기동법

기본유형

158

10[kW] 정도의 농형 유도 전동기 기동에 가장 적당한 방법은? [서울시설공단, 한국전력기술, 한국중부발전]

① 기동 보상기에 의한 기동
② Y－△ 기동
③ 저항 기동
④ 직접 기동

핵심

출력 $P=5\sim15$[kW]의 농형 유도 전동기는 Y－△ 기동법이 가장 적당하다.

해설

농형 유도 전동기의 기동법

㉠ 전전압(직입) 기동 : 출력 $P=5$[kW] 이하의 소형
㉡ Y－△ 기동 : 출력 $P=5\sim15$[kW]의 중형
고정의 권선을 운전 시에는 △로 연결하고, 기동 시에만 Y로 연결하면 기동 전류가 $\frac{1}{3}$로 감소하며 기동 토크도 $\frac{1}{3}$로 감소하는 기동법이다. 구조, 조작이 간단하므로 3.5~37[kV]급 전동기에 사용한다.
㉢ 기동 보상기법 : 출력 $P=20$[kW] 이상 대형
기동 보상기(강압용 단권 변압기)에 의해 공급 전압을 낮추어 기동하는 방법

정답 ②

관련유형

158-1

농형 유도 전동기 기동법이 아닌 것은? [경기도시공사]

① 2차 저항 기동
② Y－△ 기동
③ 전전압 기동
④ 기동 보상기

해설

㉠ 농형 유도 전동기 기동법 : 전전압 기동, Y－△ 기동, 기동 보상기법(단권 변압기 기동), 리액터 기동, 콘드로퍼 기동
㉡ 권선형 유도 전동기 기동법 : 2차 저항 기동(기동 저항 기법), 게르게스 기동

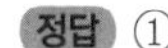

유도 전동기의 속도 제어법

기본유형

159

유도 전동기의 속도 제어 방식을 잘못 나타낸 것은? [광주광역시도시공사]

① 1차 주파수 제어 방식
② 정지 세르비우스 방식
③ 정지 레오너드 방식
④ 2차 저항 제어 방식

핵심

정지 레오너드 방식은 직류 전동기의 전압 제어에 의해 속도를 제어하는 방식이다.

해설

유도 전동기의 회전 속도 $N=\frac{120f}{p}(1-s)$에서 속도 제어 방식은

(1) 권선형 유도 전동기
- ㉠ 2차 저항 제어 : 권선형의 2차에 저항을 연결하여 합성 저항의 변환에 의한 토크 속도 특성의 비례 추이 원리를 응용한 속도 제어
  $T\propto\frac{r_2}{s}$
- ㉡ 종속법 : 2대의 권선형 전동기의 종속 접속법 변환에 의한 속도 제어
- ㉢ 2차 여자 제어법 : 권선형의 회전자(2차)에 슬립 주파수 전압(E_c)을 인가하여 슬립의 변환에 의한 속도 제어
  - 세르비우스 방식 : 전기적, 정토크 제어
  - 크레머 방식: 기계적, 정출력 제어

(2) 농형 유도 전동기
- ㉠ 1차 전압 제어 : $T\propto V_1^2$
- ㉡ 주파수 제어 : 인견 공장의 포트 모터(pot motor), 선박 추진용 모터(공급 전압 $V_1\propto f$)
- ㉢ 극수 변환 : 고정자 권선의 결선 변환(엘리베이터, 환풍기 등의 속도 제어)

정답 ③

관련유형

159-1

농형 유도 전동기에 주로 사용되는 속도 제어법은? [전기기사]

① 2차 제항 제어법
② 극수 변환법
③ 종속 접속법
④ 2차 여자 제어법

해설

유도 전동기의 속도 제어법
- ㉠ 권선형 유도 전동기 : 2차 지항 제어법, 종속법, 2차 여자 제어법
- ㉡ 농형 유도 전동기 : 1차 전압 제어법, 극수 변환법, 주파수 제어법

정답 ②

단상 유도 전동기의 특성

기본유형

160

단상 유도 전동기의 특징이 아닌 것은? [경기도시공사]

① 기동 토크가 없으며 기동 장치가 필요하다.
② 기계손이 없어도 무부하 속도는 동기 속도보다 작다.
③ 슬립이 2보다 작고, "0"이 되기 전에 토크가 "0"이 된다.
④ 권선형은 비례 추이를 하며 최대 토크는 변화한다.

핵심

비례 추이는 3상 권선형 유도 전동기의 특성이다.

해설

단상 유도 전동기

(1) 특성
㉠ 기동 토크가 없다.
㉡ 회전자(2차)에 슬립링을 통하여 저항을 연결하여 2차 합성 저항을 증가하면 최대 토크가 감소하며 비례 추이를 할 수 없다.
㉢ 슬립(s)이 0이 되기 전에 토크가 0이 되고, 슬립이 0일 때 부(負)토크가 발생된다.

(2) 기동 방법에 따른 분류(기동 토크가 큰 순서로 나열)
㉠ 반발 기동형(반발 유도형)
㉡ 콘덴서 기동형(콘덴서형)
㉢ 분상 기동형
㉣ 셰이딩(shading) 코일형

정답 ④

관련유형

160-1

단상 유도 전동기 중 콘덴서 기동형 전동기의 특성은? [전기기사]

① 회전 자계는 타원형이다.
② 기동 전류가 크다.
③ 기동 회전력이 작다.
④ 분상 기동형의 일종이다.

해설

콘덴서 기동형 단상 유도 전동기는 기동 시 기동 권선에 콘덴서를 연결하여 분상 기동하며, 기동이 완료되면 기동 권선을 원심력 스위치에 의해 차단하고 운전한다. 회전 자계는 원형에 가깝고, 기동 토크가 크며, 기동 전류가 작고, 분상 기동형 전동기와 유사하다.

정답 ④

유도 전동기의 무부하 속도

기본유형

161

60[Hz]인 3상 8극 및 2극의 유도 전동기를 차동 종속으로 접속하여 운전할 때의 무부하 속도[rpm]는?

[서울시설공단]

① 720　② 900
③ 1,000　④ 1,200

해설

2대의 권선형 유도 전동기를 차동 종속으로 접속하여 운전할 때

무부하 속도 $N=\dfrac{120f}{P_1-P_2}=\dfrac{120\times60}{8-2}=1,200[\text{rpm}]$

정답 ④

관련유형

161-1

권선형 유도 전동기 2대를 직렬 종속으로 운전하는 경우 그 동기 속도는 어떤 전동기의 속도와 같은가?

[부산교통공사, 한국남부발전]

① 두 전동기 중 적은 극수를 갖는 전동기
② 두 전동기 중 많은 극수를 갖는 전동기
③ 두 전동기의 극수의 합과 같은 극수를 갖는 전동기
④ 두 전동기의 극수의 차와 같은 극수를 갖는 전동기

해설

직렬 종속법인 경우 무부하 속도는 다음과 같다.

$N_0=\dfrac{120f}{P_1+P_2}[\text{rpm}]$

여기서, P_1: M_1의 극수
P_2: M_2의 극수

차동 종속인 경우

$N_0=\dfrac{120f}{P_1-P_2}[\text{rpm}]$

병렬 종속인 경우

$N_0=\dfrac{120f}{\dfrac{P_1+P_2}{2}}=\dfrac{2\times120f}{P_1+P_2}[\text{rpm}]$

정답 ③

유도 전동기의 제동법

기본유형

162

유도 전동기의 제동법 중 유도 전동기를 전원에 접속한 상태에서 동기 속도 이상의 속도로 운전하여 유도 발전기로 동작시킴으로써 그 발생 전력을 전원으로 반환하면서 제동하는 방법은? [한국석유공사]

① 발전 제동　　② 회생 제동
③ 역상 제동　　④ 단상 제동

해설

제동법(전기적 제동)

㉠ 단상 제동 : 단상 전원을 공급하고, 2차 저항이 증가시키면 역방향 토크가 발생한다(부(負) 토크에 의한 제동).
㉡ 직류 제동 : 직류 전원을 공급한다(발전 제동).
㉢ 회생 제동 : 부하에 의해 전동기의 회전 속도를 회전 자계의 회전 속도보다 빠르게 하면 유도 발전기를 동작하여 발생 전력을 전원 측에 환원하여 제동(과속 억제)한다.
㉣ 역상 제동 : 3선 중 2선의 결선을 바꾸어 역회전력에 의해 급제동한다.

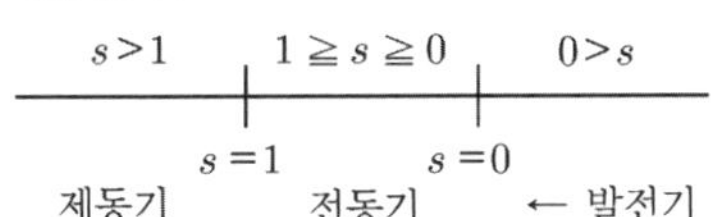

정답 ②

관련유형

162-1

유도 전동기의 제동 방법 중 슬립의 범위를 1~2 사이로 하여 3선 중 2선의 접속을 바꾸어 제동하는 방법은? [한국중부발전]

① 역상 제동　　② 직류 제동
③ 단상 제동　　④ 회생 제동

핵심

유도 전동기의 고장자 권선을 3선 중 2선의 접속을 바꾸어 제동하는 방법을 역상 제동이라 한다.

해설

유도 전동기가 슬립 $s \fallingdotseq 0$에서 운전되고 있을 때 3선 중 2선을 바꾸어 접속하면 회전 자계의 방향은 역전하여 $s \fallingdotseq 2$로 되어 유도 제동기로서 큰 제동 토크가 발생한다. 이것을 역상 제동이라 한다.

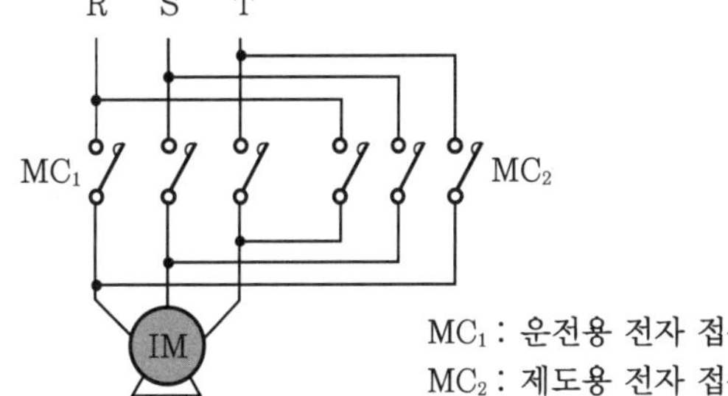

정답 ①

관련유형

162-2

단상 유도 전동기의 토크에 대한 2차 저항을 어느 정도 이상으로 증가시킬 때 나타나는 현상으로 옳은 것은? [한국가스공사]

① 역회전 가능　　② 최대 토크 일정
③ 기동 토크 증가　　④ 토크는 항상 (+)

해설

단상 유도 전동기의 단상 제동

단상 전원을 공급하고 2차 저항을 증가시키면 역방향 토크가 발생하게 되고 이를 이용하여 제동 방법으로 사용할 수 있다.

정답 ①

3상 유도 전동기의 출력

기본유형

163

4극 3상 유도 전동기가 있다. 전원 전압 200[V]로 전부하를 걸었을 때 전류는 21.5[A]이다. 이 전동기의 출력은 약 몇 [W]인가? (단, 전부하 역률 86[%], 효율 85[%]이다.) [경기도시공사]

① 5,029 ② 5,444
③ 5,820 ④ 6,103

해설

출력

$P = \sqrt{3}\, VI\cos\theta \cdot \eta$

$= \sqrt{3} \times 200 \times 21.5 \times 0.86 \times 0.85$

$= 5444.2[\text{W}]$

 ②

관련유형

163-1

정격 부하로 운전 중인 3상 유도 전동기의 전원 한 선이 단선되어 단상이 되었다. 부하가 불변일 때 선전류는 대략 몇 배인가? [전기공사기사]

① 3 ② $\frac{3}{2}$
③ $\sqrt{3}$ ④ $\frac{2}{\sqrt{3}}$

해설

3상 출력 $P_3 = \sqrt{3}\, VI_3 \cos\theta\,[\text{W}]$

단상 출력 $P_1 = VI_1 \cos\theta\,[\text{W}]$

부하 불변이므로 $P_3 = P_1$

$\therefore I_1 = \sqrt{3}\, I_3$

정답 ③

관련유형

163-2

명판(name plate)에 정격 전압 220[V], 정격 전류 14.4[A], 출력 3.7[kW]로 기재되어 있는 3상 유도 전동기가 있다. 이 전동기의 역률을 84[%]라 할 때 이 전동기의 효율[%]은? [전기산업기사, 전기공사산업기사]

① 78.25 ② 78.84
③ 79.15 ④ 80.27

해설

3상 유도 전동기의 출력

$P = \sqrt{3}\, VI\cos\theta \cdot \eta \times 10^{-3}\,[\text{kW}]$

전동기의 효율

$\eta = \dfrac{P \times 10^3}{\sqrt{3}\, VI\cos\theta} \times 100$

$= \dfrac{3.7 \times 10^3}{\sqrt{3} \times 220 \times 14.4 \times 0.84} \times 100$

$= 80.27[\%]$

정답 ④

3상 권선형 유도 전동기의 비례 추이

기본유형

164

3상 권선형 유도 전동기의 토크 속도 곡선이 비례 추이 한다는 것은 그 곡선이 무엇에 비례해서 이동하는 것을 말하는가? [한국동서발전]

① 슬립
② 회전수
③ 2차 저항
④ 공급 전압의 크기

해설

토크의 비례 추이는 토크 특성 곡선이 2차 합성 저항 (r_2+R)에 정비례하여 이동하는 것을 말한다.

정답 ③

관련유형

164-1

다음의 설명에서 빈칸(㉠~㉢)에 알맞은 말은? [한국서부발전]

> 권선형 유도 전동기에서 2차 저항을 증가시키면 기동 전류는 (㉠)하고 기동 토크는 (㉡)하며, 2차 회로의 역률이 (㉢)되고 최대 토크는 일정하다.

① ㉠ 감소, ㉡ 증가, ㉢ 좋아지게
② ㉠ 감소, ㉡ 감소, ㉢ 좋아지게
③ ㉠ 감소, ㉡ 증가, ㉢ 나빠지게
④ ㉠ 증가, ㉡ 감소, ㉢ 나빠지게

해설

3상 권선형 유도 전동기의 비례 추이(proportional shifting)

3상 권선형 유도 전동기의 회전자에 슬립링을 통하여 저항을 연결하고 2차 합성 저항을 증가하면 기동 전류는 감소하고, 기동 토크는 증가하며, 2차 회로의 역률은 유효 전류가 흘러 좋아지며 최대 토크는 일정하다.

정답 ①

National Competency Standards

Chapter 5

정류기와 특수 기기

단상 전파 정류 회로

기본유형

165

그림의 단상 전파 정류 회로에서 교류 측 공급 전압 $628\sin 314t$[V], 직류 측 부하 저항 20[Ω]일 때, 직류 측 부하 전류의 평균값 I_d[A] 및 직류 측 부하 전압의 평균값 E_d[V]는? [대구도시공사]

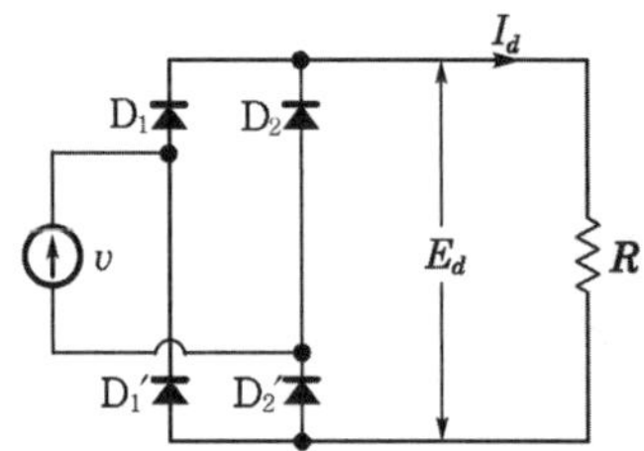

① $I_d=20$, $E_d=400$
② $I_d=10$, $E_d=200$
③ $I_d=11.1$, $E_d=282$
④ $I_d=28.2$, $E_d=565$

핵심

- 단상 전파 정류 회로의 직류 전압

$$E_d=\frac{2\sqrt{2}}{\pi}E=\frac{2}{\pi}E_m$$

- 단상 반파 정류 회로의 직류 전압

$$E_d=\frac{\sqrt{2}}{\pi}E=\frac{1}{\pi}E_m$$

- 직류 전류

$$I_d=\frac{E_d}{R}$$

해설

최댓값 $E_m=628$, 저항 $R=20$[Ω]이므로

$$E_d=\frac{2}{\pi}E_m=\frac{2}{\pi}\times 628=400[\text{V}]$$

$$I_d=\frac{E_d}{R}=\frac{400}{20}=20[\text{A}]$$

정답 ①

관련유형

165-1

단상 전파 정류에서 공급 전압이 E일 때 무부하 직류 전압의 평균값은? (단, 브리지 다이오드를 사용한 전파 정류 회로이다.) [전기기사]

① $0.90E$
② $0.45E$
③ $0.75E$
④ $1.17E$

해설

브리지 정류 회로이므로 단상 정류 회로이다.
부하 양단의 직류 전압 e_d의 평균값 E_{d0}는

$$\therefore E_{d0}=\frac{2}{\pi}\int_0^{\pi}\sqrt{2}E\sin\theta d\theta=\frac{2\sqrt{2}}{\pi}E\fallingdotseq 0.90E[\text{V}]$$

정답 ①

브러시리스 모터(BLDC)

기본유형

166

다음 중 BLDC 모터에 대한 설명으로 옳은 것을 모두 고르면? [경기도시공사]

> ㉠ 신뢰성이 높고, 유지 보수가 필요 없다.
> ㉡ 브러시가 없으므로 전기적, 기계적 소음이 크다.
> ㉢ 일정 속도 제어, 가변속 제어가 가능하다.
> ㉣ 고속화에 용이하지만 기기의 소형화가 불가능하다.

① ㉡, ㉣　　② ㉠, ㉢
③ ㉢, ㉣　　④ ㉠, ㉡

해설

브러시리스 모터(BLDC)

(1) 영구 자석을 사용하지 않아 가격이 저렴하다.
(2) 신뢰성이 높고 유지 보수가 필요없다.
(3) 브러시가 없으므로 전기적, 기계적 소음이 작다.
(4) 일정 속도 제어, 가변속 제어가 가능하다.
(5) 고속화에 용이하다.
(6) 기기의 소형화가 가능하다.

정답 ②

관련유형

166-1

브러시리스 모터(BLDC)의 회전자 위치 검출을 위해 사용하는 것을 모두 고르면? [전기산업기사]

① 홀(Hall) 소자, 회전형 디코더
② 리니어 스케일, 회전형 엔코더
③ 회전형 엔코더, 홀(Hall) 소자
④ 회전형 디코더, 리니어 스케일

해설

브러시리스 모터(BLDC)는 브러시 구조가 없고 정류를 전자적으로 수행하는 모터로 브러시와 정류자 간 기계적인 마찰부가 없으므로 고속화가 가능하고 소음이 감소하며 아크가 없어지고 전자 노이즈가 감소하며 수명이 반영구적이다.
회전자 위치 검출에는 엔코더, 홀센서(소자) 방법이 있다.

정답 ③

스테핑 모터

기본유형

167

스테핑 모터의 일반적인 특징으로 틀린 것은?

[한국석유공사]

① 기동 · 정지 특성은 나쁘다.
② 회전각은 입력 펄스수에 비례한다.
③ 회전 속도는 입력 펄스 주파수에 비례한다.
④ 고속 응답이 좋고, 고출력의 운전이 가능하다.

해설

스테핑 모터의 특징

㉠ 회전 각도는 입력 펄스 신호의 수에 비례하고 회전 속도는 펄스 주파수에 비례
㉡ 피드백 루프가 필요 없어 모터의 제어가 간단하고 디지털 제어 회로와 조합이 용이
㉢ 기동, 정지, 정회전, 역회전이 용이하고 고속 응답 특성이 좋음
㉣ 브러시 등의 접촉 부분이 없어 수명이 길고 신뢰성이 높음
㉤ 고정밀 위치 제어가 가능하고 각도 오차가 누적되지 않음

정답 ①

관련유형

167-1

스텝 모터(step motor)의 장점이 아닌 것은? [한국가스공사]

① 가속, 감속이 용이하며 정 · 역전 및 변속이 쉽다.
② 위치 제어를 할 때 각도 오차가 있고 누적된다.
③ 피드백 루프가 필요 없이 오픈 루프로 손쉽게 속도 및 위치 제어를 할 수 있다.
④ 디지털 신호를 직접 제어할 수 있으므로 컴퓨터 등 다른 디지털 기기와 인터페이스가 쉽다.

해설

스테핑 모터의 특징

㉠ 회전 각도는 입력 펄스 신호의 수에 비례하고 회전 속도는 펄스 주파수에 비례
㉡ 피드백 루프가 필요 없어 모터의 제어가 간단하고 디지털 제어 회로와 조합이 용이
㉢ 기동, 정지, 정회전, 역회전이 용이하고 고속 응답 특성이 좋음
㉣ 브러시 등의 접촉 부분이 없어 수명이 길고 신뢰성이 높음
㉤ 고정밀 위치 제어가 가능하고 각도 오차가 누적되지 않음

정답 ②

NCS
전기
Chapter 1
선로 및
코로나 현상
Chapter 2
송전 특성 및
조상 설비
Chapter 3
고장 계산 및
안정도
Chapter 4
중성점 접지와
이상 전압
Chapter 5
송전 선로
보호 방식
Chapter 6
배전 특성 및
설비 운용
Chapter 7
발전

PART 05

전력 공학

National Competency Standards

Chapter 1

선로 및 코로나 현상

가공 전선로의 이도 및 실제 길이

기본유형

168

경간 200[m]의 가공 전선로가 있다. 전선 1[m]당의 하중은 2.0[kg], 풍압 하중은 없는 것으로 하면 인장 하중 4,000[kg]의 전선을 사용할 때 이도 및 전선의 실제 길이는 각각 몇 [m]인가? (단, 안전율은 2.0으로 한다.)

[대구도시공사, 한국남동발전]

① 이도 : 5, 길이 : 200.33
② 이도 : 5.5, 길이 : 200.3
③ 이도 : 7.5, 길이 : 222.3
④ 이도 : 10, 길이 : 201.33

핵심

이도 $D=\frac{WS^2}{8T}$, 전선 실장 $L=S+\frac{8D^2}{3S}$

여기서, W : 단위길이당 전선 중량

S : 경간

T : 수평 장력 $=\frac{\text{허용 인장 하중}}{\text{안전율}}$

해설

㉠ 이도 $D=\frac{WS^2}{8T}=\frac{2\times 200^2}{8\times\frac{4,000}{2}}=5[\text{m}]$

㉡ 전선의 실제 길이 $L=S+\frac{8D^2}{3S}=200+\frac{8\times 5^2}{3\times 200}$

$=200.33[\text{m}]$

정답 ①

관련유형

168-1

전선 양측의 지지점의 높이가 동일할 경우 전선의 단위길이당 중량을 W[kg], 수평 장력을 T[kg], 경간을 S[m], 전선의 이도를 D[m]라 할 때 전선의 실제 길이 L[m]를 계산하는 식은?

[한국가스공사]

① $L=S+\frac{8S^2}{3D}$　② $L=S+\frac{8D^2}{3S}$
③ $L=S+\frac{3S^2}{8D}$　④ $L=S+\frac{3D^2}{8S}$

해설

이도 $D=\frac{WS^2}{8T}[\text{m}]$

전선의 실제 길이 $L=S+\frac{8D^2}{3S}[\text{m}]$

정답 ②

선로의 작용 정전 용량

기본유형

169

단상 2선식 배전 선로에 있어서 대지 정전 용량을 C_s, 선간 정전 용량을 C_m이라 할 때, 작용 정전 용량 C_w은? [한국남동발전, 한국전력기술]

① $C_s + C_m$ ② $C_s + 2C_m$
③ $2C_s + C_m$ ④ $C_s + 3C_m$

해설

작용 정전 용량
단상 2선식 $C_1 = C_s + 2C_m$
3상 2선식 $C_3 = C_s + 3C_m$

정답 ②

관련유형

169-1

3상 3선식 선로에 있어서 각 선의 대지 정전 용량이 C_s[F], 선간 정전 용량이 C_m[F]일 때 1선의 작용 정전 용량[F]은? [부산교통공사]

① $2C_s + C_m$ ② $C_s + 2C_m$
③ $3C_s + C_m$ ④ $C_s + 3C_m$

해설

① 3상 3선식의 1선당 작용 정전 용량
$C = C_s + 3C_m = \dfrac{0.02413}{\log_{10}\dfrac{D}{r}}$ [μF/km]

② 등가 선간 거리
$D = \sqrt[3]{D_1 \times D_2 \times D_3}$

정답 ④

관련유형

169-2

송전 선로의 각 상전압이 평형되어 있을 때 3상 1회선 송전선의 작용 정전 용량[μF/km]을 옳게 나타낸 것은? (단, r[m] : 도체의 반지름, D[m] : 도체의 등가 선간 거리이다.) [한국지역난방공사]

① $\dfrac{0.02413}{\log_{10}\dfrac{D}{r}}$ ② $\dfrac{0.2413}{\log_{10}\dfrac{D}{r}}$

③ $\dfrac{0.02413}{\log_{10}\dfrac{D^2}{r}}$ ④ $\dfrac{0.2413}{\log_{10}\dfrac{D^2}{r}}$

해설

1선당 작용 정전 용량 $C = C_s + 3C_m = \dfrac{0.02413}{\log_{10}\dfrac{D}{r}}$ [μF/km]

대지 정전 용량 $C_s = \dfrac{0.02413}{\log_{10}\dfrac{8h^3}{rD^2}}$

정답 ①

관련유형

169-3

송전 선로의 정전 용량은 등가 선간 거리 D가 증가하면 어떻게 되는가? [전기기사]

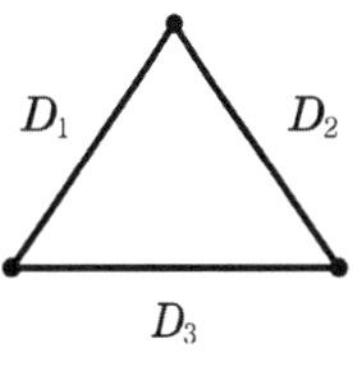

$D = (D_1, D_2, D_3)$

① 증가한다.
② 감소한다.
③ 변하지 않는다.
④ D^2에 반비례하여 감소한다.

해설

정전 용량은 $C = \dfrac{0.02413}{\log_{10}\dfrac{D}{r}}$ [μF/km]이므로 등가 선간 거리 D가 증가하면 감소한다.

정답 ②

등가 선간 거리

기본유형

170

3상 3선식에서 선간 거리가 각각 50[cm], 60[cm], 70[cm]인 경우 기하 평균 선간 거리는 몇 [cm]인가?

[한국중부발전, 한국지역난방공사]

① 50.4　　② 59.4
③ 62.8　　④ 64.8

해설

등가 선간 거리[기하학적 평균 거리]

$D' = \sqrt[n]{D_1 \times D_2 \times D_3 \times \cdots \times D_n}$

㉠ 수평 배열일 때

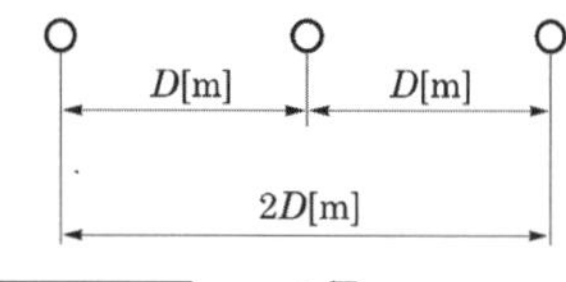

$D' = \sqrt[3]{D \times D \times 2D} = D \cdot \sqrt[3]{2}$

㉡ 정삼각 배열일 때

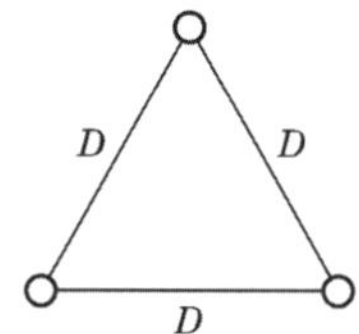

$D' = \sqrt[3]{D \times D \times D} = D$

㉢ 4도체일 때

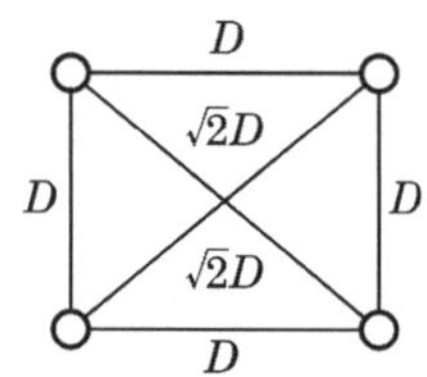

$D' = \sqrt[6]{D \times D \times D \times D \times \sqrt{2}D \times \sqrt{2}D} = D \cdot \sqrt[6]{2}$

삼각 배열로 등가 선간 거리는

$D = \sqrt[3]{D_1 \cdot D_2 \cdot D_3}$

$= \sqrt[3]{50 \times 60 \times 70} = 59.4[\mathrm{cm}]$

정답 ②

관련유형

170-1

그림과 같은 선로의 등가 선간 거리[m]는?

[전기기사, 전기공사기사]

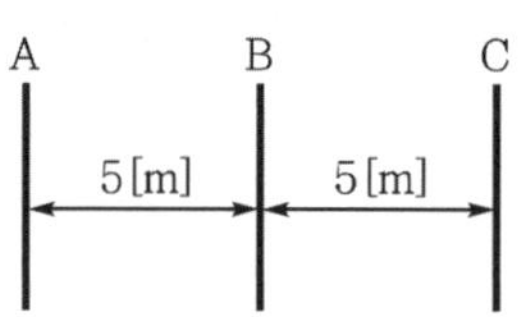

① 5　　② $5\sqrt{2}$
③ $5\sqrt[3]{2}$　　④ $10\sqrt[3]{2}$

해설

등가 선간 거리

$D_0 = \sqrt[3]{D \cdot D \cdot 2D} = \sqrt[3]{5 \times 5 \times 2 \times 5} = 5\sqrt[3]{2}$

정답 ③

송전 선로의 연가

기본유형

171

3상 3선식 송전 선로를 연가하는 목적은?

[대구도시철도공사]

① 전압 강하를 방지하기 위하여
② 송전선을 절약하기 위하여
③ 미관상
④ 선로 정수를 평형시키기 위하여

핵심

전선 상호 간의 배치가 전체 선로 구간에서 비대칭이고, 또한 전선과 대지 사이 간격도 일정하다고 볼 수 없으므로 선로 정수가 불평형 상태가 된다. 불평형된 선로는 통신선에 대한 유도 장해, 소호 리액터의 직렬 공진 등에 의한 피해가 나타나므로 선로 정수를 평형시키지 않으면 안 된다.

해설

연가란 송전단에서 수전단까지 전선로 전체 길이를 3의 배수 등분하여 전선의 위치를 바꾸어 주는 것을 말한다. 그렇게 하면 선로 정수가 평형으로 맞추어진다.

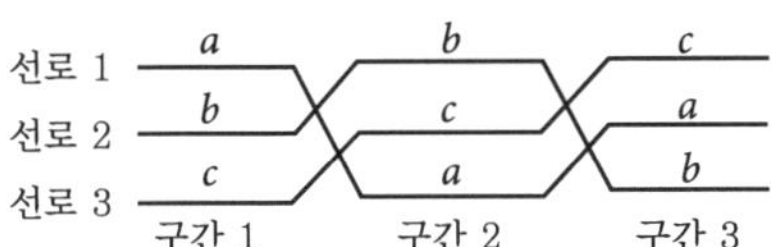

3상 선로에서 각 전선의 지표상 높이가 같고, 전선 간의 거리도 같게 배열되지 않는 각 선의 인덕턴스, 정전 용량 등은 불평형으로 되는데, 실제로 전선을 완전 평형이 되도록 배열하는 것은 불가능에 가깝다. 따라서 그대로는 송전 선단에서 대칭 전압을 가하더라도 수전단에서는 전압이 비대칭으로 된다. 이것을 막기 위해 송전선에서는 전선의 배치를 도중의 개폐소, 연가용 철탑 등에서 교차시켜 선로 정수가 평형이 되도록 하고 있다.
완전 연가가 되면 각 상전선의 인덕턴스 및 정전 용량은 평형이 되어 같아질 뿐 아니라 영상 전류는 0이 되어 근접 통신선에 대한 유도 작용을 경감시킬 수가 있다.

정답 ④

관련유형

171-1

다음 중 선로 정수에 영향을 가장 많이 주는 것은?

[한국가스공사]

① 전선의 배치 ② 송전 전압
③ 송전 전류 ④ 역률

해설

선로 정수는 전선의 종류, 굵기 및 배치에 따라 크기가 정해지고 전압, 전류, 역률의 영향은 받지 않는다.

정답 ①

관련유형

171-2

선로 정수를 평형되게 하고, 근접 통신선에 대한 유도 장해를 줄일 수 있는 방법은?

[전기기사]

① 연가를 시행한다.
② 전선으로 복도체를 사용한다.
③ 전선로의 이도를 충분하게 한다.
④ 소호 리액터 접지를 하여 중성점 전위를 줄여준다.

해설

연가의 목적
㉠ 선로 정수 평형
㉡ 근접 통신선에 대한 유도 장해 감소
㉢ 소호 리액터 접지 계통에서 중성점의 잔류 전압으로 인한 직렬 공진의 방지

정답 ①

송전 선로의 코로나 임계 전압

기본유형

172

다음 중 송전 선로의 코로나 임계 전압이 높아지는 경우가 아닌 것은? [대구도시철도공사, 한국남부발전]

① 상대 공기 밀도가 작은 경우
② 전선의 반경과 선간 거리가 큰 경우
③ 날씨가 맑은 경우
④ 낡은 전선을 새 전선으로 교체한 경우

핵심

임계 전압

$E_o = 24.3 m_o m_1 \delta d \log_{10} \frac{D}{r}$ [kV/cm]

해설

임계 전압은 도체 표면 계수(m_o), 날씨 계수(m_1), 도체 굵기(d), 선간 거리(D), 상대 공기 밀도(δ) 등이 크면 임계 전압이 높아진다.

m_o : 전선 표면에 정해지는 계수 → 매끈한 전선(1.0), 거친 전선(0.8)
m_1 : 날씨에 관한 계수 → 맑은 날(1.0), 우천 시(0.8)
δ : 상대 공기 밀도
d : 도체 굵기
D : 선간 거리
r : 전선의 반지름

정답 ①

관련유형

172-1

단도체 방식과 비교하여 복도체 방식의 송전 선로를 설명한 것으로 틀린 것은? [한국남동발전, 한국중부발전]

① 선로의 송전 용량이 증가된다.
② 계통의 안정도를 증진시킨다.
③ 전선의 인덕턴스가 감소하고, 정전 용량이 증가된다.
④ 전선 표면의 전위 경도가 저감되어 코로나 임계 전압을 낮출 수 있다.

해설

복도체 및 다도체의 특징

㉠ 복도체는 같은 도체 단면적의 단도체보다 인덕턴스와 리액턴스가 감소하고 정전 용량이 증가하여 송전 용량을 크게 할 수 있다.
㉡ 전선 표면의 전위 경도를 저감시켜 코로나 임계 전압을 높게 하므로 코로나 발생을 방지한다.
㉢ 전력 계통의 안정도를 증대시키고, 초고압 송전 선로에 채용한다.
㉣ 강풍, 빙설 등에 의한 전선의 진동 또는 동요가 발생할 수 있다.
㉤ 단락 사고 시 소도체가 충돌할 수 있다.
㉥ 단도체보다 정전 용량이 커져 경부하 시 페란티 현상이 발생할 우려가 있다.

정답 ④

Chapter 2
송전 특성 및 조상 설비

반사파와 투과파

기본유형

173

파동 임피던스 $Z_1 = 400[\Omega]$인 선로 종단에 파동 임피던스 $Z_2 = 1,200[\Omega]$의 변압기가 접속되어 있다. 지금 선로에서 파고 $e_1 = 800$[kV]인 전압이 입사했다면, 접속점에서 전압의 반사파의 파고값[kV]은?

[한국중부발전, 한국남동발전]

① 400 ② 800
③ 1,200 ④ 1,600

핵심

- 반사파 전압

$$e_2 = \beta e_1 = \frac{Z_2 - Z_1}{Z_2 + Z_1} \cdot e_1$$

- 투과파 전압

$$e_3 = \gamma \cdot e_1 = \frac{2Z_2}{Z_2 + Z_1} \cdot e_1$$

해설

$$e_2 = \frac{1,200 - 400}{1,200 + 400} \times 800 = 400[\text{kV}]$$

정답 ①

관련유형

173-1

파동 임피던스 $Z_1 = 400[\Omega]$인 가공 선로에 파동 임피던스 50[Ω]인 케이블을 접속하였다. 이때 가공 선로에 $e_1 = 80$[kV]인 전압파가 들어왔다면 접속점에서의 전압의 투과파는 약 몇 [kV]가 되겠는가?

[부산교통공사, 한국석유공사]

① 17.8 ② 35.6
③ 71.1 ④ 142.2

해설

투과파 전압 $e_t = \frac{2Z_2}{Z_2 + Z_1} \times e_i = \frac{2 \times 50}{50 + 400} \times 80 = 17.8[\text{kV}]$

정답 ①

분포 정수 회로의 특성 임피던스

기본유형

174

분포 정수 회로에서 선로 정수가 R, L, C, G이고 무왜형 조건이 $LG=RC$과 같은 관계가 성립될 때 선로의 특성 임피던스 $Z_0[\Omega]$는? (단, 선로의 단위길이당 저항을 R, 인덕턴스를 L, 정전 용량을 C, 누설 컨덕턴스를 G라 한다.) [한국지역난방공사]

① $Z_0=\sqrt{CL}$ ② $Z_0=\dfrac{1}{\sqrt{CL}}$

③ $Z_0=\sqrt{RG}$ ④ $Z_0=\sqrt{\dfrac{L}{C}}$

해설

분포 정수 회로

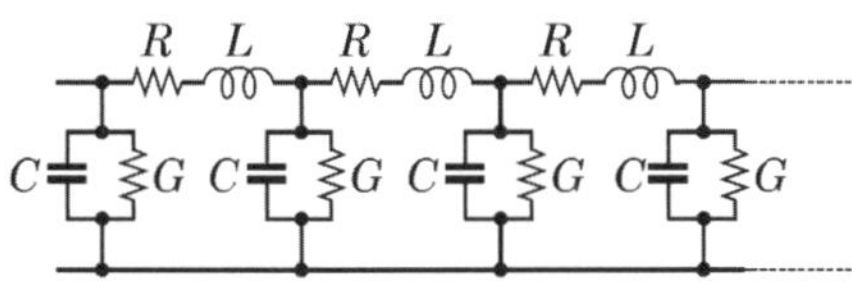

미소 저항 R과 인덕턴스 L이 직렬로 선간에 미소한 정전 용량 C와 누설 컨덕턴스 G가 형성되고 이들이 반복하여 분포되어 있는 회로를 분포 정수 회로라 한다. 단위길이에 대한 선로의 직렬 임피던스 $Z=R+j\omega L[\Omega/\text{m}]$, 병렬 어드미턴스 $Y=G+j\omega C[\mho/\text{m}]$이다.

무왜형 선로(파형의 일그러짐이 없는 선로)의 조건 $LG=RC$

$$Z_0=\sqrt{\frac{Z}{Y}}=\sqrt{\frac{R+j\omega L}{G+j\omega C}}[\Omega]$$

$$=\sqrt{\frac{R+j\omega L}{\frac{RC}{L}+j\omega C}}=\sqrt{\frac{L}{C}\left(\frac{R+j\omega L}{R+j\omega L}\right)}=\sqrt{\frac{L}{C}}$$

정답 ④

관련유형

174-1

송전 선로가 무손실 선로일 때 $L=96[\text{mH}]$이고, $C=0.6[\mu\text{F}]$이면 특성 임피던스[Ω]는? [서울시설공단]

① 100 ② 200

③ 400 ④ 500

해설

무손실 선로 $R=0$, $G=0$

$$\therefore Z_0=\sqrt{\frac{Z}{Y}}=\sqrt{\frac{R+j\omega L}{G+j\omega C}}=\sqrt{\frac{L}{C}}=\sqrt{\frac{96\times10^{-3}}{0.6\times10^{-6}}}=400[\Omega]$$

정답 ③

관련유형

174-2

단위길이의 임피던스를 Z, 어드미턴스를 Y라 할 때 선로의 특성 임피던스는? [경기도시공사]

① $\sqrt{\dfrac{Y}{Z}}$ ② $\sqrt{\dfrac{Z}{Y}}$

③ $\sqrt{ZY}$ ④ Y

해설

특성 임피던스

$$Z_0=\sqrt{\frac{Z}{Y}}=\sqrt{\frac{R+j\omega L}{g+j\omega C}}\fallingdotseq\sqrt{\frac{L}{C}}[\Omega]$$

정답 ②

관련유형

174-3

송전 선로의 수전단을 단락한 경우 송전단에서 본 임피던스는 300[Ω]이고, 수전단을 개방한 경우에는 1,200[Ω]일 때 이 선로의 특성 임피던스는 몇 [Ω]인가? [한국석유공사]

① 600 ② 50

③ 1,000 ④ 1,200

해설

특성 임피던스

$$Z_0=\sqrt{\frac{Z}{Y}}=\sqrt{\frac{Z_{SS}}{Y_{S0}}}=\sqrt{300\times1,200}=600[\Omega]$$

정답 ①

무손실 선로의 전파 정수 및 전파 속도

기본유형

175

1[km]당의 인덕턴스 30[mH], 정전 용량 0.007[μF]의 선로가 있을 때 무손실 선로라고 가정한 경우의 위상 속도[km/s]는? [경기도시공사]

① 약 6.9×10^3　② 약 6.9×10^4
③ 약 6.9×10^2　④ 약 6.9×10^5

해설

위상 속도

$v=\frac{1}{\sqrt{LC}}$[m/s]

$=\frac{1}{\sqrt{30\times10^{-3}\times0.007\times10^{-6}}}$

$=6.9\times10^4$[km/s]

정답 ②

관련유형

175-1

무손실 선로의 정상 상태에 대한 설명으로 틀린 것은?

[부산시설공단]

① 전파 정수 γ는 $j\omega\sqrt{LC}$이다.

② 특성 임피던스 $Z_0=\sqrt{\frac{C}{L}}$ 이다.

③ 진행파의 전파 속도 $v=\frac{1}{\sqrt{LC}}$이다.

④ 감쇠 정수 $\alpha=0$, 위상 정수 $\beta=\omega\sqrt{LC}$이다.

해설

㉠ 전파 정수
$\gamma=\sqrt{ZY}=\sqrt{RG}+j\omega\sqrt{LC}=\alpha+j\beta$
(α : 감쇠 정수, β : 위상 정수)
무손실 선로의 경우 $R=G=0$이므로 $\gamma=j\beta=j\omega\sqrt{LC}$이 된다.
여기서, 감쇠 정수 $\alpha=0$, 위상 정수 $\beta=\omega\sqrt{LC}$

㉡ 특성 임피던스 $Z_0=\sqrt{\frac{Z}{Y}}=\sqrt{\frac{R+j\omega L}{G+j\omega C}}$에서 무손실의 경우
$Z_0=\sqrt{\frac{L}{C}}$가 된다.

㉢ 위상 속도(전파 속도)
무손실 선로에서 감쇠 정수 $\alpha=0$이므로 감쇠는 없고 전파 속도 v는 주파수에 관계없이 일정한 값으로 된다.
$v=\frac{1}{\sqrt{\varepsilon\mu}}=\frac{1}{\sqrt{LC}}=\frac{\omega}{\beta}$[m/s]

정답 ②

송전 전력

기본유형

176

송전 전압이 161[kV], 수전단 전압이 154[kV], 상차각이 60°, 리액턴스가 45[Ω]일 때 선로 손실을 무시하면 전송 전력[MW]은 얼마인가?

[부산교통공사, 한국중부발전, 한국동서발전]

① 397 ② 477
③ 563 ④ 621

해설

전송(송전) 전력 $P = \frac{V_S V_R}{X}\sin\delta[\text{MW}]$

$P = \frac{161 \times 154}{45}\sin 60° = 477.16[\text{MW}]$

정답 ②

관련유형

176-1

송전단 전압을 V_s, 수전단 전압을 V_r, 선로의 리액턴스를 X라 할 때 정상시의 최대 송전 전력의 개략적인 값은?

[한국서부발전]

① $\frac{V_s - V_r}{X}$ ② $\frac{V_s^2 - V_r^2}{X}$
③ $\frac{V_s(V_s - V_r)}{X}$ ④ $\frac{V_s \cdot V_r}{X}$

해설

송전 전력 $P = \frac{V_s V_r}{X}\sin\delta[\text{MW}]$에서 최대 송전 전력은 부하각 $\delta = 90°$에서 발생하므로 최대 송전 전력 $P = \frac{V_s V_r}{X}$로 된다.

정답 ④

송전 선로의 4단자 정수

기본유형

177

송전 선로의 일반 회로 정수가 $A=0.7$, $C=j1.95\times10^{-3}$, $D=0.9$라 하면 B의 값은 얼마인가?

[한전KPS, 한국남동발전, 한국중부발전]

① $j90$ ② $-j90$
③ $j190$ ④ $-j190$

해설

$AD-BC=1$에서 4단자 정수 B는 다음과 같다.

$$B=\frac{AD-1}{C}=\frac{0.7\times0.9-1}{j1.95\times10^{-3}}=j190$$

정답 ③

관련유형

177-1

송전선의 4단자 정수가 $A=D=0.92$, $B=j80[\Omega]$일 때 C의 값은 몇[℧]인가?

[한국가스공사]

① $j1.92\times10^{-4}$ ② $j2.47\times10^{-4}$
③ $j1.92\times10^{-3}$ ④ $j2.47\times10^{-3}$

해설

$AD-BC=1$에서

$$C=\frac{AD-1}{B}$$

$$=\frac{0.92^2-1}{j80}=j1.92\times10^{-3}$$

정답 ③

T형 회로의 4단자 정수

기본유형

178

중거리 송전 선로의 T형 회로에서 송전단 전류 I_s는? (단, Z, Y는 선로의 직렬 임피던스와 병렬 어드미턴스이고, E_r은 수전단 전압, I_r은 수전단 전류이다.)

[부산교통공사, 한국가스공사]

① $I_r\left(1+\frac{ZY}{2}\right)+E_rY$

② $E_r\left(1+\frac{ZY}{2}\right)+ZI_r\left(1+\frac{ZY}{4}\right)$

③ $E_r\left(1+\frac{ZY}{2}\right)+ZI_r$

④ $I_r\left(\frac{1+ZY}{2}\right)+E_rY\left(1+\frac{ZY}{4}\right)$

해설

T형 회로는 다음 그림과 같으므로

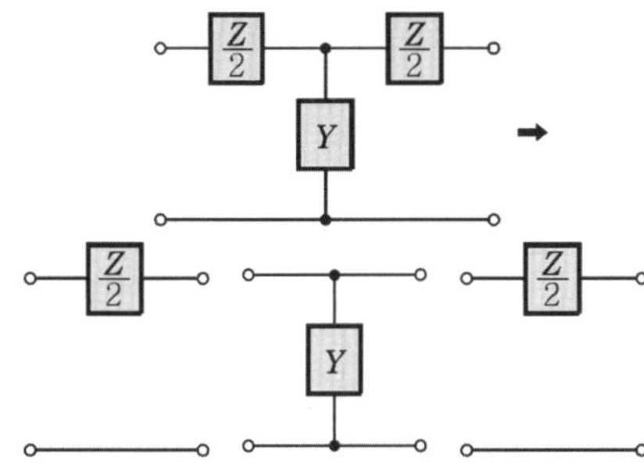

㉠ 4단자 방정식

$E_s = AE_r + BI_r$

$I_s = CV_r + DI_r$

㉡ 4단자 정수

$$\begin{bmatrix} A & B \\ C & D \end{bmatrix} = \begin{bmatrix} 1 & \frac{Z}{2} \\ 0 & 1 \end{bmatrix}\begin{bmatrix} 1 & 0 \\ Y & 1 \end{bmatrix}\begin{bmatrix} 1 & \frac{Z}{2} \\ 0 & 1 \end{bmatrix} = \begin{bmatrix} \frac{1+ZY}{2} & Z\left(1+\frac{ZY}{4}\right) \\ Y & 1+\frac{ZY}{2} \end{bmatrix}$$

∴ 송전단 전압

$E_s = \left(1+\frac{ZY}{2}\right)E_r + Z\left(1+\frac{ZY}{4}\right)I_r$

송전단 전류

$I_s = YE_r + \left(1+\frac{ZY}{2}\right)I_r$

정답 ①

관련유형

178-1

그림과 같은 T형 회로에서 4단자 정수 중 D값은?

[한국전력기술]

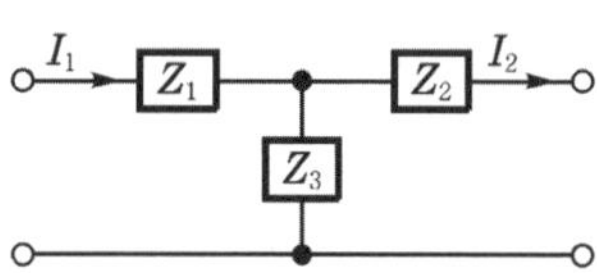

① $1+\frac{Z_1}{Z_3}$

② $\frac{Z_1Z_2}{Z_3}+Z_2+Z_1$

③ $\frac{1}{Z_3}$

④ $1+\frac{Z_2}{Z_3}$

해설

$$\begin{bmatrix} A & B \\ C & D \end{bmatrix} = \begin{bmatrix} 1 & Z_1 \\ 0 & 1 \end{bmatrix}\begin{bmatrix} 1 & 0 \\ \frac{1}{Z_3} & 1 \end{bmatrix}\begin{bmatrix} 1 & Z_2 \\ 0 & 1 \end{bmatrix}$$

$$= \begin{bmatrix} 1+\frac{Z_1}{Z_3} & Z_1 \\ \frac{1}{Z_3} & 1 \end{bmatrix}\begin{bmatrix} 1 & Z_2 \\ 0 & 1 \end{bmatrix}$$

$$= \begin{bmatrix} 1+\frac{Z_1}{Z_3} & Z_2\left(1+\frac{Z_1}{Z_3}\right)+Z_1 \\ \frac{1}{Z_3} & \frac{Z_2}{Z_3}+1 \end{bmatrix}$$

정답 ④

National Competency Standards

Chapter 3

고장 계산 및 안정도

1선 지락 고장

기본유형 179

1선 접지 고장을 대칭 좌표법으로 해석할 경우 필요한 것은? [한국지역난방공사]

① 정상 임피던스도 및 역상 임피던스도
② 정상 임피던스도
③ 정상 임피던스도 및 역상 임피던스도
④ 정상 임피던스도, 역상 임피던스도 및 영상 임피던스도

핵심

각 사고 대칭 좌표 해석

사고 종류	정상분	역상분	영상분	
1선 지락	○	○	○	$I_o = I_1 = I_2 \neq 0$
선간 단락	○	○	×	$I_1 = -I_2 \neq 0$, $I_o = 0$
3상 단락	○	×	×	$I_1 \neq 0$, $I_2 = I_o = 0$

해설

1선 접지 시 전류 $I_a = \dfrac{3E_a}{Z_o + Z_1 + Z_2 + 3Z_g}$는 영상, 정상, 역상 임피던스가 주어져야 계산할 수 있다.

정답 ④

관련유형 179-1

송 · 배전 선로의 고장 전류 계산에서 정상 임피던스와 역상 임피던스만 필요한 경우는? [한국서부발전, 한국전력기술]

① 3상 단락 계산 ② 선간 단락 계산
③ 1선 지락 계산 ④ 3선 단선 계산

해설

각 사고별 대칭 좌표법으로 해석하는 경우 영상분은 1선 지락에만 필요하다.

정답 ②

단락 용량

기본유형

180

30,000[kVA], 임피던스가 15[%]인 3상 변압기가 있다. 이 변압기의 2차 측에서 3상 단락하였을 때의 단락 용량은 몇 [kVA] 이상이어야 하는가?

[한국전력기술, 한국지역난방공사]

① 100,000　② 200,000
③ 300,000　④ 450,000

해설

단락 용량

$$P_s = \frac{100}{\%Z}P_n$$
$$= \frac{100}{15} \times 30,000$$
$$= 200,000[\text{kVA}]$$

정답 ②

관련유형

180-1

154[kV] 송전 계통에서 3상 단락 고장이 발생하였을 경우 고장점에서 본 등가 정상 임피던스가 100[MVA] 기준으로 25[%]라고 하면 단락 용량은 몇 [MVA]인가?

[한국석유공사]

① 250　② 300
③ 400　④ 500

해설

단락 용량

$$P_s = \frac{100}{\%Z}P_n = \frac{100}{25} \times 100 = 400[\text{MVA}]$$

정답 ③

관련유형

180-2

단락점까지의 전선 한 줄의 임피던스 $Z = 6 + j8[\Omega]$(전원 포함), 단락 전의 단락점 전압 $V = 3,300$[V]일 때 단상 전선로의 단락 용량은 약 몇 [kVA]인가? (단, 부하 전류는 무시한다.)

[부산교통공사]

① 450　② 500
③ 545　④ 600

핵심

전선 한 줄의 임피던스가 $Z = 6 + j8[\Omega]$이므로 전체 임피던스는 2배가 된다.

해설

단락 용량

$$P_s = VI_s = \frac{V \cdot V}{Z} = \frac{3,300^2}{\sqrt{6^2+8^2} \times 2} = 544,500[\text{VA}] = 545[\text{kVA}]$$

정답 ③

송전 계통의 안정도 증진

기본유형

181

송전 계통의 안정도 증진 방법으로 틀린 것은?

[한국가스공사]

① 직렬 리액턴스를 작게 한다.
② 중간 조상 방식을 채용한다.
③ 계통을 연계한다.
④ 원동기의 조속기 작동을 느리게 한다.

해설
안정도를 증진시키기 위해서는 원동기의 조속기 작동을 신속하게 하고, 속응 여자 방식을 채용하여야 한다.

정답 ④

관련유형

181-1

전력 계통의 안정도 향상 대책으로 옳은 것은?

[대구도시공사, 한국동서발전]

① 송전 계통의 전달 리액턴스를 증가시킨다.
② 재폐로 방식을 채택한다.
③ 전원 측 원동기용 조속기의 부동 시간을 크게 한다.
④ 고장을 줄이기 위하여 각 계통을 분리시킨다.

해설
전력 계통(송전 계통)의 안정도 향상 대책
㉠ 계통을 연계하여 전원 용량을 증대한다.
㉡ 고속도 재폐로 방식을 채택한다.
㉢ 직렬(전달) 리액턴스를 줄인다.
㉣ 전압 변동을 적게 한다.
㉤ 중간 조상 방식을 채용한다.
㉥ 고장 전류를 줄이고 고장 구간을 조속히 차단한다.

정답 ②

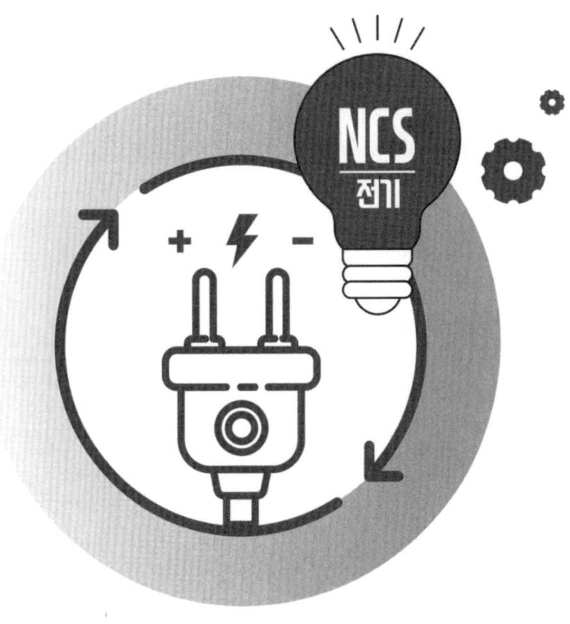

Chapter 4

중성점 접지와 이상 전압

비접지 방식

기본유형

182

비접지 방식을 직접 접지 방식과 비교한 것 중 옳지 않은 것은? [한국동서발전, 경기도시공사, 한국가스공사, 한국서부발전]

① 전자 유도 장해가 경감된다.
② 지락 전류가 작다.
③ 보호 계전기의 동작이 확실하다.
④ △결선을 하여 영상 전류를 흘릴 수 있다.

핵심

- **비접지 방식**
  ㉠ 저전압 단거리에 적합하므로 송전 전압 20~30[kV]에 사용한다.
  ㉡ 1선 지락 시 건전상의 전압이 크다.
  ㉢ 보호 계전기의 동작이 곤란하고 전자 유도 장해는 작다.
- **직접 접지 방식**
  ㉠ 접지 저항이 작아 사고 발생 시 지락 전류가 크다.
  ㉡ 건전상 전위는 평상시와 거의 같고 단절연이 가능하다.
  ㉢ 보호 계전기 동작은 신속하다.
  ㉣ 통신선에 대한 유도 장해가 크고 과도 안정도가 나쁘다.

해설

비접지 방식은 직접 접지 방식에 비해 보호 계전기 동작이 확실하지 않다.

정답 ③

관련유형

182-1

비접지 방식에 대한 설명 중 옳은 것은? [전기기사]

① 보호 계전기의 동작이 가장 확실하다.
② 고전압 송전 방식으로 주로 채택되고 있다.
③ 장거리 송전에 적합하다.
④ V−V 결선이 가능하다.

해설

비접지 방식

저전압(3.3, 6.6, 22[kV]) 단거리(20~30[km]) 계통

장점	• 선로에 제3고조파가 발생하지 않는다. • 변압기 1대 고장 시 V결선에 의한 급전이 가능하다.
단점	• 충전 전류에 의한 건전상 전압이 $\sqrt{3}$배 상승한다. • 기기 절연 수준을 크게 해야 한다.

정답 ④

피뢰기 정격 전압

기본유형

183

피뢰기의 정격 전압이란? [한국중부발전, 한국남동발전]

① 상용 주파수의 방전 개시 전압
② 속류를 차단할 수 있는 최고의 교류 전압
③ 방전을 개시할 때 단자 전압의 순시값
④ 충격 방전 전류를 통하고 있을 때의 단자 전압

해설
피뢰기의 정격 전압은 속류를 끊을 수 있는 최고의 교류 실횻값 전압이며 송전선 전압이 같더라도 중성점 접지 방식 여하에 따라서 다음과 같다.
㉠ 직접 접지 계통 : 선로 공칭 전압의 0.8 ~ 1.0배
㉡ 기타 접지 계통 : 선로 공칭 전압의 1.4 ~ 1.6배

정답 ②

관련유형

183-1

유효 접지 계통에서 피뢰기의 정격 전압을 결정하는 데 가장 중요한 요소는? [전기기사, 전기공사기사]

① 선로 애자련의 충격 섬락 전압
② 내부 이상 전압 중 과도 이상 전압의 크기
③ 유도뢰의 전압의 크기
④ 1선 지락 고장 시 건전상의 대지 전위

해설
일반적으로 피뢰기의 정격 전압은 선로의 대지 전압에 접지 계수와 여유 계수를 곱한 값으로 결정하므로 1선 지락 고장 시 건전상의 대지 전위가 중요한 요소이다.

정답 ④

송전 선로의 가공 지선

기본유형

184

송전 선로에서 가공 지선을 설치하는 목적이 아닌 것은? [한국지역난방공사, 한국석유공사, 한국중부발전]

① 뇌(雷)의 직격을 받을 경우 송전선 보호
② 유도에 의한 송전선의 고전위 방지
③ 통신선에 대한 차폐 효과 증진
④ 철탑의 접지 저항 경감

해설
철탑의 접지 저항을 경감시키는 것은 매설 지선으로 한다.

정답 ④

관련유형

184-1

송전선에의 뇌격에 대한 차폐 등으로 가선하는 가공 지선에 대한 설명 중 옳은 것은? [한국지역난방공사]

① 차폐각은 보통 15°~ 30° 정도로 하고 있다.
② 차폐각이 클수록 벼락에 대한 차폐 효과가 크다.
③ 가공 지선을 2선으로 하면 차폐각이 작아진다.
④ 가공 지선으로는 연동선을 주로 사용한다.

해설
가공 지선의 차폐각은 단독일 경우 35°~ 40° 정도이고 2선은 10° 이하이므로, 가공 지선을 2선으로 하면 차폐각이 작아져 차폐 효과가 크다.

정답 ③

송전 선로의 매설 지선

기본유형

185

송전 선로에 매설 지선을 설치하는 목적으로 알맞은 것은? [한국가스공사]

① 직격뇌로부터 송전선을 차폐 보호하기 위하여
② 철탑 기초의 강도를 보강하기 위하여
③ 현수 애자 1연의 전압 분담을 균일화하기 위하여
④ 철탑으로부터 송전 선로로의 역섬락을 방지하기 위하여

해설

- **매설지선**
  ㉠ 철탑의 탑각 저항을 감소시켜 역섬락으로 인한 피해를 방지하는 지선이다.
  ㉡ 지면 약 30[cm] 밑에 30~50[m]의 길이의 아연 도금의 철연선을 방사상 모양으로 설치한다.

- **역섬락**
  낙뇌 전류가 철탑으로부터 대지로 흐를 때 철탑 전위의 파고값이 전선을 절연하고 있는 애자련의 절연 파괴 전압 이상으로 철탑에서부터 전선으로 불꽃이 거꾸로 일어나게 되는데, 이것을 역섬락이라 한다. 역섬락을 방지하기 위해서는 철탑의 탑각 접지 저항을 줄일 수 있는 매설 지선을 설치한다.

정답 ④

관련유형

185-1

탑각과 접지와의 관련이다. 접지봉으로서 희망하는 접지 저항값까지 줄일 수 없을 때 사용하는 것은? [전기기사]

① 가공 지선　② 매설 지선
③ 크로스 본드선　④ 차폐선

해설

철탑의 탑각 접지 저항을 줄이는 데는 매설 지선을 사용한다.

정답 ②

National Competency Standards

Chapter 5

송전 선로 보호 방식

차단기

기본유형

186

소호 원리에 따른 차단기의 종류 중에서 소호실에서 아크에 의한 절연유 분해 가스의 흡부력을 이용하여 차단하는 것은? [한국전력거래소, 한국동서발전]

① 유입 차단기 ② 기중 차단기
③ 자기 차단기 ④ 가스 차단기

해설

소호 매질에 의한 차단기 종류

㉠ 유입 차단기 : 절연유
㉡ 공기 차단기 : 수십 기압의 압축 공기
㉢ 가스 차단기 : SF_6(육불화황) 가스
㉣ 자기 차단기 : 전자력에 의한 자계
㉤ 진공 차단기 : 10^{-4} 정도의 고진공

정답 ①

관련유형

186-1

6[kV]급의 소내 전력 공급용 차단기로 현재 가장 많이 채택하는 것은? [경기도시공사]

① OCB ② GCB
③ VCB ④ ABB

해설

㉠ 유입 차단기(OCB)는 절연유를 사용하며 넓은 전압 범위를 적용한다.
㉡ 진공 차단기(VCB)는 고진공 상태에서 차단하는 방식으로 10[kV] 이하에 적합하다.
소형 경량이며 조작이 간편하다. 소호실 보수가 거의 필요하지 않다. 차단 시간이 짧고 차단 성능이 회로의 주파수의 영향을 받지 않는다. 차단 능력이 우수하고 빈도 높은 동작에 최적이다.
㉢ 공기 차단기(ABB)는 수십 기압의 압축 공기를 불어 소호하는 방식으로 30~70[kV] 정도에 사용한다.
㉣ 자기 차단기(MBB)는 소전류에서는 아크에 의한 자계가 약하여 소호 능력이 저하할 수 있으므로 3.3~6.6[kV] 정도의 비교적 낮은 전압에서 사용한다.
㉤ 가스 차단기(GCB)는 SF_6(육불화황) 가스를 소호 매체로 이용하는 방식으로 초고압 계통에서 사용한다.

정답 ③

관련유형

186-2

공기 차단기(ABB)의 공기 압력은 일반적으로 몇 [kg/cm^2] 정도가 되는가? [한국전력기술]

① 5~10 ② 15~30
③ 30~45 ④ 45~55

해설

공기 차단기(ABB ; Air Blast circuit Breaker)

수십 기압의 압축 공기(10~30[kg/cm^2])를 불어 소호하는 방식으로 30~70[kV] 정도에 사용한다. 소음은 크지만 유지 보수가 용이하며 화재의 위험이 없고, 차단 능력이 뛰어나므로 용량이 크고 개폐 빈도가 심한 장소에 많이 쓰인다.

정답 ②

관련유형

186-3

전력 계통에서 사용되고 있는 GCB(Gas Circuit Breaker)용 가스는? [한국가스공사]

① N_2가스 ② SF_6가스
③ 아르곤가스 ④ 네온가스

해설

가스 차단기(GCB)

아크 소호 특성과 절연 특성이 뛰어난 SF_6가스로 절연 유지 및 아크 소호를 시키는 원리를 이용하는 차단기로 고전압, 대용량으로 사용되고 있다.

정답 ②

계전기

기본유형

187

고장 즉시 동작하는 특성을 갖는 계전기는?

[한국중부발전]

① 순한시 계전기
② 정한시 계전기
③ 반한시 계전기
④ 반한시성 정한시 계전기

해설

동작 시한에 의한 분류

㉠ 순한시 계전기(instantaneous time-limit relay): 정정치 이상의 전류는 크기에 관계없이 바로 동작하는 고속도 계전기이다.
㉡ 정한시 계전기(definite time-limit relay) : 정정치 한도를 넘으면, 넘는 양의 크기에 상관없이 일정 시한으로 동작하는 계전기이다.
㉢ 반한시 계전기(inverse time-limit relay) : 동작 전류와 동작 시한이 반비례하는 계전기이다.

정답 ①

관련유형

187-1

보호계전기의 반한시 · 정한시 특성은?

[전기기사]

① 동작 전류가 커질수록 동작 시간이 짧게 되는 특성
② 최소 동작 전류 이상의 전류가 흐르면 즉시 동작하는 특성
③ 동작 전류의 크기에 관계없이 일정한 시간에 동작하는 특성
④ 동작 전류가 적은 동안에는 동작 전류가 커질수록 동작 시간이 짧아지고 어떤 전류 이상이 되면 동작 전류의 크기에 관계없이 일정한 시간에서 동작하는 특성

해설

계전기의 한시 특성에 의한 분류

㉠ 순한시 계전기 : 최소 동작 전류 이상의 전류가 흐르면 즉시 동작하는 것
㉡ 반한시 계전기 : 동작 전류가 커질수록 동작 시간이 짧게 되는 특성을 가진 것
㉢ 정한시 계전기 : 동작 전류의 크기에 관계없이 일정한 시간에서 동작하는 것
㉣ 반한시성 정한시 계전기 : 동작 전류가 적은 동안에는 반한시 특성으로 되고 그 이상에서는 정한시 특성이 되는 것

정답 ④

National Competency Standards

Chapter 6
배전 특성 및 설비 운용

부등률

기본유형

188

배전 계통에서 부등률이란?

[한국중부발전, 한국가스공사, 한국남동발전, 한국동서발전]

① $\dfrac{\text{최대 수용 전력}}{\text{부하 설비 용량}}$

② $\dfrac{\text{부하의 평균 전력의 합}}{\text{부하 설비의 최대 전력}}$

③ $\dfrac{\text{최대 부하 시의 설비 용량}}{\text{정격 용량}}$

④ $\dfrac{\text{각 수용가의 최대 수용 전력의 합}}{\text{합성 최대 수용 전력}}$

해설

부등률은 최대 전력 발생 시각 또는 발생 시기의 분산을 나타내는 지표이다.

$$\text{부등률} = \frac{\text{개개의 수용가 최대 수용 전력의 합}}{\text{합성 최대 수용 전력}}$$

정답 ④

관련유형

188-1

다음 중 그 값이 1이상인 것은? [전기기사]

① 부등률　② 부하율

③ 수용률　④ 전압 강하율

해설

수용가 상호 간, 배전 변압기 상호 간, 급전선 상호 간 또는 변전소 상호 간에서 각개의 최대 부하는 같은 시각에 일어나는 것이 아니고, 그 발생 시각에 약간씩 시각차가 있기 마련이다. 따라서 각개의 최대 수용의 합계는 그 군의 종합 최대 수요(=합성 최대 전력)보다도 큰 것이 보통이다.

$$\text{부등률} = \frac{\text{각 부하의 최대 수요 전력의 합[kW]}}{\text{각 부하를 종합하였을 때의 최대 수요(합성 최대 전력)[kW]}}$$

이므로 그 값이 1 이상이 된다.

정답 ①

수용률

기본유형 189

전력 설비의 수용률을 나타낸 것으로 옳은 것은?

[한국전력기술, 한국동서발전]

① $\text{수용률} = \dfrac{\text{평균 전력[kW]}}{\text{부하 설비 용량[kW]}} \times 100[\%]$

② $\text{수용률} = \dfrac{\text{부하 설비 용량[kW]}}{\text{평균 전력[kW]}} \times 100[\%]$

③ $\text{수용률} = \dfrac{\text{최대 수용 전력[kW]}}{\text{부하 설비 용량[kW]}} \times 100[\%]$

④ $\text{수용률} = \dfrac{\text{부하 설비 용량[kW]}}{\text{최대 수용 전력[kW]}} \times 100[\%]$

해설

$$\text{수용률} = \frac{\text{최대 수용 전력[kW]}}{\text{부하 설비 용량[kW]}} \times 100[\%]$$

$$\text{부등률} = \frac{\text{각 부하의 최대 수용 전력의 합[kW]}}{\text{각 부하를 종합하였을 때의 최대 수용 전력[kW]}}$$

$$\text{부하율} = \frac{\text{평균 수용 전력[kW]}}{\text{최대 설비 용량[kW]}} \times 100[\%]$$

정답 ③

관련유형 189-1

어느 수용가의 부하 설비는 전등 설비가 500[W], 전열 설비가 600[W], 전동기 설비가 400[W], 기타 설비가 100[W]이다. 이 수용가의 최대 수용 전력이 1,200[W]이면 수용률은 몇 [%]인가?

[한국가스공사]

① 55　② 65

③ 75　④ 85

해설

$$\begin{aligned}\text{수용률} &= \frac{\text{최대 수용 전력}}{\text{설비 용량}} \times 100[\%]\\ &= \frac{1,200}{500+600+400+100} \times 100\\ &= \frac{1,200}{1,600} \times 100\\ &= 75[\%]\end{aligned}$$

정답 ③

변압기 용량

기본유형

190

총 설비 부하가 120[kW], 수용률이 65[%], 부하 역률이 80[%]인 수용가에 공급하기 위한 변압기의 최소 용량은 약 몇 [kVA]인가? [한국동서발전]

① 40　② 60
③ 80　④ 100

해설

$$변압기\ 용량 = \frac{수용률 \times 수용\ 설비\ 용량[kw]}{역률 \times 효율}[kVA]$$

변압기의 최소 용량

$$P_T = \frac{120 \times 0.65}{0.8} = 97.5 ≒ 100[kVA]$$

 ④

관련유형

190-1

각 수용가의 수용 설비 용량이 50[kW], 100[kW], 80[kW], 60[kW], 150[kW]이며, 각각의 수용률이 0.6, 0.6, 0.5, 0.5, 0.4일 때, 부하의 부등률이 1.3이라면 변압기의 용량은 약 몇 [kVA]가 필요한가? (단, 평균 부하 역률은 80[%]라고 한다.)

[한국지역난방공사, 한국서부발전]

① 142　② 165
③ 183　④ 212

해설

변압기 용량

$$P_T = \frac{최대\ 수용\ 전력의\ 합}{부등률 \times 부하\ 역률}[kVA]$$

$$= \frac{50 \times 0.6 + 100 \times 0.6 + 80 \times 0.5 + 60 \times 0.5 + 150 \times 0.4}{1.3 \times 0.8}$$

$$= 211.5 = 212[kVA]$$

정답 ④

Chapter 7
발전

수력 발전소 출력

기본유형

191

출력 2,000[kW]의 수력 발전소를 설치하는 경우 유효 낙차를 15[m]라고 하면 사용 수량은 몇 $[m^3/s]$가 되는가? (단, 수차 효율 86[%], 발전기 효율 96[%]이다.)

[한국동서발전, 한국가스공사, 한국중부발전]

① 6.5　　② 11
③ 16.5　　④ 26.5

핵심

발전소 출력
$P = 9.8HQ\eta[kW]$

해설

$P = 9.8HQ\eta$에서

유량 $Q = \frac{P}{9.8H\eta} = \frac{2,000}{9.8\times 15\times 0.86\times 0.96} = 16.5[m^3/s]$

정답 ③

관련유형

191-1

총 낙차 300[m], 사용 수량 $20[m^3/s]$인 수력 발전소의 발전기 출력은 약 몇 [kW]인가? (단, 수차 및 발전기 효율은 각각 90[%], 98[%]라 하고, 손실 낙차는 총 낙차의 6[%]라고 한다.)

[전기기사]

① 48,750　　② 51,860
③ 54,170　　④ 54,970

해설

수력 발전소 발전기 출력

$P = 9.8HQ\eta_{수차}\eta_{발전기}\times(1-손실\ 낙차율)[kW]$

여기서, H : 유효 낙차[m]
Q : 유량$[m^3/s]$
η : 효율

$P = 9.8HQ\eta_{수차}\eta_{발전기}\times(1-손실\ 낙차율)$
$= 9.8\times 300\times 20\times 0.9\times 0.98\times(1-0.06)$
$= 48,750[kW]$

정답 ①

화력 발전소의 터빈 냉각

기본유형

192

배압 터빈에 필요 없는 것은? [한국석유공사]

① 안전판　　② 절탄기
③ 조속기　　④ 복수기

핵심

터빈 배기 증기를 다시 물로 냉각시키는 것이 복수기인데, 일반적으로 이런 터빈을 복수 터빈이라 하고 복수기가 없는 터빈을 배압 터빈이라 한다.

해설

다량의 증기를 사용하는 공장 등에서는 복수기가 없는 터빈을 이용하여 발전을 하고 이 증기를 다른 용도로 이용한다.

정답 ④

관련유형

192-1

화력 발전소에서 가장 큰 손실은? [전기기사]

① 소내용 동력　　② 송풍기 손실
③ 복수기에서의 손실　　④ 연도 배출 가스 손실

해설

화력 발전소의 가장 큰 손실은 복수기의 냉각 손실로 전열량의 약 50[%] 정도가 소비된다.

정답 ③

원자로 구성재

기본유형

193

원자로 내에서 발생한 열에너지를 외부로 끄집어내기 위한 열매체를 무엇이라고 하는가?

[한국전력기술, 한전KPS]

① 반사체 ② 감속재
③ 냉각재 ④ 제어봉

해설

원자로 구성재

㉠ 감속재 : 고속 중성자를 열중성자까지 감속시키기 위한 것으로 중성자 흡수가 적고 탄성 산란에 의해 감속이 큰 것으로 중수, 경수, 베릴륨, 흑연 등이 사용된다.
㉡ 냉각재 : 원자로에서 발생한 열에너지를 외부로 꺼내기 위한 매개체로 물, 탄산가스, 헬륨가스, 액체 금속(나트륨 합금)
㉢ 제어재 : 원자로 내에서 중성자를 흡수하여 연쇄 반응을 제어하는 재료로 붕소(B), 카드뮴(Cd), 하프늄(Hf)이 사용된다.
㉣ 반사체 : 중성자를 반사하여 이용률을 크게 하는 것으로 감속재와 동일한 것을 사용한다.
㉤ 차폐재 : 원자로 내의 열이나 방사능이 외부로 투과되어 나오는 것을 방지하는 재료로 스테인리스 카드뮴(열 차폐), 납, 콘크리트(생체 차폐)가 사용된다.

정답 ③

관련유형

193-1

원자로의 냉각재가 갖추어야 할 조건이 아닌 것은? [전기기사]

① 열용량이 적을 것
② 중성자의 흡수가 적을 것
③ 열전도율 및 열전달 계수가 클 것
④ 방사능을 띠기 어려울 것

해설

냉각재는 원자로에서 발생한 열에너지를 외부로 꺼내기 위한 매개체로 경수, 중수, 탄산가스, 헬륨, 액체 금속 유체(나트륨) 등으로 열용량이 커야 한다.

정답 ①

수차의 공동 현상

기본유형

194

수차를 돌리고 나온 물이 흡출관을 통과할 때, 흡출관의 중심부에 진공 상태를 형성하는 현상은?

[한국지역난방공사, 한국중부발전]

① Racing ② Jumping
③ Hunting ④ Cavitation

해설

수차와 흡출관의 중심부에 진공 상태를 형성하는 것을 캐비테이션(공동 현상)이라 하고, 다음과 같은 장해를 발생시킨다.

- 수차의 효율, 출력, 낙차가 저하된다.
- 유수에 접한 러너나 버킷 등에 침식이 일어난다.
- 수차에 진동을 일으켜서 소음을 발생한다.
- 흡출관 입구에서의 수압 변동이 현저해진다.

 ④

관련유형

194-1

수차의 캐비테이션 방지책으로 틀린 것은? [한국남동발전]

① 흡출 수두를 증대시킨다.
② 과부하 운전을 가능한 한 피한다.
③ 수차의 비속도를 너무 크게 잡지 않는다.
④ 침식에 강한 금속 재료로 러너를 제작한다.

해설

흡출 수두는 반동 수차에서 낙차를 증대시킬 목적으로 이용되므로 흡출 수두가 커지면 수차의 난조가 발생하고, 캐비테이션(공동 현상)이 커진다.

정답 ①

화력 발전소의 열사이클

기본유형

195

화력 발전소에서 증기 및 급수가 흐르는 순서는?

[대구도시철도공사]

① 절탄기 → 보일러 → 과열기 → 터빈 → 복수기
② 보일러 → 절탄기 → 과열기 → 터빈 → 복수기
③ 보일러 → 과열기 → 절탄기 → 터빈 → 복수기
④ 절탄기 → 과열기 → 보일러 → 터빈 → 복수기

해설

랭킨 사이클은 증기를 작업 유체로서 사용하는 기력 발전소의 기본 사이클로 2개의 등압 변화와 단열 변화로 구성된다.

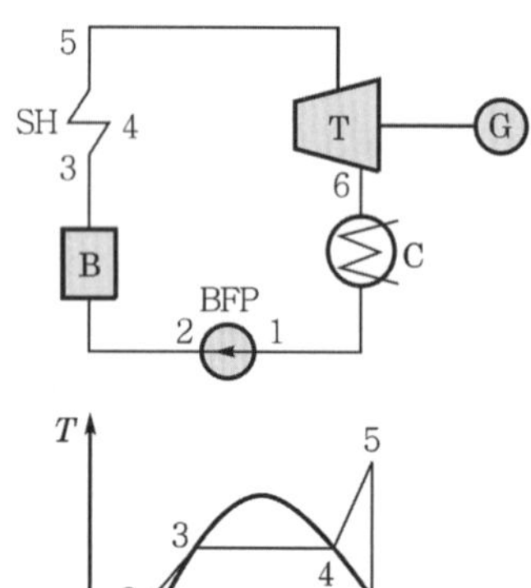

여기서, BFP : 보일러 급수 펌프
B : 보일러
SH : 과열기
T : 터빈
C : 복수기
G : 발전기

1 → 2	단열 압축	급수 펌프로 압출을 한다.
2 → 3	등압 가열	보일러에서 포화 온도까지 가열한다.
3 → 4	등온·등압 가열	보일러에서 증발하여 포화 증기로 된다.
4 → 5	등압 변화	과열기에서 과열된다.
5 → 6	단열 팽창	터빈에서 일하고, 온도와 압력이 떨어진다.
6 → 1	등온·등압 변화	복수기에서 냉각되어 물로 되돌아온다.

정답 ①

관련유형

195-1

기력 발전소의 열 사이클 중 가장 기본적인 것으로 두 개의 등압 변화와 두 개의 단열 변화로 되는 열 사이클은? [한전KPS]

① 재생 사이클
② 랭킨 사이클
③ 재열 사이클
④ 재생 재열 사이클

해설

열 사이클

㉠ 카르노 사이클 : 가장 효율이 좋은 이상적인 열 사이클이다.
㉡ 랭킨 사이클 : 가장 기본적인 열 사이클로 두 등압 변화와 두 단열 변화로 되어 있다.
㉢ 재생 사이클 : 터빈 중간에서 증기의 팽창 도중 증기의 일부를 추기하여 급수 가열에 이용한다.
㉣ 재열 사이클 : 고압 터빈 내에서 습증기가 되기 전에 증기를 모두 추출하여 재열기를 이용하여 재가열시켜 저압 터빈을 돌려 열 효율을 향상시키는 열 사이클이다.

정답 ②

관련유형

195-2

급수 엔탈피 130[kcal/kg], 보일러 출구 과열 증기 엔탈피 830[kcal/kg], 터빈 배기 엔탈피 550[kcal/kg]인 랭킨 사이클의 열 사이클 효율은? [한국가스공사]

① 0.2
② 0.4
③ 0.6
④ 0.8

핵심

열 사이클 효율

$$\eta = \frac{i_1 - i_2}{i_1 - i_3} \times 100\%$$

여기서, i_1 : 보일러 과열기 출구의 엔탈피[kcal/kg]
i_2 : 터빈 출구의 엔탈피[kcal/kg]
i_3 : 보일러 입구의 급수 엔탈피[kcal/kg]

해설

효율 $\eta = \dfrac{830-550}{830-130} = 0.4$

정답 ②

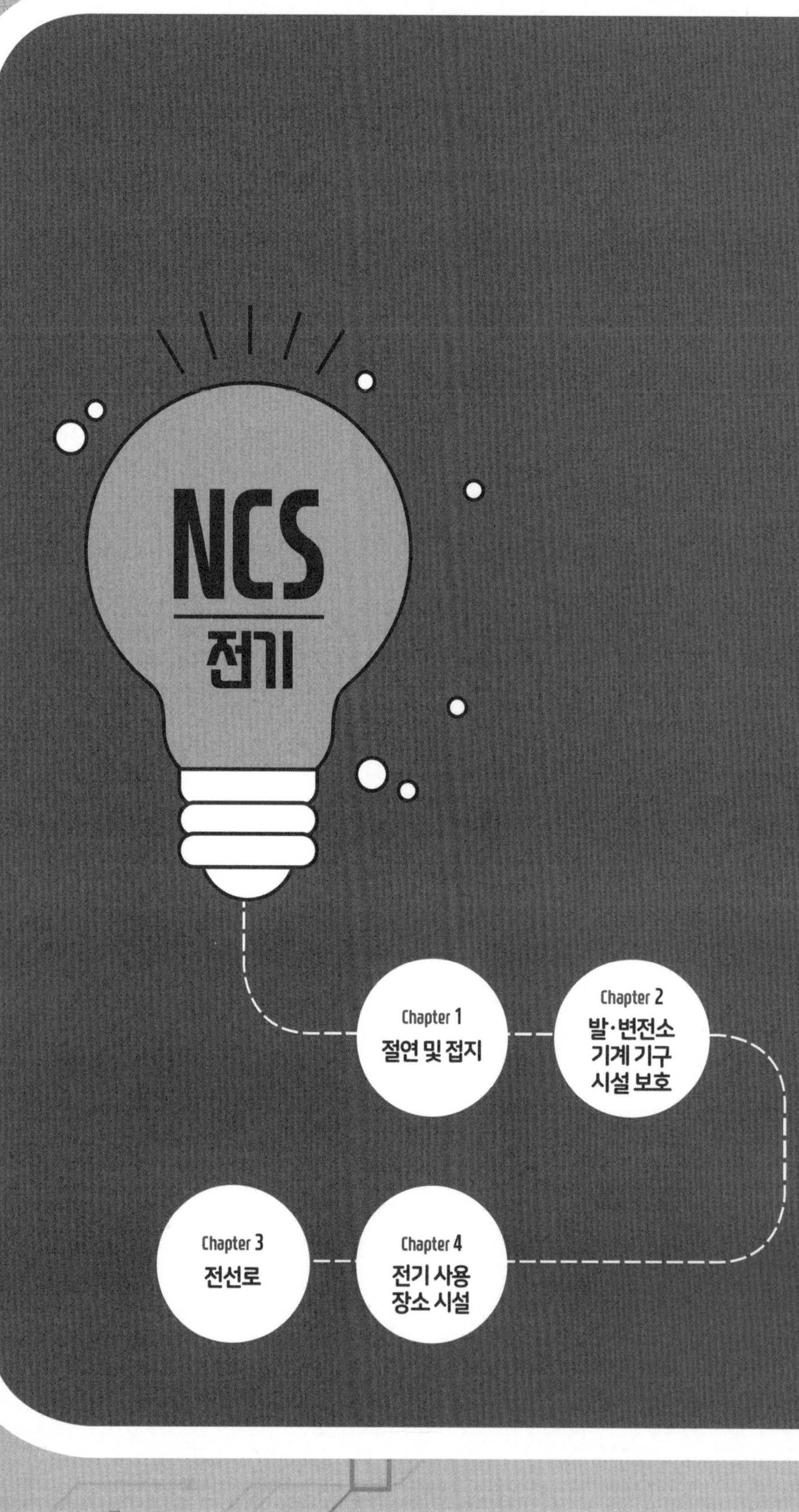
NCS
전기
Chapter 1
절연 및 접지
Chapter 2
발·변전소
기계 기구
시설 보호
Chapter 3
전선로
Chapter 4
전기 사용
장소 시설

PART 06

전기 설비 기술 기준 및 판단 기준

National Competency Standards

Chapter 1
절연 및 접지

제1종 및 제2종 접지선 시설 – 판단 기준 제19조

기본유형

196

제2종 접지 공사에 사용되는 접지선을 사람이 접촉할 우려가 있으며, 철주 기타의 금속체를 따라서 시설하는 경우에는 접지극을 철주의 밑면으로부터 30[cm] 이상의 깊이에 매설하는 경우 이외에는 접지극을 지중에서 그 금속체로부터 몇 [cm] 이상 떼어 매설하여야 하는가?

[한국가스공사]

① 50 ② 75
③ 100 ④ 125

해설

제1종 및 제2종 접지선 시설(판단 기준 제19조)

제1종 접지 공사 및 제2종 접지 공사에 사용하는 접지선을 사람이 접촉할 우려가 있는 곳에 시설하는 경우

1. 접지극은 지하 75[cm] 이상으로 하되 동결 깊이를 감안하여 매설할 것
2. 접지선을 철주 기타 금속체를 따라서 시설하는 경우, 접지극을 철주의 밑면으로부터 30[cm] 이상의 깊이에 매설하는 경우 이외에는 접지극을 지중에서 금속체로부터 1[m] 이상 떼어 매설할 것
3. 접지선에는 절연 전선(옥외용 비닐 절연 전선 제외), 캡타이어 케이블 또는 케이블(통신용 케이블 제외)을 사용할 것. 다만 접지선을 철주 기타 금속체를 따라서 시설하는 경우 이외의 경우에는 접지선의 지표상 60[cm]를 넘는 부분에 대해서는 그러하지 아니하다.
4. 접지선의 지하 75[cm]로 부터 지표상 2[m]까지의 부분은 합성 수지관(두께 2[mm] 미만 제외) 또는 이것과 동등 이상의 절연 효력 및 강도를 가지는 몰드로 덮을 것

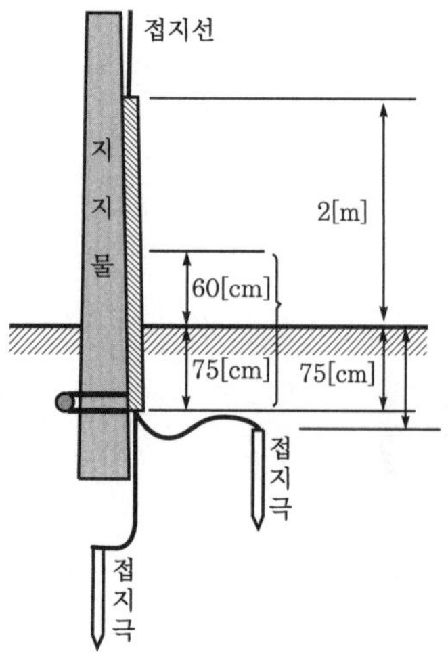

5. 제1종 접지 공사 또는 제2종 접지 공사에 사용하는 접지선을 시설하는 지지물에는 피뢰침용 지선을 시설하여서는 아니 된다.

정답 ③

관련유형

196-1

제1종 접지 공사의 접지극을 시설할 때 동결 깊이를 감안하여 지하 몇 [cm] 이상의 깊이로 매설하여야 하는가? [전기기사]

① 60 ② 75
③ 90 ④ 100

해설

제1종 및 제2종 접지선 시설(판단 기준 제19조)

접지극은 지하 75[cm] 이상으로 하되 동결 깊이를 감안하여 매설하여야 한다.

정답 ②

저압 전로의 절연 성능 – 기술 기준 제52조

기본유형

197

전로의 사용 전압이 400[V] 미만이고, 대지 전압이 220[V]인 옥내 전로에서 분기 회로의 절연 저항값은 몇 [MΩ] 이상이어야 하는가? [한국중부발전]

① 0.1　② 0.2
③ 0.4　④ 0.5

해설

저압 전로의 절연 성능(기술 기준 제52조)

전로의 사용 전압 구분		절연 저항
400[V] 미만	대지 전압이 150[V] 이하인 경우	0.1[MΩ]
	대지 전압이 150[V] 초과 300[V] 이하인 경우	0.2[MΩ]
	사용 전압이 300[V] 초과 400[V] 미만인 경우	0.3[MΩ]
400[V] 이상		0.4[MΩ]

정답 ②

관련유형

197-1

3상 380[V] 모터에 전원을 공급하는 저압 전로의 전선 상호 간 및 전로와 대지 사이의 절연 저항값은 몇 [MΩ] 이상이 되어야 하는가? [전기산업기사]

① 0.1　② 0.2
③ 0.3　④ 0.4

해설

저압 전로의 절연 성능(기술 기준 제52조)

전로의 사용 전압 구분		절연 저항
400[V] 미만	대지 전압이 150[V] 이하인 경우	0.1[MΩ]
	대지 전압이 150[V] 초과 300[V] 이하인 경우	0.2[MΩ]
	사용 전압이 300[V] 초과 400[V] 미만인 경우	0.3[MΩ]
400[V] 이상		0.4[MΩ]

정답 ③

전로의 절연 저항 및 절연 내력 – 판단 기준 제13조

기본유형

198

최대 사용 전압이 154[kV]인 중성점 직접 접지식 전로의 절연 내력 시험 전압은 몇 [V]인가? [한국동서발전]

① 110,880 ② 141,680
③ 169,400 ④ 192,500

해설

전로의 절연 저항 및 절연 내력(판단 기준 제13조)

㉠ 최대 사용 전압 7[kV] 이하의 전로 : 1.5배
㉡ 최대 사용 전압 7[kV] 초과 25[kV] 이하인 중성점 접지식 전로 : 0.92배
㉢ 최대 사용 전압 7[kV] 초과 60[kV] 이하인 전로 : 1.25배
㉣ 최대 사용 전압 60[kV] 초과 중성점 비접지식 전로 : 1.25배
㉤ 최대 사용 전압 60[kV] 초과 중성점 접지식 전로 : 1.1배
㉥ 최대 사용 전압 60[kV] 초과 중성점 직접 접지식 전로 : 0.72배
㉦ 최대 사용 전압 170[kV] 초과 중성점 직접 접지식 전로 : 0.64배

최대 사용 전압이 154[kV]이므로
$V = 154 \times 10^3 \times 0.72 = 110,880[V]$

정답 ①

관련유형

198-1

중성점 직접 접지식 전로에 연결되는 최대 사용 전압이 69[kV]인 전로의 절연 내력 시험전압은 최대 사용 전압의 몇 배인가? [전기기사]

① 1.25 ② 0.92
③ 0.72 ④ 1.5

해설

전로의 절연 저항 및 절연 내력(판단 기준 제13조)

㉠ 최대 사용 전압 7[kV] 이하의 전로 : 1.5배
㉡ 최대 사용 전압 7[kV] 초과 25[kV] 이하인 중성점 접지식 전로 : 0.92배
㉢ 최대 사용 전압 7[kV] 초과 60[kV] 이하인 전로 : 1.25배
㉣ 최대 사용 전압 60[kV] 초과 중성점 비접지식 전로 : 1.25배
㉤ 최대 사용 전압 60[kV] 초과 중성점 접지식 전로 : 1.1배
㉥ 최대 사용 전압 60[kV] 초과 중성점 직접 접지식 전로 : 0.72배
㉦ 최대 사용 전압 170[kV] 초과 중성점 직접 접지식 전로 : 0.64배

정답 ③

계기용 변성기의 2차 측 전로의 접지 – 판단 기준 제26조

기본유형

199

고압 계기용 변성기의 2차 측 전로의 접지 공사는?

[한국지역난방공사]

① 제1종 접지 공사
② 제2종 접지 공사
③ 제3종 접지 공사
④ 특별 제3종 접지 공사

해설

계기용 변성기의 2차 측 전로의 접지(판단 기준 제26조)

㉠ 고압의 계기용 변성기의 2차 측 전로에는 제3종 접지 공사를 하여야 한다.
㉡ 특고압 계기용 변성기의 2차 측 전로에는 제1종 접지 공사를 하여야 한다.

정답 ③

관련유형

199-1

계기용 변성기의 2차 측 전로에 시설하는 접지 공사는?

[전기기사]

① 고압인 경우 제1종 접지 공사
② 고압인 경우 제2종 접지 공사
③ 특고압인 경우 제3종 접지 공사
④ 특고압인 경우 제1종 접지 공사

해설

계기용 변성기의 2차 측 전로의 접지(판단 기준 제26조)

㉠ 고압의 계기용 변성기의 2차 측 전로에는 제3종 접지 공사를 하여야 한다.
㉡ 특고압 계기용 변성기의 2차 측 전로에는 제1종 접지 공사를 하여야 한다.

정답 ④

National Competency Standards

Chapter 2

발·변전소 기계 기구 시설 보호

조상 설비의 보호 장치

기본유형

200

조상 설비의 조상기(調相機) 내부에 고장이 생긴 경우에 자동적으로 전로로부터 차단하는 장치를 시설해야 하는 뱅크 용량[kVA]으로 옳은 것은? [한국지역난방공사]

① 1,000 ② 1,500
③ 10,000 ④ 15,000

해설

조상 설비의 보호 장치(판단 기준 제49조)

설비 종별	뱅크 용량	자동 차단 장치
조상기	15,000[kVA] 이상	내부에 고장이 생긴 경우

정답 ④

관련유형

200-1

뱅크 용량이 20,000[kVA]인 전력용 커패시터에 자동적으로 전로로부터 차단하는 보호 장치를 하려고 한다. 반드시 시설하여야 할 보호 장치가 아닌 것은? [전기산업기사, 전기공사산업기사]

① 내부에 고장이 생긴 경우에 동작하는 장치
② 절연유의 압력이 변화할 때 동작하는 장치
③ 과전류가 생긴 경우에 동작하는 장치
④ 과전압이 생긴 경우에 동작하는 장치

해설

조상 설비의 보호 장치(판단 기준 제49조)

설비 종별	뱅크 용량의 구분	자동적으로 전로로부터 차단하는 장치
전력용 커패시터 및 분로 리액터	500[kVA] 초과 15,000[kVA] 미만	• 내부에 고장이 생긴 경우에 동작하는 장치 • 과전류가 생긴 경우에 동작하는 장치
	15,000[kVA] 이상	• 내부에 고장이 생긴 경우에 동작하는 장치 • 과전류가 생긴 경우에 동작하는 장치 • 과전압이 생긴 경우에 동작하는 장치

정답 ②

절연 내력 시험 전압

기본유형

201

최대 사용 전압이 220[V]인 전동기의 절연 내력 시험을 하고자 할 때 시험 전압은 몇 [V]인가?

[한국지역난방공사, 한국동서발전]

① 300　② 330
③ 450　④ 500

해설

회전기 및 정류기의 절연 내력(판단 기준 제14조)

종류			시험 전압	시험 방법
회전기	발전기 전동기 조상기	7[kV] 이하	1.5배 (최저 500[V])	권선과 대지 사이 10분간
		7[kV] 초과	1.25배 (최저 10,500[V])	
	회전 변류기		직류 측 최대 사용 전압의 1배의 교류 전압(최저 500[V])	

전동기 최대 사용 전압이 7[kV] 이하이므로
$220 \times 1.5 = 330$[V]
500[V] 미만으로 되는 경우에는 최저 시험 전압 500[V]로 한다.

 ④

관련유형

201-1

발전기·전동기·조상기·기타 회전기(회전 변류기 제외)의 절연 내력 시험시 시험 전압은 권선과 대지 사이에 연속하여 몇 분 이상 가하여야 하는가?

[한국지역난방공사]

① 10　② 15
③ 20　④ 30

해설

회전기의 절연 내력 시험 시 전압은 권선과 대지 사이에 10분간 가한다.

정답 ①

관련유형

201-2

최대 사용 전압 60[kV] 이하의 정류기 절연 내력 시험 전압은 직류 측 최대 사용 전압의 몇 배의 교류 전압인가?

[전기공사기사]

① 1배　② 1.25배
③ 1.5배　④ 2배

해설

회전기 및 정류기의 절연 내력(판단 기준 제14조)

종류		시험 전압	시험 방법
정류기	최대 사용 전압 60[kV] 이하	직류 측의 최대 사용 전압의 1배의 교류 전압(500[V] 미만으로 되는 경우에는 500[V])	충전 부분과 외함 간에 연속하여 10분간 가한다.
	최대 사용 전압 60[kV] 초과	교류 측의 최대 사용 전압의 1.1배의 교류 전압 또는 직류 측의 최대 사용 전압의 1.1배의 직류 전압	교류 측 및 직류 고전압 측 단자와 대지 사이에 연속하여 10분간 가한다.

정답 ①

National Competency Standards

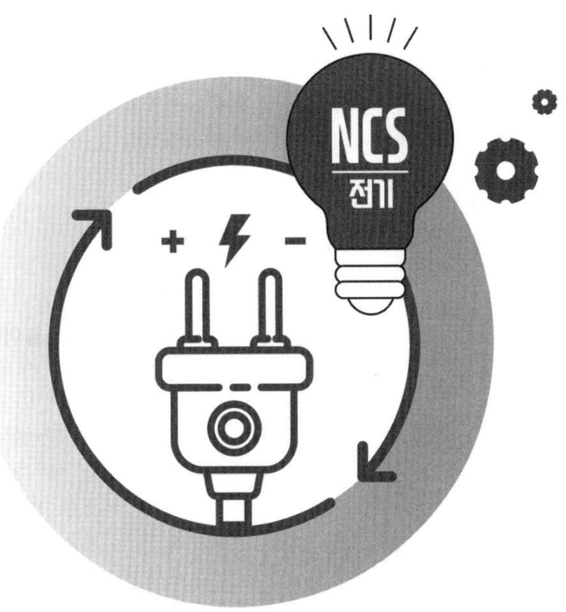

Chapter 3
전선로

가공 통신선의 높이 – 판단 기준 제156조

기본유형

202

가공 전선로의 지지물에 시설하는 통신선 또는 이에 직접 접속하는 가공 통신선의 높이에 대한 설명으로 적합한 것은? [한국지역난방공사]

① 도로를 횡단하는 경우에는 지표상 5[m] 이상
② 철도 또는 궤도를 횡단하는 경우에는 레일면상 6.5[m] 이상
③ 횡단 보도교 위에 시설하는 경우에는 그 노면상 3.5[m] 이상
④ 도로를 횡단하며 교통에 지장이 없는 경우에는 4.5[m] 이상

해설

가공 통신선의 높이(판단 기준 제156조)

가공 전선로의 지지물에 시설하는 통신선 또는 이에 직접 접속하는 가공 통신선의 높이는 다음 각 호에 따라야 한다.

1. 도로를 횡단하는 경우에는 지표상 6[m] 이상. 다만, 교통에 지장을 줄 우려가 없을 때에는 지표상 5[m]까지로 감할 수 있다.
2. 철도 또는 궤도를 횡단하는 경우에는 레일면상 6.5[m] 이상
3. 횡단 보도교의 위에 시설하는 경우에는 그 노면상 5[m] 이상. 다만, 다음의 경우에는 그러하지 아니하다.
   가. 저압 또는 고압의 가공 전선로의 지지물에 시설하는 통신선 또는 이에 직접 접속하는 가공 통신선을 노면상 3.5[m](통신선이 절연 전선과 동등 이상의 절연 효력이 있는 것인 경우에는 3[m]) 이상으로 하는 경우
   나. 특고압 전선로의 지지물에 시설하는 통신선 또는 이에 직접 접속하는 가공 통신선으로서 광섬유 케이블을 사용하는 것을 그 노면상 4[m] 이상으로 하는 경우
4. 제1호부터 제3호까지 이외의 경우에는 지표상 5[m] 이상

 ②

관련유형

202-1

고압 가공 전선로의 지지물에 시설하는 통신선 또는 이에 직접 접속하는 가공 통신선을 횡단 보도교의 위에 시설하는 경우, 그 노면상 최소 몇 [m] 이상의 높이로 시설하면 되는가? [전기기사]

① 3.5 ② 4
③ 4.5 ④ 5

해설

가공 통신선의 높이(판단 기준 제156조)

가공 전선로의 지지물에 시설하는 통신선 또는 이에 직접 접속하는 가공 통신선의 높이는 다음 각 호에 따라야 한다.

1. 도로를 횡단하는 경우에는 지표상 6[m] 이상. 다만, 교통에 지장을 줄 우려가 없을 때에는 지표상 5[m]까지로 감할 수 있다.
2. 철도 또는 궤도를 횡단하는 경우에는 레일면상 6.5[m] 이상
3. 횡단 보도교의 위에 시설하는 경우에는 그 노면상 5[m] 이상. 다만, 다음의 경우에는 그러하지 아니하다.
   가. 저압 또는 고압의 가공 전선로의 지지물에 시설하는 통신선 또는 이에 직접 접속하는 가공 통신선을 노면상 3.5[m](통신선이 절연 전선과 동등 이상의 절연 효력이 있는 것인 경우에는 3[m]) 이상으로 하는 경우
   나. 특고압 전선로의 지지물에 시설하는 통신선 또는 이에 직접 접속하는 가공 통신선으로서 광섬유 케이블을 사용하는 것을 그 노면상 4[m] 이상으로 하는 경우
4. 제1호부터 제3호까지 이외의 경우에는 지표상 5[m] 이상

정답 ①

지선의 시설 – 판단 기준 제67조

기본유형

203

가공 전선로의 지지물에 시설하는 지선의 시설 기준에 대한 설명 중 옳은 것은? [한국가스공사, 한국서부발전]

① 지선의 안전율은 2.5 이상일 것
② 연선을 사용하는 경우 소선 4가닥 이상의 연선일 것
③ 지중 부분 및 지표상 100[cm]까지의 부분을 철봉을 사용할 것
④ 도로를 횡단하여 시설하는 지선의 높이는 지표상 4.5[m] 이상으로 할 것

해설

지선의 시설(판단 기준 제67조)

1. 지선의 안전율은 2.5 이상. 이 경우에 허용 인장 하중의 최저는 4.31[kN]
2. 지선에 연선을 사용할 경우
   가. 소선(素線) 3가닥 이상의 연선일 것
   나. 소선의 지름이 2.6[mm] 이상의 금속선을 사용한 것일 것. 다만, 소선의 지름이 2[mm] 이상인 아연도강연선(亞鉛鍍鋼然線)으로서 소선의 인장 강도가 0.68[kN/mm^2] 이상인 것을 사용하는 경우에는 그러하지 아니하다.
3. 지중 부분 및 지표상 30[cm]까지의 부분에는 내식성이 있는 것 또는 아연 도금을 한 철봉을 사용하고 쉽게 부식되지 아니하는 근가에 견고하게 붙일 것
4. 도로를 횡단하여 시설하는 지선의 높이는 지표상 5[m] 이상

①

관련유형

203-1

가공 전선로의 지지물 중 지선을 사용하여 그 강도를 분담시켜서는 안 되는 것은? [전기기사]

① 철탑 ② 목주
③ 철주 ④ 철근 콘크리트주

해설

지선의 시설(판단 기준 제67조)

가공 전선로의 지지물로 사용하는 철탑은 지선을 사용하여 그 강도를 분담시켜서는 아니된다.

정답 ①

지중 전선로의 시설 - 판단 기준 제136조

기본유형

204

지중 전선로를 직접 매설식에 의하여 차량 기타 중량물의 압력을 받을 우려가 있는 장소에 시설하는 경우 그 깊이는 몇 [m] 이상인가? [한국동서발전]

① 1　② 1.2
③ 1.5　④ 2

해설

지중 전선로의 시설(판단 기준 제136조)

① 지중 전선로는 전선에 케이블을 사용하고 또한 관로식 · 암거식 · 직접 매설식에 의하여 시설하여야 한다.
② 지중 전선로를 관로식 또는 암거식에 의하여 시설하는 경우에는 견고하고, 차량 기타 중량물의 압력에 견디는 것을 사용하여야 한다.
③ 지중 전선을 냉각하기 위하여 케이블을 넣은 관내에 물을 순환시키는 경우에는 지중 전선로는 순환수 압력에 견디고 또한 물이 새지 아니하도록 시설하여야 한다.
④ 지중 전선로를 직접 매설식에 의하여 시설하는 경우에는 매설 깊이를 차량 기타 중량물의 압력을 받을 우려가 있는 장소에는 1.2[m] 이상, 기타 장소에는 60[cm] 이상으로 한다.

정답 ②

관련유형

204-1

지중 전선로의 시설 방식이 아닌 것은? [전기산업기사, 전기공사산업기사]

① 관로식　② 압착식
③ 암거식　④ 직접 매설식

해설

지중 전선로는 전선에 케이블을 사용하고 또한 관로식 · 암거식 · 직접 매설식에 의하여 시설하여야 한다.

정답 ②

Chapter 4

전기 사용 장소 시설

저압 옥내 배선의 시설 장소별 공사의 종류 - 판단 기준 제180조

기본유형

205

다음 중 사용 전압이 400[V] 미만이고 옥내 배선을 시공한 후 점검할 수 없는 은폐 장소이며, 건조된 장소일 때 공사 방법으로 가장 옳은 것은? [한국지역난방공사]

① 플로어 덕트 공사 ② 버스 덕트 공사
③ 합성수지 몰드 공사 ④ 금속 덕트 공사

해설

저압 옥내 배선의 시설 장소별 공사의 종류(판단 기준 제180조)

시설 장소 \ 사용 전압		400[V] 미만	400[V] 이상
전개된 장소	건조한 장소	애자 사용 공사 · 합성수지 몰드 공사 · 금속 몰드 공사 · 금속 덕트 공사 · 버스 덕트 공사 또는 라이팅 덕트 공사	애자 사용 공사 · 금속 덕트 공사 또는 버스 덕트 공사
	기타 장소	애자 사용 공사, 버스 덕트 공사	애자 사용 공사
점검할 수 있는 은폐된 장소	건조한 장소	애자 사용 공사 · 합성수지 몰드 공사 · 금속 몰드 공사 · 금속 덕트 공사 · 버스 덕트 공사 · 셀룰라 덕트 공사 또는 라이팅 덕트 공사	애자 사용 공사 · 금속 덕트 공사 또는 버스 덕트 공사
	기타 장소	애자 사용 공사	애자 사용 공사
점검할 수 없는 은폐된 장소	건조한 장소	플로어 덕트 공사 또는 셀룰라 덕트 공사	

400[V] 미만의 점검할 수 없는 은폐 장소로서 건조한 곳에는 플로어 덕트 공사, 셀룰라 덕트 공사를 할 수 있다.

정답 ①

관련유형

205-1

전개된 건조한 장소에서 400[V] 이상의 저압 옥내 배선을 할 때 특별한 경우를 제외하고는 시공할 수 없는 공사는?

[전기공사산업기사]

① 애자 사용 공사 ② 금속 덕트 공사
③ 버스 덕트 공사 ④ 합성수지 몰드 공사

해설

저압 옥내 배선의 시설 장소별 공사의 종류(판단 기준 제180조)

금속 몰드, 합성수지 몰드, 플로어 덕트, 셀룰라 덕트, 라이팅 덕트는 사용 전압 400[V] 이상에서는 시설할 수 없다.

정답 ④

옥내 저압 간선의 시설 – 판단 기준 제175조

기본유형

206

정격 전류 20[A]와 40[A]인 전동기와 정격 전류 10[A]인 전열기 5대에 전기를 공급하는 단상 220[V] 저압 옥내 간선이 있다. 몇 [A] 이상의 허용 전류가 있는 전선을 사용하여야 하는가? [한국동서발전]

① 100　② 116
③ 125　④ 132

해설

옥내 저압 간선의 시설(판단 기준 제175조)

1. 저압 옥내 간선은 손상을 받을 우려가 없는 곳에 시설할 것.
2. 전선은 저압 옥내 간선의 각 부분마다 그 부분을 통하여 공급되는 전기 사용 기계 기구의 정격 전류의 합계 이상인 허용 전류가 있는 것일 것.
   가. 전동기 등의 정격 전류의 합계가 50[A] 이하인 경우에는 그 정격 전류의 합계의 1.25배
   나. 전동기 등의 정격 전류의 합계가 50[A]를 초과하는 경우에는 그 정격 전류의 합계의 1.1배

전동기 등의 정격 전류의 합계가 50[A]를 초과하므로 정격 전류 합계의 1.1배를 적용한다.

$I_0 = (20+40)\times 1.1 + 10\times 5 = 116$[A]

 ②

관련유형

206-1

단상 2선식 220[V]로 공급하는 간선의 굵기를 결정할 때 근거가 되는 전류의 최솟값은 몇 [A]인가? (단, 수용률 100[%], 전등 부하의 합계 5[A], 한 대의 정격 전류 10[A]인 전열기 2대, 정격 전류 40[A]인 전동기 1대이다.) [전기기사]

① 55　② 65
③ 75　④ 130

해설

옥내 저압 간선의 시설(판단 기준 제175조)

전동기 등의 정격 전류의 합계가 50[A] 이하이므로 정격 정류 합계의 1.25배를 적용한다.

$I_0 = 40\times 1.25 + 5 + 20 = 75$[A]이다.

정답 ③

전기 울타리의 시설 - 판단 기준 제231조

기본유형

207

전기 울타리용 전원 장치에 전기를 공급하는 전로의 사용 전압은 몇 [V] 이하이어야 하는가? [한국동서발전]

① 150　　② 200
③ 250　　④ 300

해설

전기 울타리의 시설(판단 기준 제231조)

㉠ 사람의 출입이 어렵고 위험 표시할 것
㉡ 전선은 인장 강도 1.38[kN] 이상 또는 지름 2[mm] 이상의 경동선일 것
㉢ 지지물과의 이격 거리는 2.5[cm] 이상일 것
㉣ 시설물 또는 수목과의 이격 거리는 30[cm] 이상일 것
㉤ 전로에는 전용 개폐기를 시설할 것
㉥ 전로의 사용 전압은 250[V] 이하일 것

 ③

관련유형

207-1

전기 울타리의 시설에 관한 규정 중 틀린 것은? [한국서부발전]

① 전선과 수목 사이의 이격거리는 50[cm] 이상이어야 한다.
② 전기 울타리는 사람이 쉽게 출입하지 않는 곳에 시설하여야 한다.
③ 전선은 인장 강도 1.38[kN] 이상의 것 또는 지름 2[mm] 이상의 경동선이어야 한다.
④ 전기 울타리용 전원 장치에 전기를 공급하는 전로의 사용 전압은 250[V] 이하이어야 한다.

해설

전기 울타리의 시설(판단 기준 제231조)

㉠ 사람의 출입이 어렵고 위험 표시할 것
㉡ 전선은 인장 강도 1.38[kN] 이상 또는 지름 2[mm] 이상의 경동선일 것
㉢ 지지물과의 이격 거리는 2.5[cm] 이상일 것
㉣ 시설물 또는 수목과의 이격 거리는 30[cm] 이상일 것
㉤ 전로에는 전용 개폐기를 시설할 것
㉥ 전로의 사용 전압은 250[V] 이하일 것

정답 ①

실전 모의고사

1회 실전 모의고사

1회 실전 모의고사 정답과 해설

2회 실전 모의고사

2회 실전 모의고사 정답과 해설

1회 실전 모의고사

01

다음 중 옳지 않은 것은?

① $i \cdot i = j \cdot j = k \cdot k = 0$
② $i \cdot j = j \cdot k = k \cdot i = 0$
③ $A \cdot B = AB\cos\theta$
④ $i \times i = j \times j = k \times k$

02

두 벡터 $A = iA_x + j2$, $B = i3 - j3 - k$가 서로 직교하려면 A_x의 값은?

① 0　② 2
③ $\frac{1}{2}$　④ -2

03

전계의 단위가 아닌 것은?

① [N/C]　② [V/m]
③ $\left[\text{C/J} \cdot \frac{1}{\text{m}}\right]$　④ [A · Ω/m]

04

진공 중에 놓인 1[μC]의 점전하에서 3[m] 되는 점의 전계[V/m]는?

① 10^{-3}　② 10^{-1}
③ 10^{2}　④ 10^{3}

05

진공 중에 +20[μC]과 -3.2[μC]인 2개의 점전하가 1.2[m] 간격으로 놓여 있을 때 두 전하 사이에 작용하는 힘[N]과 작용력은 어떻게 되는가?

① 0.2[N], 반발력
② 0.2[N], 흡인력
③ 0.4[N], 반발력
④ 0.4[N], 흡인력

06

무한히 넓은 도체 평행판에 면밀도 σ[C/m^2]의 전하가 분포되어 있는 경우 전력선은 면(面)에 수직으로 나와 평행하게 발산된다. 이 평면의 전계의 세기는 몇 [V/m]인가?

① $\frac{\sigma}{\varepsilon_0}$　② $\frac{\sigma}{2\varepsilon_0}$
③ $\frac{\sigma}{2\pi\varepsilon_0}$　④ $\frac{\sigma}{4\pi\varepsilon_0}$

07

1[C]의 정전하를 각각 대전시켰을 때 도체 1의 전위는 5[V], 도체 2의 전위는 12[V]로 되는 두 도체가 있다. 도체 1에만 1[C]을 대전했을 때, 도체 2의 전위는 0.5[V]로 된다면, 이 두 도체 간의 정전 용량[F]은?

① 0.02　② 0.05
③ 0.07　④ 0.1

08

1변이 50[cm]인 정사각형 전극을 가진 평행판 콘덴서가 있다. 이 극판 간격을 5[mm]로 할 때 정전 용량은 얼마인가? (단, $\varepsilon_o = 8.855 \times 10^{-12}$[F/m]이고 단말 효과는 무시한다.)

① 443[pF] ② 380[μF]
③ 410[μF] ④ 0.5[pF]

09

비유전율이 5인 유전체 중의 전하 Q[C]에서 발산하는 전기력선 및 전속선의 수는 공기 중인 경우의 각각 몇 배로 되는가?

① 전기력선 $\frac{1}{5}$배, 전속선 $\frac{1}{5}$배
② 전기력선 5배, 전속선 5배
③ 전기력선 $\frac{1}{5}$배, 전속선 1배
④ 전기력선 5배, 전속선 1배

10

자계의 세기를 표시하는 단위와 관계없는 것은?

① [A/m] ② [N/Wb]
③ [Wb/H] ④ [Wb/H · m]

11

8[m] 길이의 도선으로 만들어진 정방형 코일에 π[A]가 흐를 때, 중심에서의 자계 세기[AT/m]는?

① $\frac{\sqrt{2}}{2}$ ② $\sqrt{2}$
③ $2\sqrt{2}$ ④ $4\sqrt{2}$

12

투자율이 다른 두 자성체의 경계면에서의 굴절각은?

① 투자율에 비례한다.
② 투자율에 반비례한다.
③ 비투자율에 비례한다.
④ 비투자율에 반비례한다.

13

두 종류의 금속으로 된 회로에 전류를 통하면 각 접속점에서 열의 흡수 또는 발생이 일어나는 현상은?

① 톰슨 효과 ② 제벡 효과
③ 볼타 효과 ④ 펠티에 효과

14

두 자기 인덕턴스를 직렬로 하여 합성 인덕턴스를 측정하였더니 75[mH]가 되었다. 이 때, 한쪽 인덕턴스를 반대로 측정하니 25[mH]가 되었다면 두 코일의 상호 인덕턴스[mH]는 얼마인가?

① 12.5 ② 20.5
③ 25 ④ 30

15

유전체에서 변위 전류를 발생하는 것은?

① 분극 전하 밀도의 시간적 변화
② 전속 밀도의 시간적 변화
③ 자속 밀도의 시간적 변화
④ 분극 전하 밀도의 공간적 변화

16

$i = 2t^2 + 8t$[A]로 표시되는 전류가 도선에 3[s] 동안 흘렀을 때 통과한 전 전기량은 몇 [C]인가?

① 18 ② 48
③ 54 ④ 61

17

어떤 전지의 외부 회로의 저항은 5[Ω]이고, 전류는 8[A]가 흐른다. 외부 회로에 5[Ω] 대신에 15[Ω]의 저항을 접속하면 전류는 4[A]로 떨어진다. 이때 전지의 기전력은 몇 [V]인가?

① 80 ② 50
③ 15 ④ 20

18

다음 회로에서 전류 I[A]는?

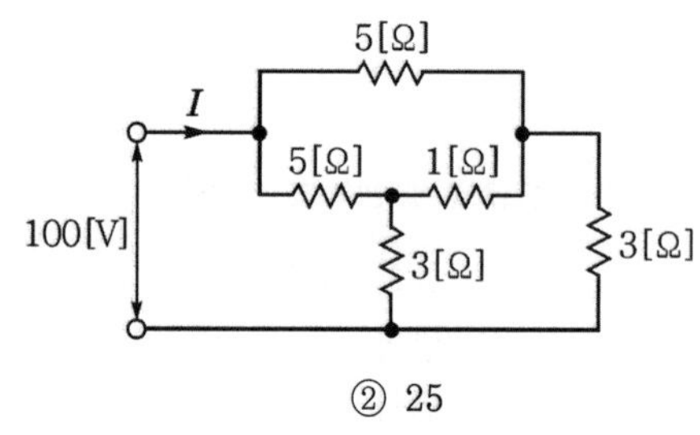

① 50 ② 25
③ 12.5 ④ 10

19

어떤 회로에 전압 $v(t) = V_m \cos \omega t$를 가했더니 회로에 흐르는 전류는 $i(t) = I_m \sin \omega t$였다. 이 회로가 한 개의 회로 소자로 구성되어 있다면 이 소자의 종류는? (단, $V_m > 0$, $I_m > 0$이다.)

① 저항 ② 인덕턴스
③ 정전 용량 ④ 컨덕턴스

20

$i(t) = I_o e^{st}$[A]로 주어지는 전류가 L에 흐르는 경우 임피던스는?

① $\frac{1}{sL}$ ② sL
③ $\frac{s}{L}$ ④ $\frac{L}{s}$

21

저항 R과 유도 리액턴스 X_L이 병렬로 접속된 회로의 역률은?

① $\frac{\sqrt{R^2+X_L^2}}{R}$ ② $\sqrt{\frac{R^2+X_L^2}{X_L}}$
③ $\frac{R}{\sqrt{R^2+X_L^2}}$ ④ $\frac{X_L}{\sqrt{R^2+X_L^2}}$

22

$R-L-C$ 직렬 공진 회로에서 입력 전압이 V[V]일 때 공진 주파수 f_r에서 L에 걸리는 전압은 얼마인가?

① V ② $2\pi f_r LV$
③ $\frac{V}{R} \cdot 2\pi f_r C$ ④ $\frac{V}{R \cdot 2\pi f_r C}$

23

R=10[Ω], L=10[mH], C=1[μF]인 직렬 회로에 100[V]전압을 가했을 때 공진의 첨예도(선택도) Q는 얼마인가?

① 1 ② 10
③ 100 ④ 1,000

24

그림과 같은 순저항으로 된 회로에 대칭 3상 전압을 가했을 때 각 선에 흐르는 전류가 같으려면 R의 값[Ω]은?

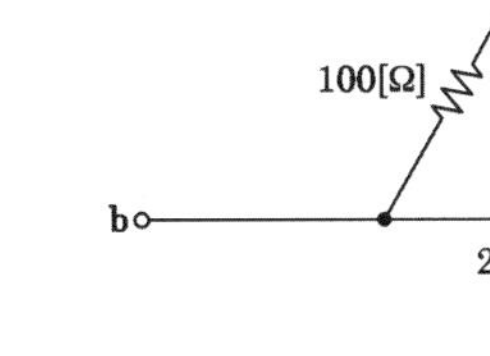

① 20
② 25
③ 30
④ 35

25

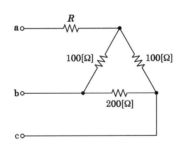

그림과 같은 회로에서 스위치 S를 닫았을 때 과도분을 포함하지 않기 위한 R의 값[Ω]은?

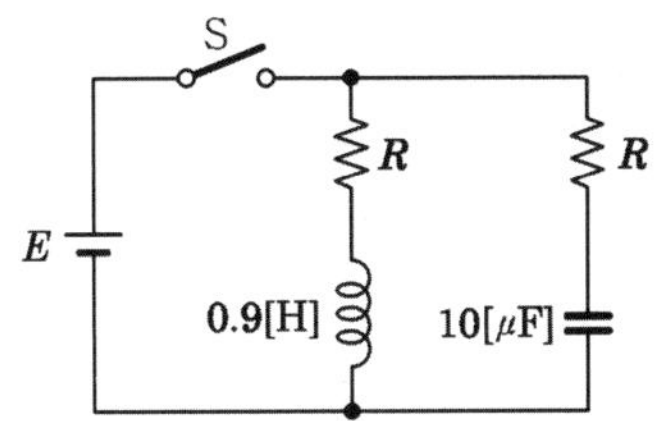

① 100
② 200
③ 300
④ 400

26

$\mathcal{L}\left[\frac{d}{dt}cos\omega t\right]$의 값은?

① $\frac{s^2}{s^2+\omega^2}$ ② $\frac{-s^2}{s^2+\omega^2}$
③ $\frac{\omega^2}{s^2+\omega^2}$ ④ $\frac{-\omega^2}{s^2+\omega^2}$

27

다음 중 피드백 제어계의 일반적인 특징이 아닌 것은?

① 비선형 왜곡이 감소한다.
② 구조가 간단하고 설치비가 저렴하다.
③ 대역폭이 증가한다.
④ 제어계의 특성 변환에 대한 입력 대 출력비의 감도가 감소한다.

28

진상 보상기의 특성에 대한 설명으로 잘못된 것은?

① 제어계 응답의 속응성을 좋게 한다.
② 이득을 향상시켜 정상 오차를 개선한다.
③ 공진 주파수의 특성을 그대로 두면서 저주파 영역의 이득을 높인다.
④ 저주파수에서는 이득이 낮았다가 고주파에서는 이득이 커진다.

29

단위 피드백 제어계의 개루프 전달 함수가 $G(s)=\frac{1}{(s+1)(s+2)}$ 일 때 단위 계단 입력에 대한 정상 편차는?

① $\frac{1}{3}$　② $\frac{2}{3}$
③ 1　④ $\frac{4}{3}$

30

4극 전기자 권선이 단중 중권인 직류 발전기의 전기자 전류가 20[A]이면 각 전기자 권선의 병렬 회로에 흐르는 전류[A]는?

① 10　② 8
③ 5　④ 2

31

직류 분권 발전기의 계자 회로의 개폐기를 운전 중 갑자기 열면 어떻게 되는가?

① 속도가 감소한다.
② 과속도가 된다.
③ 계자 권선에 고압을 유발한다.
④ 정류자에 불꽃을 유발한다.

32

직류 발전기의 병렬 운전에서 부하 분담의 방법은?

① 계자 전류와 무관하다.
② 계자 전류를 증가시키면 부하 분담은 증가한다.
③ 계자 전류를 감소시키면 부하 분담은 증가한다.
④ 계자 전류를 증가시키면 부하 분담은 감소한다.

33

동기 발전기에서 유기 기전력과 전기자 전류가 동상인 경우의 전기자 반작용은?

① 교차 자화 작용　② 증자 작용
③ 감자 작용　④ 직축 반작용

34

동기 리액턴스 $x_s=10[\Omega]$, 전기자 저항 $r_a=0.1[\Omega]$인 Y결선 3상 동기 발전기가 있다. 1상의 단자 전압 $V=4{,}000$[V]이고 유기 기전력 $E=6{,}400$[V]이다. 부하각 $\delta=30°$라고 하면 발전기의 3상 출력[kW]은 약 얼마인가?

① 1,250　② 2,830
③ 3,840　④ 4,650

35

극수 6, 회전수 1,200[rpm]의 교류 발전기와 병렬 운전하는 극수 8의 교류 발전기의 회전수[rpm]는?

① 600　② 750
③ 900　④ 1,200

36

변압기를 병렬 운전하는 경우에 불가능한 조합은?

① Δ－Δ와 Y－Y　② Δ－Y와 Y－Δ
③ Δ－Y와 Δ－Y　④ Δ－Y와 Δ－Δ

37

1차 측 권수가 1,500인 변압기의 2차 측에 16[Ω]의 저항을 접속하니 1차 측에서는 8[kΩ]으로 환산되었다. 2차 측 권수는?

① 약 67　② 약 87
③ 약 107　④ 약 207

38

1차 전압 6,600[V], 권수비 30인 단상 변압기로 전등 부하에 30[A]를 공급할 때의 입력[kW]은? (단, 변압기의 손실은 무시한다.)

① 4.4　② 5.5
③ 6.6　④ 7.7

39

변압기의 철심이 갖추어야 할 조건으로 틀린 것은?

① 투자율이 클 것
② 전기 저항이 작을 것
③ 성층 철심으로 할 것
④ 히스테리시스손 계수가 작을 것

40

단상 유도 전동기의 기동 방법 중 가장 기동 토크가 작은 것은?

① 반발 기동형　② 반발 유도형
③ 콘덴서 기동형　④ 분상 기동형

41

3상 유도 전동기의 기계적 출력 P[kW], 회전수 N[rpm]인 전동기의 토크[kg · m]는?

① $716\frac{P}{N}$　② $956\frac{P}{N}$
③ $975\frac{P}{N}$　④ $0.01625\frac{P}{N}$

42

직류 송전 방식에 비하여 교류 송전 방식의 가장 큰 이점은?

① 선로의 리액턴스에 의한 전압 강하가 없으므로 장거리 송전에 유리하다.
② 변압이 쉬워 고압 송전에 유리하다.
③ 같은 절연에서 송전 전력이 크게 된다.
④ 지중 송전의 경우, 충전 전류와 유전체손을 고려하지 않아도 된다.

43

전선의 지지점의 높이가 15[m], 이도가 2.7[m], 경간이 300[m]일 때 전선의 지표상으로부터의 평균 높이[m]는?

① 14.2　② 13.2
③ 12.2　④ 11.2

44

동기 조상기에 관한 설명으로 틀린 것은?

① 동기 전동기의 V 특성을 이용하는 설비이다.
② 동기 전동기를 부족 여자로 하여 컨덕터로 사용한다.
③ 동기 전동기를 과여자로 하여 콘덴서로 사용한다.
④ 송전 계통의 전압을 일정하게 유지하기 위한 설비이다.

45

4단자 정수 A, B, C, D 중에서 어드미턴스 차원을 가진 정수는?

① A　　② B
③ C　　④ D

46

송전선의 통신선에 대한 유도 장해 방지 대책이 아닌 것은?

① 전력선과 통신선과의 상호 인덕턴스를 크게 한다.
② 전력선의 연가를 충분히 한다.
③ 고장 발생 시의 지락 전류를 억제하고, 고장 구간을 빨리 차단한다.
④ 차폐선을 설치한다.

47

서지파가 파동 임피던스 Z_1의 선로 측에서 파동 임피던스 Z_2의 선로 측으로 진행할 때 반사 계수 β는?

① $\beta = \dfrac{Z_2 - Z_1}{Z_2 + Z_1}$　　② $\beta = \dfrac{2Z_2}{Z_2 + Z_1}$
③ $\beta = \dfrac{Z_1 - Z_2}{Z_2 + Z_1}$　　④ $\beta = \dfrac{2Z_1}{Z_2 + Z_1}$

48

보일러에서 절탄기의 용도는?

① 증기를 과열한다.
② 공기를 예열한다.
③ 보일러 급수를 데운다.
④ 석탄을 건조한다.

49

제1종 접지 공사의 접지선의 굵기는 공칭 단면적 몇 [mm^2] 이상의 연동선이어야 하는가?

① 2.5　　② 4.0
③ 6.0　　④ 8.0

50

조상기의 내부에 고장이 생긴 경우 자동적으로 전로로부터 차단하는 장치는 조상기의 뱅크 용량이 몇 [kVA] 이상이어야 시설하는가?

① 5,000　　② 10,000
③ 15,000　　④ 20,000

01 정답 ①

(1) 스칼라곱(내적) : $A \cdot B = |A||B|\cos\theta$

(2) 벡터곱(외적) : $A \times B = |A||B|\sin\theta$

$i \cdot i = |i||i|\cos 0° = 1 \times 1 \times \cos 0° = 1$

$i \cdot j = |i||j|\cos 90° = 1 \times 1 \times \cos 90° = 0$

$i \times i = |i||i|\sin 0° = 1 \times 1 \times \sin 0° = 0$

따라서, $i \cdot i = j \cdot j = k \cdot k = 1$

$i \cdot j = j \cdot k = k \cdot i = 0$

$i \times i = j \times j = k \times k = 0$

$i \times j = k$

$j \times k = i$

$k \times i = j$

02 정답 ②

$A \cdot B = AB\cos\theta$

두 벡터가 서로 직교하면 두 벡터의 사잇각은 90°이다.

$A \cdot B = |A||B|\cos 90° = 0$

따라서 $A \cdot B = (iA_x + j2) \cdot (i3 - j3 - k) = 3A_x - 6 = 0$

$\because A_x = \frac{6}{3} = 2$

03 정답 ③

[N/C] = [N · m/C · m] = [J/C · m] = [W · S/C · m]

= [V.A.S/A.S.m]

= [V/m] = [A · Ω/m] = [개/m^2]

04 정답 ④

$$E = \frac{Q}{4\pi\varepsilon_o r^2} = 9 \times 10^9 \times \frac{Q}{r^2} = 9 \times 10^9 \times \frac{1 \times 10^{-6}}{3^2} = 10^3\,[\text{V/m}]$$

05 정답 ④

$$F = \frac{Q_1 Q_2}{4\pi\varepsilon_0 r^2} = 9 \times 10^9 \times \frac{Q_1 Q_2}{r^2}$$

$$= 9 \times 10^9 \times \frac{20 \times 10^{-6} \times -3.2 \times 10^{-6}}{1.2^2}$$

$= -0.4$[N] (여기서, $F<0$: 흡인력)

06 정답 ②

평행판에서의 전계의 세기는 $E = \frac{\sigma}{\varepsilon_0}$가 되므로 정답을 ①로 착각할 수 있다. 하지만 이번 문제를 자세히 읽어보면 평행판 중 한쪽 면에서 발산하게 되는 전계의 세기를 물어보고 있다. 따라서 무한 면도체의 전계의 세기가 된다.

07 정답 ③

정전 용량

$C = \frac{Q}{V_1 - V_2}$[F]

$V_1 = p_{11}Q_1 + p_{12}Q_2$[V], $V_2 = p_{21}Q_1 + p_{22}Q_2$[V]

㉠ $Q_1 = Q_2 = 1$[C]의 경우

$V_1 = p_{11} + p_{12} = 5$ [V]

$V_2 = p_{21} + p_{22} = 12$ [V]

㉡ $Q_1 = 1$[C], $Q_2 = 0$인 경우

$V_2 = p_{21} = 0.5$ [V]

$\therefore p_{11} = 5 - p_{12} = 5 - 0.5 = 4.5$

$p_{12} = 12 - p_{11} = 12 - 0.5 = 11.5$

전위 계수로 표시한 정전 용량 C는

$$C = \frac{Q}{V_1 - V_2} = \frac{1}{p_{11} - 2p_{12} + p_{22}}\,[\text{F}]$$

$$\therefore C = \frac{1}{4.5 - 2 \times 0.5 + 11.5} = 0.07\,[\text{F}]$$

08 정답 ①

평행 평판 간의 정전 용량

$C = \frac{\varepsilon_o S}{d}$[F]

$$C = \frac{\varepsilon_o S}{d} = \frac{8.855 \times 10^{-12} \times (0.5 \times 0.5)}{5 \times 10^{-3}} = 443 \times 10^{-12} = 443\,[\text{pF}]$$

09 정답 ③

비유전체를 삽입하면 전기력선은 비유전율 크기만큼 작아지나 전속선은 변함없다.

10 정답 ③

㉠ $F = mH \rightarrow H = \frac{F}{m}$[N/Wb]

㉡ $U = rH \rightarrow H = \frac{U}{r}$[A/m] 또는 [AT/m]

㉢ $B = \mu_0 H \rightarrow H = \frac{B}{\mu_0}\left[\frac{\frac{Wb}{m^2}}{\frac{H}{m}} = Wb/H \cdot m\right]$

$F = mH$, $B = \mu_0 H$는 자기학이 끝날 때까지 사용되니 반드시 암기하길 바란다.

11 ········· 정답 ②

정사각형 중심 자계의 세기

$H_o = \frac{2\sqrt{2}\,I}{\pi l}$[AT/m]

8[m] 길이의 도선으로 정사각형을 만들면 한 변의 길이는 2[m]이다.

$H_o = 4 \times \frac{I}{\sqrt{2}\,\pi l}$

$= \frac{2\sqrt{2}\,I}{\pi l}$

$= \frac{2\sqrt{2}\,I}{\pi l}$

$= \frac{2\sqrt{2}\times\pi}{\pi\times 2}$

$= \sqrt{2}$ [AT/m]

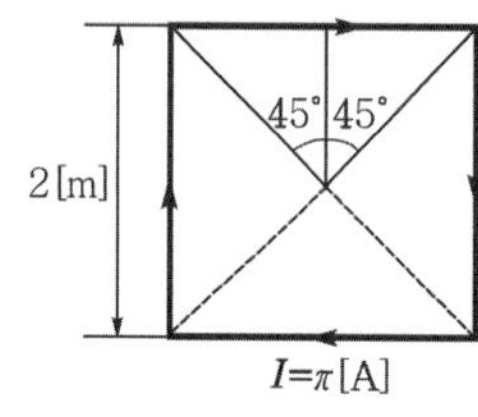

12 ········· 정답 ①

자성체의 경계면 조건

㉠ $H_1 \sin\theta_1 = H_2 \sin\theta_2$

㉡ $B_1 \cos\theta_1 = B_2 \cos\theta_2$

㉢ $\frac{\tan\theta_1}{\tan\theta_2} = \frac{\mu_1}{\mu_2}$

두 자성체의 경계 조건(굴절 법칙)에서

$\frac{\tan\theta_1}{\tan\theta_2} = \frac{\mu_1}{\mu_2}$이므로 $\theta_1 > \theta_2$이면 $\mu_1 > \mu_2$가 된다. 즉, 굴절각은 투자율에 비례한다.

13 ········· 정답 ④

펠티에 효과는 제벡 효과와 반대 효과이며, 전자 냉동 등에 응용된다. 펠티에 효과는 두 종류의 금속으로 폐회로를 만들어 전류를 흘리면 두 접속점에서 열이 흡수(온도 강하)되거나 발생(온도 상승)하는 현상이다.

14 ········· 정답 ①

직렬 접속 시 합성 인덕턴스

$L_o = L_1 + L_2 \pm 2M$[H] (+ : 가동 결합, − : 차동 결합)

$L_+ = L_1 + L_2 + 2M = 75$[mH] ········· ㉠

$L_- = L_1 + L_2 - 2M = 25$[mH] ········· ㉡

㉠−㉡ 식에서

$\therefore M = \frac{L_+ - L_-}{4} = \frac{75-25}{4} = \frac{50}{4} = 12.5$[mH]

15 ········· 정답 ②

변위 전류 밀도

$i_d = \frac{\partial D}{\partial t}$[A/m²]

즉, 전속 밀도의 시간적 변화를 변위 전류라 한다.

16 ········· 정답 ③

전기량

$Q = \int_0^t i\,dt$[C] = [A · s]

$Q = \int_0^3 (2t^2 + 8t)\,dt = \left[\frac{2}{3}t^3 + 4t^2\right]_0^3 = 54$[C]

17 ········· 정답 ①

전지 회로도

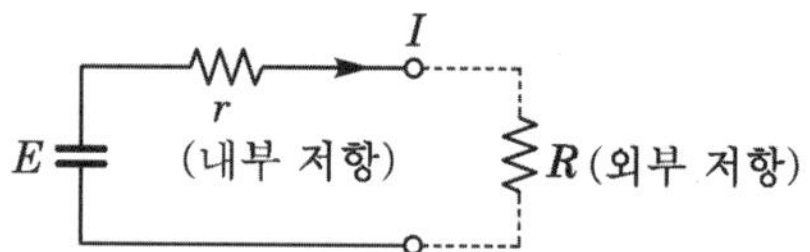

전지 회로에서 기전력 E는

$E = (5+r)\cdot 8 = 40 + 8r$ ········· ①

$E = (15+r)\cdot 4 = 60 + 4r$ ········· ②

① = ②이므로 $40 + 8r = 60 + 4r$

따라서 내부 저항 $r = 5$[Ω]

∴ 전지의 기전력 $E = 80$[V]

18 ········· 정답 ②

㉠ 문제의 그림을 변형하면 다음과 같다.

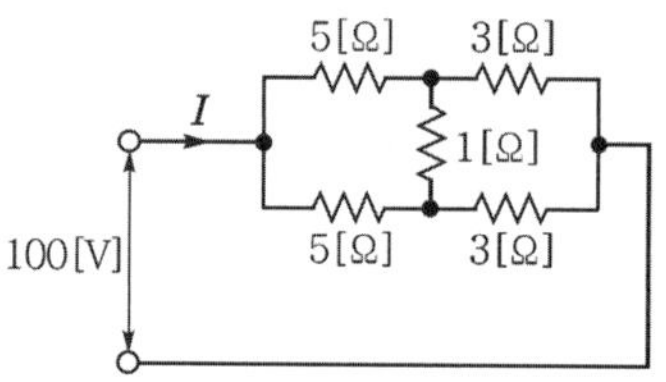

㉡ 휘트스톤 브리지 평형 회로이므로 1[Ω]의 저항을 개방시킬 수 있다.

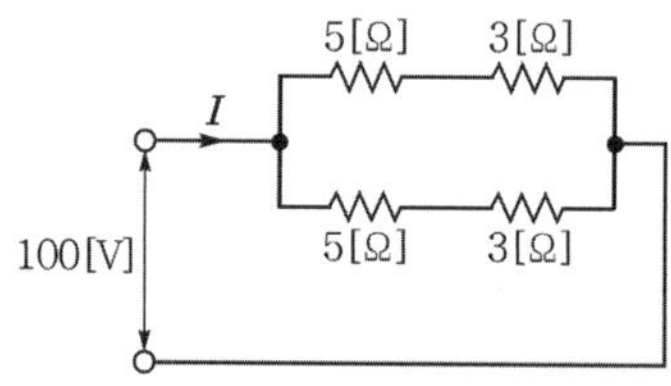

㉢ 합성 저항 : $R_0 = \frac{8\times 8}{8+8} = 4$[Ω]

∴ 회로 전류 : $I = \frac{V}{R_0} = \frac{100}{4} = 25$[A]

19 ········· 정답 ②

L만의 회로에서는 전류가 전압보다 90° 위상이 뒤진다.

전압 $V(t) = V_m \cos\omega t = V_m \sin(\omega t + 90°)$이고 전류$i(t) = I_m \sin\omega t$ 이므로 전류는 전압보다 90° 위상이 뒤진다. 따라서 인덕턴스 회로가 된다.

20 ············ 정답 ②

L에 전압 $V(t)=L\frac{di}{dt}$이고, 임피던스는 $\frac{V(t)}{i(t)}$이다.

$V(t)=L\frac{d}{dt}I_o e^{st}=sLI_o e^{st}$이므로

$\therefore\ Z=\frac{v(t)}{i(t)}=\frac{sLI_o e^{st}}{I_o e^{st}}=sL[\Omega]$

21 ············ 정답 ④

어드미턴스 3각형

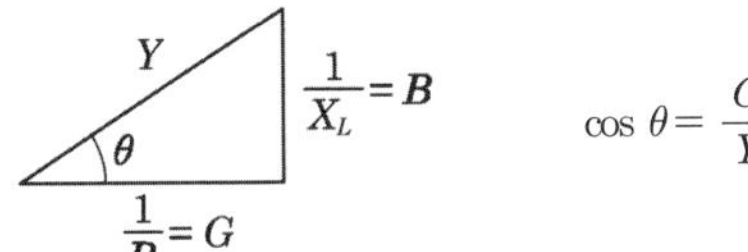

$\cos\theta=\frac{G}{Y}$

역률 $\cos\theta=\frac{G}{Y}=\frac{\frac{1}{R}}{\sqrt{\frac{1}{R^2}+\frac{1}{X_L{}^2}}}=\frac{X_L}{\sqrt{R^2+X_L{}^2}}$

22 ············ 정답 ④

직렬 공진 회로는 $\omega L=\frac{1}{\omega C}$이므로 $V_L=V_C$가 된다.

공진 시에는 L에 걸리는 전압과 C에 걸리는 전압이 같다.

$V_L=V_C=\omega_r LI_o=\frac{1}{\omega_r C}I_o=2\pi fL\frac{V}{R}=\frac{V}{2\pi f_r CR}$

23 ············ 정답 ②

직렬 공진 시 선택도

$Q=\frac{1}{R}\sqrt{\frac{L}{C}}=\frac{1}{10}\times\sqrt{\frac{10\times10^{-3}}{1\times10^{-6}}}=10$

24 ············ 정답 ②

임피던스 등가 변환

△ → Y

$Z_1=\frac{Z_a\cdot Z_c}{Z_a+Z_b+Z_c}$

$Z_2=\frac{Z_a\cdot Z_b}{Z_a+Z_b+Z_c}$

$Z_3=\frac{Z_b\cdot Z_c}{Z_a+Z_b+Z_c}$

각 선에 흐르는 전류가 같으려면 각 상의 저항의 크기가 같아야 한다.

따라서 △결선을 Y결선으로 바꾸면

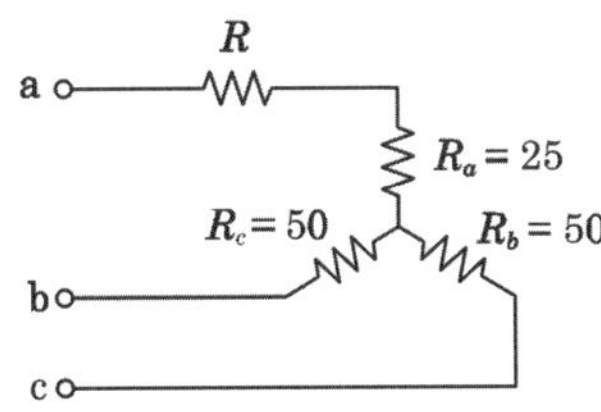

$R_a=\frac{10,000}{400}=25[\Omega]$

$R_b=\frac{20,000}{400}=50[\Omega]$

$R_c=\frac{20,000}{400}=50[\Omega]$

$\because$ 각 상의 저항이 같기 위해서는 $R=25[\Omega]$이다.

25 ············ 정답 ③

과도분을 포함하지 않기 위해서는 정저항 회로가 되면 된다.

정저항 조건 $R=\sqrt{\frac{L}{C}}$

$\therefore\ R=\sqrt{\frac{L}{C}}=\sqrt{\frac{0.9}{10\times10^{-6}}}=300[\Omega]$

26 ············ 정답 ④

실미분 정리

$\mathcal{L}\left[\frac{d}{dt}f(t)\right]=sF(s)-f(0)$

$\mathcal{L}\left[\frac{d}{dt}\cos\omega t\right]=\mathcal{L}[-\omega\sin\omega t]=-\omega\cdot\frac{\omega}{s^2+\omega^2}=\frac{-\omega^2}{s^2+\omega^2}$

27 ············ 정답 ②

피드백 제어계의 특징

① 비선형 왜곡이 감소한다.
② 구조가 복잡하고 설치비가 고가이다.
③ 대역폭이 증가한다.
④ 제어계의 특성 변환에 대한 입력 대 출력비의 감도가 감소한다.

28 ············ 정답 ③

진상 보상기는 출력 위상이 입력 위상보다 앞서도록 제어 신호의 위상을 이상하는 장치로서 제어계 응답의 속응성을 좋게 함과 동시에 안정성도 좋게 하고 이득을 향상시킬 수 있으므로 정상 오차의 개선에 도움을 준다.

29 ············ 정답 ②

위치 편차 상수 $K_p=\lim_{s\to0}G(s)$

$=\lim_{s\to0}\frac{1}{(s+1)(s+2)}=\frac{1}{2}$

$\therefore$ 정상 위치 편차 $e_{ssp} = \dfrac{1}{1+K_p} = \dfrac{1}{1+\dfrac{1}{2}} = \dfrac{2}{3}$

30 ······ 정답 ③

단중 중권의 경우 병렬 회로의 수 $a=p$(자극의 수)이므로 도체의 전류 $I=\dfrac{I_a}{p}$[A]이다.

각 도체를 건전지로 하여 회로도를 그리면

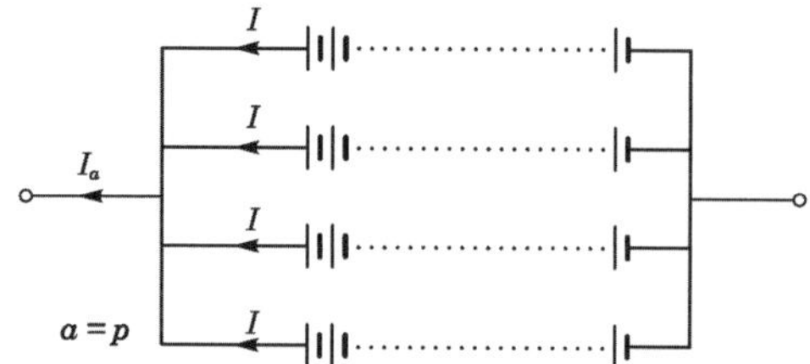

$I_a = a \cdot I$[A]

$\therefore I = \dfrac{I_a}{a} = \dfrac{20}{4} = 5$[A]

31 ······ 정답 ③

코일(coil)에서 전류가 변화하면 전자 유도(Lenz's law)에 의해 기전력(e)이 유도된다.

$e = -L\dfrac{di}{dt}$[V]

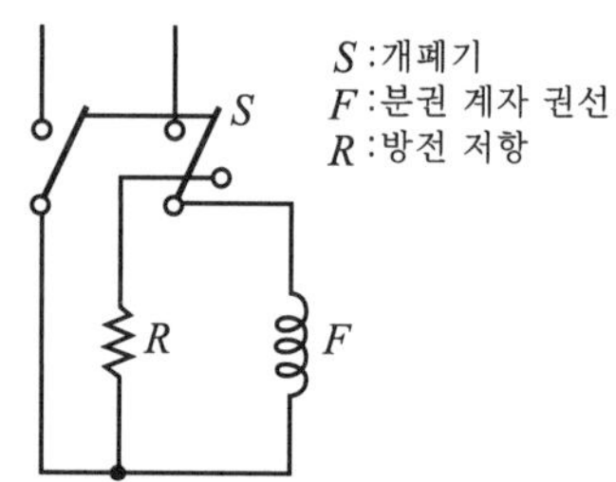

여기서, L : 인덕턴스[H]
i : 변화한 전류[A]
t : 시간[sec]

분권 계자 권선은 권수가 많고 자기 인덕턴스가 크므로 계자 회로를 열 때에 고전압을 유도하여 계자 회로의 절연을 파괴할 염려가 많으므로 이것을 방지하기 위하여 그림과 같이 계자 개폐기를 사용해서 계자 회로를 여는 동시에 분권 계자 권선에 병렬로 방전 저항이 접속되도록 한다.

이 장치가 없을 때에는 계자 회로를 급히 열어서는 안 된다.
그러므로 운전 중에 만약 고장이 발생하면 주개폐기를 개방하여 부하를 제거한 후 계자 회로를 열어서 발전기를 무전압으로 한다.

32 ······ 정답 ②

단자 전압 $V = E - I_a R_a$가 일정하여야 하므로 계자 전류를 증가시키면 기전력이 증가하게 되고, 따라서 부하 분담 전류(I)도 증가하게 된다.

직류 발전기의 병렬 운전

2대 이상의 발전기를 병렬로 연결하여 부하에 전원을 공급한다.

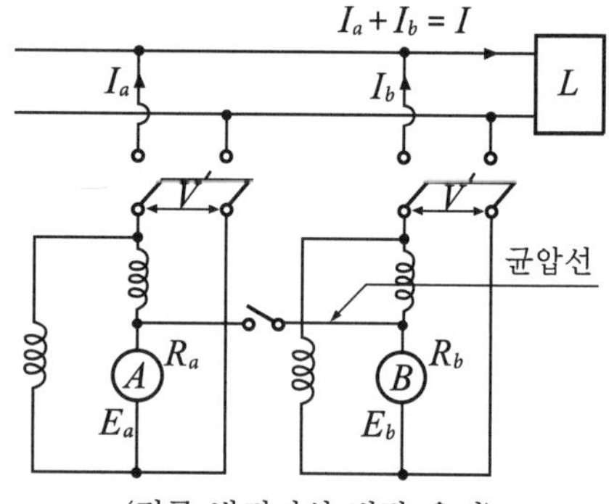

〈직류 발전기의 병렬 운전〉

(1) 목적
능률(효율) 증대, 예비기 설치 시 경제적이다.

(2) 조건
㉠ 극성이 일치할 것
㉡ 정격 전압이 같을 것
㉢ 외부 특성 곡선이 일치하고, 약간 수하 특성을 가질 것
$I = I_a + I_b$
$V = E_a - I_a R_a = E_b - I_b R_b$

(3) 균압선
직권 계자 권선이 있는 발전기에서 안정된 병렬 운전을 하기 위하여 반드시 설치한다.

33 ······ 정답 ①

전기자 전류에 의한 자속이 주자속에 영향을 미치는 현상을 전기자 반작용이라 하며, 전기자 전류(I_a)와 유기 기전력(E)이 동상일 때 횡축 반작용(교차 작용)이라 한다.

동기 발전기의 전기자 반작용은 다음과 같다.

㉠ 전기자 전류 I_a가 유기 기전력 E와 동상인 경우(역률 100[%])는 교차 자화 작용으로 주자속을 편자하도록 하는 횡축 반작용을 한다.

㉡ 전기자 전류 I_a가 유기 기전력 E보다 $\dfrac{\pi}{2}$ 뒤지는 경우, 즉 뒤진 역률($\dfrac{\pi}{2}$ lagging)인 경우에는 감자 작용에 의하여 주자속을 감소시키는 직축 반작용을 한다.

㉢ 전기자 전류 I_a가 유기 기전력 E보다 $\dfrac{\pi}{2}$ 앞서는 경우, 즉 앞선 역률($\dfrac{\pi}{2}$ leading)인 경우는 증자 작용을 하여 단자 전압을 상승시키는 직축 반작용을 한다.

34 ······ 정답 ③

출력 $P_3 = 3\dfrac{EV}{x_s}\sin\delta$[W]

$= 3 \times \dfrac{6,400 \times 4 \times 10^3}{10} \times \dfrac{1}{2} \times 10^{-3} = 3,840$[kW]

$(Z_s = r + jx_s \fallingdotseq x_s)$

3상 전력의 표시

$P_3 = \sqrt{3}\,V_l I_l \cos\theta = 3\,VI\cos\theta$

$= 3\dfrac{EV}{x_s}\sin\delta = \dfrac{E_l V_l}{x_s}\sin\delta\,[\mathrm{W}]$

여기서, 부하각 $\delta = 90°$에서 최대 전력이며, 실제 δ는 45°보다 작고 20° 부근이다.

$P = P_m = \dfrac{E_l V_l}{x_s}\,[\mathrm{W}]$

35 .... 정답 ③

동기 속도(N_s) $= \dfrac{120f}{P}$[rpm]

$f = \dfrac{N_s \cdot ETP}{120} = \dfrac{6\times 1{,}200}{120} = 60[\mathrm{Hz}]$

$\therefore\ N_s = \dfrac{120\times 60}{8} = 900$

교류 발전기와 동기 속도

(1) 교류 발전기

교류 형태로 역학적 에너지를 전기 에너지로 전환하여 교류 기전력을 일으키는 발전기이다.

전자 감응 작용을 응용한 것으로, 간단히 교류기라고도 한다. 교류 발전기는 단상과 3상이 있으나 발전소에 있는 발전기는 모두 3상이며, 동기 속도라는 일정한 속도로 회전하므로 3상 동기 발전기라 한다.

(2) 동기 속도

㉠ 교류 발전기의 주파수

$f = \dfrac{P}{2}\times\dfrac{N_s}{60} = \dfrac{P}{120}\cdot N_s[\mathrm{Hz}]$

㉡ 동기 속도

$N_s = \dfrac{120}{P}\cdot f$ [rpm]

여기서, P : 극수

f: 주파수[Hz]

N: 동기 속도[rpm]

㉢ 동기 속도로 회전하는 교류 발전기, 전동기를 동기기라 한다.

36 .... 정답 ④

3상 변압기의 병렬 운전을 할 경우에는 각 변위가 같아야 한다. 홀수(△, Y)는 각 변위가 다르므로 병렬 운전이 불가능하다. 변압기 △−△결선의 각 변위는 0°, △−Y결선의 각 변위는 -30°이므로 각 변위가 달라 병렬 운전 시 순환 전류가 흘러 소손의 위험이 있다.

3상 변압기 병렬 운전의 결선 조합은 다음과 같다.

병렬 운전 가능	병렬 운전 불가능
△−△와 △−△	△−△와 △−Y
Y−Y와 Y−Y	△−Y와 Y−Y
Y−△와 Y−△	
△−Y와 △−Y	
△−△와 Y−Y	
△−Y와 Y−△	

37 .... 정답 ①

변압기의 2차 임피던스를 1차 측으로 환산하면

$Z_2' = a^2 Z_2$ 이므로 $a = \sqrt{\dfrac{Z_2'}{Z_2}} = \sqrt{\dfrac{8{,}000}{16}} = 22.36$

권수비 $a = \dfrac{N_1}{N_2}$에서 $N_2 = \dfrac{N_1}{a} = \dfrac{1{,}500}{22.36} = 67$회

이상(理想) 변압기

㉠ 철손(P_i)이 없다.

㉡ 권선의 저항$(r_1,\ r_2)$과 동손(P_c)이 없고, 누설 자속(ϕ_l)이 없는 변압기이다.

$e_1 = v_1,\ e_2 = v_2,$

$P_1 = P_2\ (v_1 i_1 = v_2 i_2)$

㉢ 권수비(전압비)

$a = \dfrac{e_1}{e_2} = \dfrac{N_1}{N_2} = \dfrac{v_1}{v_2} = \dfrac{i_2}{i_1}$

38 .... 정답 ③

권수비 $a = \dfrac{I_2}{I_1}$에서 $I_1 = \dfrac{I_2}{a} = \dfrac{30}{30} = 1[\mathrm{A}]$

전등 부하의 역률 $\cos\theta = 1$이므로

입력 $P_1 = V_1 I_1 \cos\theta = 6{,}600\times 1\times 1\times 10^{-3} = 6.6[\mathrm{kW}]$

이상 변압기

㉠ 철손(P_i)이 없다.

㉡ 권선의 저항$(r_1,\ r_2)$과 동손(P_c)이 없다.

㉢ 누설 자속(ϕ_l)이 없는 변압기

$E_1 = V_1,\ E_2 = V_2,\ P_1 = P_2\ (V_1 I_1 = V_2 I_2)$

㉣ 권수비(전압비)

$a = \dfrac{E_1}{E_2} = \dfrac{N_1}{N_2} = \dfrac{V_1}{V_2} = \dfrac{I_2}{I_1}$

39 .... 정답 ②

변압기 철심은 자속의 통로 역할을 하므로 투자율은 크고, 와전류손의 감소를 위해 성층 철심을 사용하여 전기 저항은 크게 하고, 히스테리시스손과 계수를 작게 하기 위해 규소를 함유한다.

40 ······ 정답 ④

단상 유도 전동기의 기동 토크가 큰 순서로 배열하면
㉠ 반발 기동형(반발 유도형)
㉡ 콘덴서 기동형(콘덴서형)
㉢ 분상 기동형
㉣ 셰이딩 코일형

41 ······ 정답 ③

3상 유도 전동기의 토크 $T=\dfrac{P}{2\pi\dfrac{N}{60}}[\text{N}\cdot\text{m}]$

토크 $\tau=\dfrac{T}{9.8}=\dfrac{1}{9.8}\times\dfrac{P}{2\pi\dfrac{N}{60}}=0.975\dfrac{P[\text{W}]}{N}$

$=975\dfrac{P[\text{kW}]}{N}[\text{kg}\cdot\text{m}]$

유도 전동기의 토크(Torque, 회전력)

$T=F\cdot r[\text{N}\cdot\text{m}]$

$T=\dfrac{P}{\omega}=\dfrac{P_o}{2\pi\dfrac{N}{60}}=\dfrac{P_2}{2\pi\dfrac{N_s}{60}}[\text{N}\cdot\text{m}]$

여기서, $P_o=P_2(1-s)$

$N=N_s(1-s)$

$\tau=\dfrac{T}{9.8}=\dfrac{60}{9.8\times 2\pi}\cdot\dfrac{P_2}{N_s}$

$=0.975\dfrac{P_2}{N_s}[\text{kg}\cdot\text{m}]$

42 ······ 정답 ②

교류 송전 방식은 직류 송전 방식에 비하여 변압이 쉬워 고압 송전에 유리하고, 전력 계통의 연계가 용이하다.

교류 방식의 장점

(1) 전압의 승압, 강압 변경이 용이하다. 전력 전송을 합리적, 경제적으로 운영해 나가기 위해서는 발전단에서 부하단에 이르는 각 구간에서 전압을 사용하기에 편리한 적당한 값으로 변화시켜 줄 필요가 있다. 교류 방식은 변압기라는 간단한 기기로 이들 전압의 승압과 강압을 용이하게 또한 효율적으로 실시할 수 있다.

(2) 교류 방식으로 회전 자계를 쉽게 얻을 수 있다. 교류 발전기는 직류 발전기보다 구조가 간단하고 효율도 좋으므로 특수한 경우를 제외하고는 모두 교류 발전기를 사용하고 있다.
또한 3상 교류 방식에서는 회전 자계를 쉽게 얻을 수 있다는 장점이 있다.

(3) 교류 방식으로 일관된 운영을 기할 수 있다. 전등, 전동력을 비롯하여 현재 부하의 대부분은 교류 방식으로 되어 있기 때문에 발전에서 배전까지 전과정을 교류 방식으로 통일해서 보다 합리적이고 경제적으로 운용할 수 있다.

43 ······ 정답 ②

전선 평균 높이 $h=H-\dfrac{2D}{3}=15-\dfrac{2\times 2.7}{3}=13.2[\text{m}]$

44 ······ 정답 ②

동기 조상기는 경부하 시 부족 여자로 지상을, 중부하 시 과여자로 진상을 조정하므로 부족 여자는 리액터로 사용한다.

동기 조상기

무부하 동기 전동기의 여자를 변화시켜 전동기에서 공급되는 진상 또는 지상 전류를 공급받아 역률을 개선하고 송전 계통 변전소에 시설한다.

전력용 콘덴서	동기 조상기
지상 부하에 사용	진상 · 지상 부하 모두 사용
계단적 조정	연속적 조정
정지기로 손실이 적음	회전기로 손실이 큼
시충전 불가	시충전 가능
배전 계통에 주로 사용	송전 계통에 주로 사용

45 ······ 정답 ③

$A=\left.\dfrac{V_1}{V_2}\right|_{I_2=0}$: 출력을 개방했을 때 전압 이득

$B=\left.\dfrac{V_1}{I_2}\right|_{V_2=0}$: 출력을 단락했을 때 전달 임피던스

$C=\left.\dfrac{I_1}{V_2}\right|_{I_2=0}$: 출력을 개방했을 때 전달 어드미턴스

$D=\left.\dfrac{I_1}{I_2}\right|_{V_2=0}$: 출력을 단락했을 때 전류 이득

4단자 정수

(1) $ABCD$ 파라미터

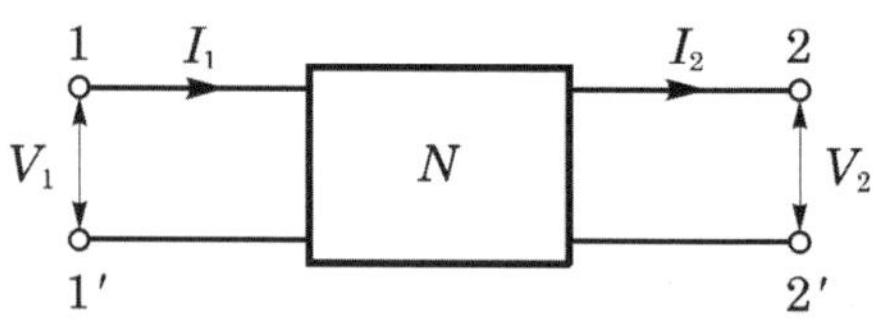

$\begin{bmatrix}V_1\\I_1\end{bmatrix}=\begin{bmatrix}A & B\\C & D\end{bmatrix}\begin{bmatrix}V_2\\I_2\end{bmatrix}$에서

$V_1=AV_2+BI_2$, $I_1=CV_2+DI_2$가 된다.

이 경우 $[F]=\begin{bmatrix}A & B\\C & D\end{bmatrix}$를 4단자망의 기본 행렬 또는 F 행렬이라고 하며 그의 요소 A, B, C, D를 4단자 정수 또는 F 파라미터라 한다.

(2) 4단자 정수를 구하는 방법(물리적 의미)

$A=\left.\dfrac{V_1}{V_2}\right|_{I_2=0}$: 출력 단자를 개방했을 때의 전압 이득

$B=\left.\dfrac{V_1}{I_2}\right|_{V_2=0}$: 출력 단자를 단락했을 때의 전달 임피던스

$C = \left.\frac{I_1}{V_2}\right|_{I_2=0}$: 출력 단자를 개방했을 때의 전달 어드미턴스

$D = \left.\frac{I_1}{I_2}\right|_{V_2=0}$: 출력 단자를 단락했을 때의 전류 이득

46 ········· 정답 ①

전자 유도 장해 방지책

(1) 송전 선로는 될 수 있는 대로 통신 선로로부터 멀리 떨어져서 건설한다.

(2) 중성점을 저항 접지할 경우에는 저항값을 가능한 한 큰 값으로 한다.

(3) 고속도 지락 보호 계전 방식을 채용해서 고장선을 신속하게 차단하도록 한다(고장 지속 시간의 단축).

(4) 송전선과 통신선 사이에 차폐선을 가설한다.

(5) 충분한 연가를 한다.

(6) 전력선에 케이블을 사용한다.

47 ········· 정답 ①

- 반사 계수(coefficient of reflection) : $\beta = \frac{Z_2 - Z_1}{Z_2 + Z_1}$
- 투과 계수(coefficient of transmission) : $\alpha = \frac{2Z_2}{Z_2 + Z_1}$

진행파의 반사와 투과

선로에서 전파하는 진행파는 선로의 종단에서 전력 케이블 또는 전기 기계에 칩입하게 되는데 파동 임피던스가 다른 회로에 연결된 점(변이점)까지 진행파가 입사하였을 때 여기서 일부는 반사되고 나머지는 변이점을 통과하여 다음 회로에 칩입해 들어간다. 그림에서와 같이 입사쪽의 파동 임피던스 Z_1과 변이점에서 나가는 쪽의 파동 임피던스가 Z_2일 때 다음과 같은 식으로 계산할 수 있다. 여기서, 반사파와 투과파는 같은 파형이다.

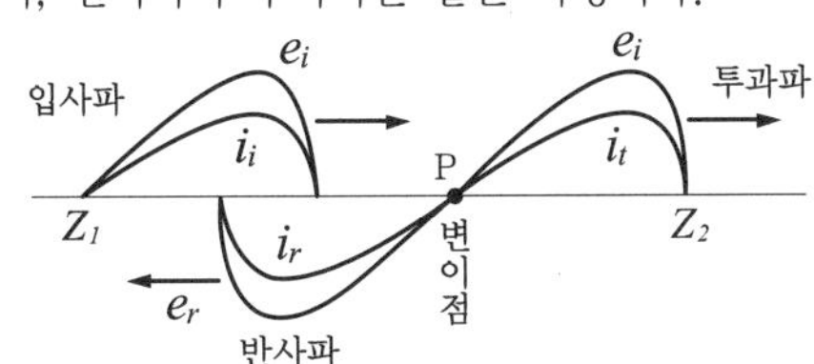

(1) 반사 전압 $e_r = \frac{Z_2 - Z_1}{Z_2 + Z_1} \cdot e_i$

반사 전류 $i_r = \frac{Z_2 - Z_1}{Z_2 + Z_1} \cdot i_i$

반사 계수 $\beta = \frac{Z_2 - Z_1}{Z_2 + Z_1}$

(2) 투과 전압 $e_t = \frac{2Z_2}{Z_2 + Z_1} \cdot e_i$

투과 전류 $i_t = \frac{2Z_1}{Z_2 + Z_1} \cdot i_i$

투과 계수 $\gamma_e = \frac{2Z_2}{Z_2 + Z_1}$, $\gamma_i = \frac{2Z_1}{Z_2 + Z_1}$

(3) 무반사 조건 $Z_1 = Z_2$

※ $Z_2 = \infty$: 선로의 종단 개방

$Z_1 = 0$: 선로의 종단 단락

48 ········· 정답 ③

절탄기란 연도 중간에 설치하여 연도로 빠져나가는 여열로 급수를 가열하여 연료 소비를 절감시키는 설비이다.

보일러의 구성

(1) 화로
연료를 연소하여 고온의 연소 가스를 발생

(2) 증기 드럼 및 수관
증기를 발생

(3) 과열기
과열 증기를 터빈에 공급, 터빈의 열 효율 향상, 마찰 손실 경감

(4) 재열기
재열 사이클에서 채용하고, 증기를 다시 가열하여 열 효율 향상

(5) 공기 예열기
절탄기 출구로부터의 열을 회수하여 연소용 공기를 예열

(6) 통풍 장치와 급수 장치

(7) 보일러의 부속 장치
㉠ 안전 밸브(safety valve)
㉡ 압력계, 수면계, 원격 측정과 조정

49 ········· 정답 ③

각종 접지 공사의 세목(판단 기준 제19조)

접지 공사의 종류	접지선의 굵기
제1종 접지 공사	공칭 단면적 6[mm^2] 이상의 연동선
제2종 접지 공사	공칭 단면적 16[mm^2] 이상의 연동선
제3종 접지 공사 및 특별 제3종 접지 공사	공칭 단면적 2.5[mm^2] 이상의 연동선

50 ········· 정답 ③

조상 설비의 보호 장치(판단 기준 제49조)

설비 종별	뱅크 용량의 구분	자동적으로 전로로부터 차단하는 장치
조상기(調相機)	15,000[kVA] 이상	내부에 고장이 생긴 경우에 동작하는 장치

01

벡터 A, B값이 $A=i+2j+3k$, $B=-i+2j+k$일 때, $A \cdot B$는 얼마인가?

① 2 ② 4
③ 6 ④ 8

02

$A=-i7-j$, $B=-i3-j4$의 두 벡터가 이루는 각은 몇 도인가?

① 30° ② 45°
③ 60° ④ 90°

03

z 축상에 있는 무한히 긴 균일 선전하로부터 2[m] 거리에 있는 점의 전계 세기가 1.8×10^4[V/m]일 때의 선전하 밀도는 몇 [μC/m]인가?

① 2 ② 2×10^{-6}
③ 20 ④ 2×10^4

04

무한 평면 전하에 의한 전계의 세기는?

① 거리에 관계없다.
② 거리에 비례한다.
③ 거리의 제곱에 비례한다.
④ 거리에 반비례한다.

05

폐곡면을 통하는 전속과 폐곡면 내부의 전하와의 상관관계를 나타내는 법칙은?

① 가우스의 법칙 ② 쿨롱의 법칙
③ 푸아송의 법칙 ④ 라플라스의 법칙

06

공기 콘덴서의 극판 사이에 비유전율 5의 유전체를 채운 경우, 동일 전위차에 대한 극판의 전하량은?

① 5배로 증가 ② 5배로 감소
③ $10\varepsilon_o$배로 증가 ④ 불변

07

공기 중에 있는 지름 6[cm]인 단일 도체구의 정전 용량은 몇 [pF]인가?

① 0.33 ② 3.3
③ 0.67 ④ 6.7

08

내구의 반지름이 a, 외구의 내반경이 b인 동심구형 콘덴서의 내구의 반지름과 외구의 내반경을 각각 $2a$, $2b$로 증가시키면 이 동심구형 콘덴서의 정전 용량은 몇 배로 되는가?

① 4 ② 3
③ 2 ④ 1

09

비유전율 $\varepsilon_s = 5$인 등방 유전체의 한 점에서 전계의 세기가 $E = 10^4$[V/m]일 때 이 점의 분극의 세기는 몇 [C/cm²]인가?

① $\dfrac{10^{-9}}{9\pi}$　② $\dfrac{10^{-5}}{9\pi}$

③ $\dfrac{5}{36\pi} \times 10^{-9}$　④ $\dfrac{5}{36\pi} \times 10^{-5}$

10

등자위면의 설명으로 잘못된 것은?

① 등자위면은 자력선과 직교한다.
② 자계 중에서 같은 자위의 점으로 이루어진 면이다.
③ 자계 중에 있는 물체의 표면은 항상 등자위면이다.
④ 서로 다른 등자위면은 교차하지 않는다.

11

무한히 긴 직선 도체에 전류 I[A]를 흘릴 때 이 전류로부터 d[m] 되는 점의 자속 밀도는 몇 [Wb/m²]인가?

① $\dfrac{\mu_0 I}{4\pi d}$　② $\dfrac{\mu_0 I}{2\pi d}$

③ $\dfrac{I}{2\pi d}$　④ $\dfrac{I}{2\pi \mu_0 d}$

12

그림과 같이 진공 중에 자극 면적이 2[cm²], 간격이 0.1[cm]인 자성체 내에서 포화 자속 밀도가 2[Wb/m²]일 때, 두 자극면 사이에 작용하는 힘의 크기[N]는?

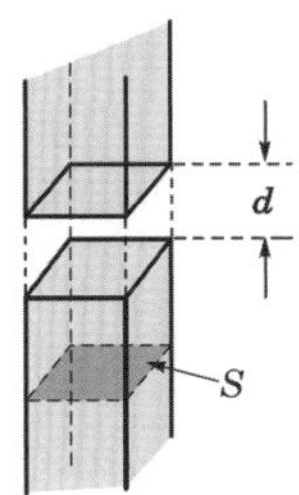

① 0.318　② 3.18
③ 31.8　④ 318

13

자속 ϕ[Wb]가 주파수 f[Hz]로 $\phi = \phi_m \sin 2\pi ft$[Wb]일 때 이 자속과 쇄교하는 권수 N회인 코일에 발생하는 기전력은 몇 [V]인가?

① $-2\pi fN\phi_m \cos 2\pi ft$
② $-2\pi fN\phi_m \sin 2\pi ft$
③ $2\pi fN\phi_m \tan 2\pi ft$
④ $2\pi fN\phi_m \sin 2\pi ft$

14

서로 결합하고 있는 두 코일의 자기 인덕턴스가 각각 3[mH], 5[mH]이다. 이들을 자속이 서로 합해지도록 직렬 접속할 때는 합성 인덕턴스가 L[mH]이고, 반대가 되도록 직렬 접속했을 때의 합성 인덕턴스 L'는 L의 60[%]였다. 두 코일 간의 결합 계수는?

① 0.258　② 0.362
③ 0.451　④ 0.553

15

100[kW]의 전력이 안테나에서 사방으로 균일하게 방사될 때 안테나에서 1[km] 거리에 있는 점의 전계의 실효값은?

① 1.73[V/m] ② 2.45[V/m]
③ 3.73[V/m] ④ 6[V/m]

16

그림과 같이 연결한 10[A]의 최대 눈금을 가진 두 개의 전류계 A_1, A_2에 13[A]의 전류를 흘릴 때, 전류계 A_2의 지시는 몇 [A]인가? (단, 최대 눈금에 있어서 전압 강하는 A_1 전류계에서는 70[mV], A_2 전류계에서는 60[mV]라 한다.)

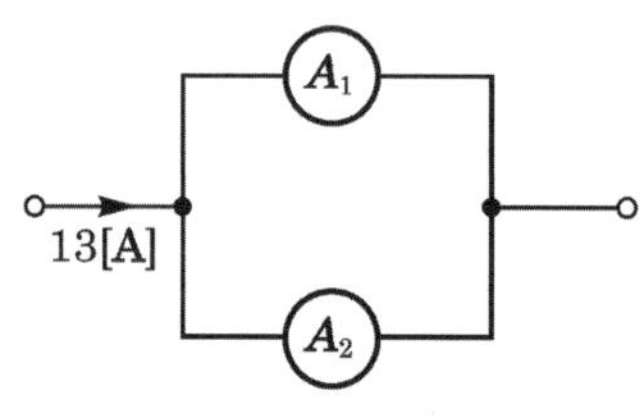

① 6 ② 7
③ 8 ④ 9

17

그림과 같은 주기 전압파에서 $t=0$으로부터 0.02[s] 사이에는 $v=5\times10^4(t-0.02)^2$으로 표시되고 0.02[s]에서부터 0.04[s]까지는 $v=0$이다. 전압의 평균값[V]은 약 얼마인가?

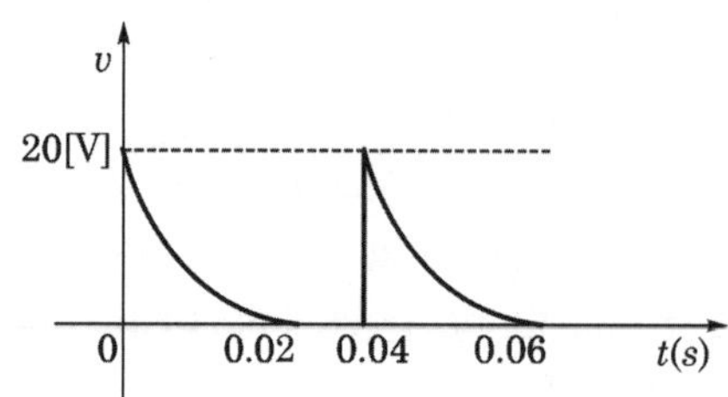

① 2.2 ② 3.3
③ 4 ④ 5.5

18

자체 인덕턴스 L[H]인 코일에 100[V], 60[Hz]의 교류 전압을 가해서 15[A]의 전류가 흘렀다. 코일의 자체 인덕턴스[mH]는?

① 6.5 ② 2.75
③ 2.5 ④ 17.7

19

커패시턴스 C에서 급격히 변할 수 없는 것은?

① 전류 ② 전압
③ 전류와 전압 ④ 정답이 없다.

20

$R-L-C$ 직렬 회로에서 L 및 C의 값을 고정시켜 놓고 저항 R의 값만 큰 값으로 변화시킬 때 옳게 설명한 것은?

① 공진 주파수는 변화하지 않는다.
② 공진 주파수는 커진다.
③ 공진 주파수는 작아진다.
④ 이 회로의 Q(선택도)는 커진다.

21

저항 R, 커패시턴스 C의 병렬 회로에서 전원 주파수가 변할 때 임피던스 궤적은?

① 제1상한 내의 반직선
② 제1상한 내의 반원
③ 제4상한 내의 반원
④ 제4상한 내의 반직선

22

$a+a^2$의 값은? (단, $a=e^{j120°}$이다.)

① 0 ② -1
③ 1 ④ a^3

23

다상 교류 회로의 설명 중 잘못된 것은? (단, n은 상수이다.)

① 평형 3상 교류에서 △결선의 상전류는 선전류의 $\frac{1}{\sqrt{3}}$과 같다.
② n상 전력 $P=\frac{1}{2\sin\frac{\pi}{n}}V_lI_l\cos\theta$이다.
③ 성형 결선에서 선간 전압과 상전압과의 위상차는 $\frac{\pi}{2}\left(1-\frac{2}{n}\right)$[rad]이다.
④ 비대칭 다상 교류가 만드는 회전 자계는 타원 회전 자계이다.

24

그림과 같은 $R-C$ 직렬 회로에 $t=0$에서 스위치 S를 닫아 직류 전압 100[V]를 회로의 양단에 급격히 인가하면 그때의 충전 전하[C]는? (단, $R=10[\Omega]$, $C=0.1$[F]이다.)

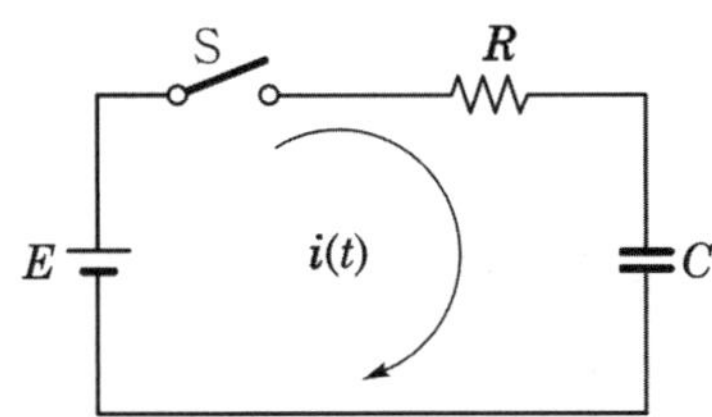

① $10(1-e^{-t})$ ② $-10(1-e^{-t})$
③ $10e^{-t}$ ④ $-10e^{-t}$

25

60[Hz]의 전압을 40[mH]의 인덕턴스와 20[Ω]의 저항과의 직렬 회로에 가할 때 과도 전류가 생기지 않으려면 그 전압을 어느 위상에 가하면 되는가?

① 약 $\tan^{-1}0.854$ ② 약 $\tan^{-1}0.754$
③ 약 $\tan^{-1}0.954$ ④ 약 $\tan^{-1}0.654$

26

$v_i(t)=Ri(t)+L\frac{di(t)}{dt}+\frac{1}{C}\int i(t)dt$ 에서 모든 초기 조건을 0으로 하고 라플라스 변환하면 어떻게 되는가?

① $\frac{Cs}{LCs^2+RCs+1}V_i(s)$
② $\frac{1}{LCs^2+RCs+1}V_i(s)$
③ $\frac{LCs}{LCs^2+RCs+1}V_i(s)$
④ $\frac{C}{LCs^2+RCs+1}V_i(s)$

27

그림과 같은 피드백 회로의 전달 함수는?

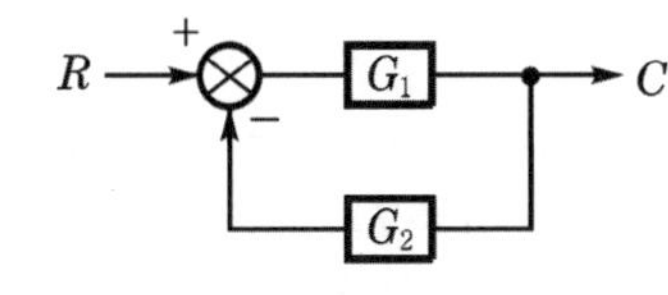

① $1-G_1G_2$ ② $\frac{G_1}{1-G_1G_2}$
③ $\frac{G_1}{1+G_1G_2}$ ④ $\frac{G_1G_2}{1+G_1G_2}$

28

어떤 시스템의 미분 방정식이 $2\frac{d^2y(t)}{dt^2}+3\frac{dy(t)}{dt}+4y(t)$ $=\frac{dx(t)}{dt}+3x(t)$인 경우 $x(t)$를 입력, $y(t)$를 출력이라면 이 시스템의 전달 함수는? (단, 모든 초기 조건은 0이다.)

① $G(s)=\frac{s+3}{2s^2+3s+4}$　② $G(s)=\frac{s-3}{2s^2-3s+4}$

③ $G(s)=\frac{s+3}{2s^2+3s-4}$　④ $G(s)=\frac{s-3}{2s^2-3s-4}$

29

다음 논리 회로가 나타내는 식은?

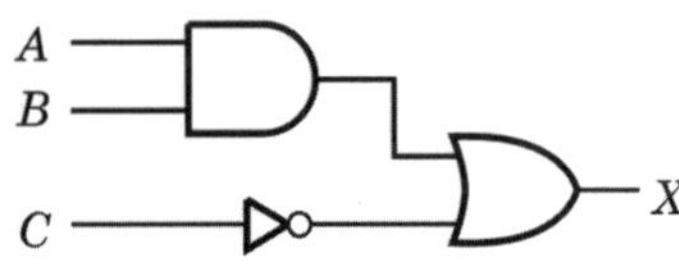

① $X=(A\cdot B)+\overline{C}$

② $X=(\overline{A\cdot B})+C$

③ $X=(\overline{A+B})\cdot C$

④ $X=(A+B)\cdot\overline{C}$

30

타여자 발전기가 있다. 부하 전류 10[A]일 때 단자 전압 100[V]이었다. 전기자 저항 0.2[Ω], 전기자 반작용에 의한 전압 강하가 2[V], 브러시의 접촉에 의한 전압 강하가 1[V]였다고 하면 이 발전기의 유기 기전력[V]은?

① 102　② 103

③ 104　④ 105

31

120[V], 전기자 전류 100[A], 전기자 저항 0.2[Ω]인 분권 전동기의 발생 동력[kW]은?

① 10　② 9

③ 8　④ 7

32

직류 전동기의 규약 효율을 나타낸 식으로 옳은 것은?

① $\frac{\text{출력}}{\text{입력}}\times 100[\%]$

② $\frac{\text{입력}}{\text{입력}+\text{손실}}\times 100[\%]$

③ $\frac{\text{출력}}{\text{출력}+\text{손실}}\times 100[\%]$

④ $\frac{\text{입력}-\text{손실}}{\text{입력}}\times 100[\%]$

33

동기 발전기의 돌발 단락 전류를 제한하는 것은?

① 누설 리액턴스　② 역상 리액턴스

③ 권선 저항　④ 동기 리액턴스

34

동기 전동기에 관한 설명으로 틀린 것은?

① 기동 토크가 작다.

② 유도 전동기에 비해 효율이 양호하다.

③ 여자기가 필요하다.

④ 역률을 조정할 수 없다.

35

비돌극형 동기 발전기의 단자 전압(1상)을 V, 유도 기전력(1상)을 E, 동기 리액턴스를 X_s, 부하각을 δ라 하면, 1상의 출력은 대략 얼마인가?

① $\dfrac{EV}{X_s}\cos\delta$ ② $\dfrac{EV}{X_s}\sin\delta$

③ $\dfrac{E^2 V}{X_s}\sin\delta$ ④ $\dfrac{EV^2}{X_s}\cos\delta$

36

용량 40[kVA], 3,200/200[V]인 3상 변압기 2차 측에 3상 단락이 생겼을 경우 단락 전류는 약 몇 [A]인가? (단, %임피던스 전압은 4[%]이다.)

① 1,887 ② 2,887

③ 3,243 ④ 3,558

37

변압기의 결선 방식에 대한 설명으로 틀린 것은?

① Δ－Δ 결선에서 1상분의 고장이 나면 나머지 2대로서 V결선 운전이 가능하다.

② Y－Y결선에서 1차, 2차 모두 중성점을 접지할 수 있으며, 고압의 경우 이상 전압을 감소시킬 수 있다.

③ Y－Y결선에서 중성점을 접지하면 제5고조파 전류가 흘러 통신선에 유도 장해를 일으킨다.

④ Y－Δ 결선에서 1상에 고장이 생기면 전원 공급이 불가능해진다.

38

3상 농형 유도 전동기를 전전압 기동할 때의 토크는 전부하시의 $\dfrac{1}{\sqrt{2}}$ 배이다. 기동 보상기로 전전압의 $\dfrac{1}{\sqrt{3}}$ 배로 기동하면 전부하 토크의 몇 배로 기동하게 되는가?

① $\dfrac{\sqrt{3}}{2}$배 ② $\dfrac{1}{\sqrt{3}}$배

③ $\dfrac{2}{\sqrt{3}}$배 ④ $\dfrac{1}{3\sqrt{2}}$배

39

유도 전동기 원선도 작성에 필요한 시험과 원선도에서 구할 수 있는 것이 옳게 배열된 것은?

① 무부하 시험, 1차 입력

② 부하 시험, 기동 전류

③ 슬립 측정 시험, 기동 토크

④ 구속 시험, 고정자 권선의 저항

40

유도 전동기의 슬립 s의 범위는?

① $1 > s > 0$ ② $0 > s > -1$

③ $0 > s > 1$ ④ $-1 < s < 1$

41

상전압 200[V]의 3상 반파 정류 회로의 각 상에 SCR을 사용하여 정류 제어할 때 위상각을 $\frac{\pi}{6}$로 하면 순저항 부하에서 얻을 수 있는 직류 전압[V]은?

① 90　　② 180
③ 218　　④ 234

42

다음은 무엇을 결정할 때 사용되는 식인가? (단, l은 송전 거리[km]이고, P는 송전 전력[kW]이다.)

$$E = 5.5\sqrt{0.6\,l + \frac{P}{100}}$$

① 송전 전압
② 송전선의 굵기
③ 역률 개선 시 콘덴서의 용량
④ 발전소의 발전 전압

43

전력용 콘덴서에 직렬로 콘덴서 용량의 5[%] 정도의 유도 리액턴스를 삽입하는 목적은 무엇인가?

① 제3 고조파 전류의 억제
② 제5 고조파 전류의 억제
③ 이상 전압 발생 방지
④ 정전 용량의 억제

44

단위길이당 인덕턴스 및 커패시턴스가 각각 L및 C일 때, 전송 선로의 특성 임피던스는? (단, 무손실 선로이다.)

① $\sqrt{\frac{L}{C}}$　　② $\sqrt{\frac{C}{L}}$
③ $\frac{L}{C}$　　④ $\frac{C}{L}$

45

피뢰기가 구비해야 할 조건 중 잘못 설명된 것은?

① 충격 방전 개시 전압이 낮을 것
② 상용 주파 방전 개시 전압이 높을 것
③ 방전 내량이 작으면서 제한 전압이 높을 것
④ 속류의 차단 능력이 충분할 것

46

보호 계전기가 구비하여야 할 조건이 아닌 것은?

① 보호 동작이 정확, 확실하고 감도가 예민할 것
② 열적 · 기계적으로 견고할 것
③ 가격이 싸고, 또 계전기의 소비 전력이 클 것
④ 오래 사용하여도 특성의 변화가 없을 것

47

다음 그림은 어떤 열사이클을 $T-s$ 선도로 나타낸 것인가?

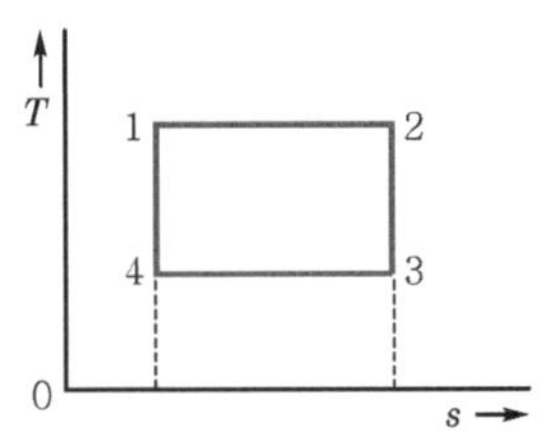

① 랭킨 사이클
② 재열 사이클
③ 재생 사이클
④ 카르노 사이클

48

최대 전력 5,000[kW], 일 부하열 60[%]로 운전하는 화력 발전소가 있다. 5,000[kcal/kg]의 석탄 4,300[t]을 사용하여 50일간 운전하면 발전소의 종합 효율은 몇 [%]인가?

① 14.4
② 20.4
③ 30.4
④ 40.4

49

특고압을 직접 저압으로 변성하는 변압기를 시설하여서는 안 되는 것은?

① 교류식 전기 철도용 신호 회로에 전기를 공급하기 위한 변압기
② 1차 전압이 22.9[kV]이고, 1차 측과 2차 측 권선이 혼촉한 경우에 자동적으로 전로로부터 차단되는 차단기가 설치된 변압기
③ 1차 전압 66[kV]의 변압기로서 1차 측과 2차 측 권선 사이에 제2종 접지 공사를 한 금속제 혼촉 방지판이 있는 변압기
④ 1차 전압이 22[kV]이고 △ 결선된 비접지 변압기로서 2차 측 부하 설비가 항상 일정하게 유지되는 변압기

50

지중 전선로를 직접 매설식에 의하여 시설하는 경우에 차량 및 기타 중량물의 압력을 받을 우려가 있는 장소의 매설 깊이는 몇 [m] 이상인가?

① 1.0
② 1.2
③ 1.5
④ 1.8

2회 실전 모의고사

정답과 해설

01 ······ 정답 ③

$A \cdot B = AB\cos\theta$이므로

$i \cdot i = j \cdot j = k \cdot k = 1$, $i \cdot j = j \cdot k = k \cdot i = 0$이다.

$$\begin{aligned} A \cdot B &= (i+2j+3k) \cdot (-i+2j+k) \\ &= i(-i) + 2j \cdot 2j + 3k \cdot k \\ &= -1+4+3 \\ &= 6 \end{aligned}$$

02 ······ 정답 ②

두 벡터가 이루는 사잇각은 내적에 의해서 구할 수 있다.

㉠ 내적 $\vec{A} \cdot \vec{B} = AB\cos\theta$ 에서 두 벡터의 사잇각은 $\theta = \cos^{-1}\dfrac{\vec{A} \cdot \vec{B}}{A \cdot B}$ 이 된다.

㉡ $\vec{A} \cdot \vec{B} = (-i7-j) \cdot (-i3-j4) = 21+4 = 25$

㉢ $A = \sqrt{7^2+1^2} = \sqrt{50} = 5\sqrt{2}$

㉣ $B = \sqrt{3^2+4^2} = 5$

$\therefore \theta = \cos^{-1}\dfrac{25}{25\sqrt{2}} = 45°$

03 ······ 정답 ①

무한 직선 전하에 의한 전계의 세기(E)

$$E = \frac{\rho_L}{2\pi\varepsilon_o r} = 18\times 10^9 \frac{\rho_L}{r}[\text{V/m}]$$

$$E = \frac{\rho_L}{2\pi\varepsilon_o r}[\text{V/m}] = 18\times 10^9\frac{\rho_L}{r}$$

$$\begin{aligned} \therefore\ \rho_L &= 2\pi\varepsilon_o r \cdot E = \frac{1}{18\times 10^9}\times rE \\ &= \frac{1}{18\times 10^9}\times 2\times 1.8\times 10^4 \\ &= 2\times 10^{-6}[\text{C/m}] \\ &= 2[\mu\text{C/m}] \end{aligned}$$

04 ······ 정답 ①

무한 평면 전하에 의한 전계의 세기(E)

$E = \dfrac{\rho_s}{2\varepsilon_o}[\text{V/m}]$이므로, 거리에 관계없는 평등 전계이다.

$$E = \frac{\rho_s}{2\varepsilon_o}[\text{V/m}]$$

05 ······ 정답 ①

폐곡면, 대칭 정전계의 세기라는 말이 나오면 가우스의 법칙이 답이 된다.

06 ······ 정답 ①

정전 용량

$$C = \frac{\varepsilon_o\varepsilon_s S}{d}[\text{F}]$$

$$Q = CV = \varepsilon_s C_o V = \varepsilon_s Q_o = 5Q_o[\text{C}]$$

07 ······ 정답 ②

독립 구도체의 정전 용량

$$C = 4\pi\varepsilon_o a = \frac{1}{9}\times 10^{-9}\times a$$

$$C = 4\pi\varepsilon_o a = \frac{1}{9\times 10^9}\cdot a = \frac{1}{9\times 10^9}\times(3\times 10^{-2}) = 3.3\times 10^{-12}[\text{F}]$$

$= 3.3[\text{pF}]$

08 ······ 정답 ③

동심 도체구의 정전 용량 $C = \dfrac{4\pi\varepsilon_0 ab}{b-a}$ 에서 a, b를 각각 2배 증가시키면

$$C_0 = \frac{4\pi\varepsilon_0(2a\times 2b)}{2b-2a} = \frac{2^2(4\pi\varepsilon_0 ab)}{2(b-a)} = 2C$$

∴ 초기 용량에 2배가 된다.

동심 도체구의 a, b를 각각 n배 증가시키면 정전 용량도 n배로 증가한다.

09 ······ 정답 ①

분극의 세기

$$\begin{aligned} P &= \varepsilon_0(\varepsilon_s-1)E = \frac{10^{-9}}{36\pi}\times(5-1)\times 10^4 \\ &= \frac{10^{-5}}{9\pi}[\text{C/m}^2] = \frac{10^{-9}}{9\pi}[\text{C/cm}^2] \end{aligned}$$

- 진공 중의 유전율

$$\varepsilon_0 = \frac{1}{36\pi\times 10^9} = \frac{10^{-9}}{36\pi} \fallingdotseq 8.855\times 10^{-12}[\text{F/m}]$$

- $1[\text{cm}^2] = 10^{-4}[\text{m}^2]$이므로 $1[\text{m}^2] = 10^4[\text{cm}^2]$이 된다.

10 ······ 정답 ③

등자위면의 특징

㉠ 자력선은 양자하에서 방사되어 음자하로 흡수된다.

㉡ 자력선상의 어느 점에서 접선 방향은 그 점의 자계 방향을 나타낸다.

㉢ 자력선은 서로 반발한다.

㉣ 자하 m[Wb]은 $\frac{m}{\mu_0}$개의 자력선을 진공 속에서 발산한다.

㉤ 자력선은 등자위면과 직교한다.

11 정답 ②

무한장 직선 전류에 의한 자계의 세기는

$H=\frac{I}{2\pi d}$[AT/m]이므로

∴ 자속 밀도 $B=\mu_0 H=\frac{\mu_0 I}{2\pi d}$[Wb/m²]

$\mu_0=4\pi\times 10^{-7}$[H/m]이므로 $B=\frac{\mu_0 I}{2\pi d}=\frac{2I}{d}\times 10^{-7}$[Wb/m²]

12 정답 ④

전자석의 흡인력

$F=\frac{B^2}{2\mu}S$[N]

∴ $F=\frac{B^2}{2\mu_o}S=\frac{2^2\times 2\times 10^{-4}}{2\times 4\pi\times 10^{-7}}=318.47$[N]

13 정답 ①

$e=-N\frac{d\phi}{dt}=-N\frac{d}{dt}\phi_m\sin 2\pi ft$

$=-N\phi_m\frac{d}{dt}\sin 2\pi ft$

$=-2\pi fN\phi_m\cos 2\pi ft$[V]

유도 기전력을 구하기 위해서는 미분을 취해야 하므로 sin을 미분하면 cos이 된다.
유도 기전력 공식에서 −부호가 있으므로 −cos이 들어가 있는 항을 찾으면 정답이 된다.
따라서 ①이 정답이다.

14 정답 ①

결합 계수

$K=\frac{M}{\sqrt{L_1L_2}}$

$L=3+5+2M$ ······ ㉠

$0.6\,L=3+5-2M$ ······ ㉡

㉠+㉡ 식에서

$1.6\,L=16$

∴ $L=10$ [mH] ······ ㉢

㉢을 ㉠ 또는 ㉡ 식에 대입하면,

$M=1$[mH]

∴ $K=\frac{M}{\sqrt{L_1L_2}}=\frac{1}{\sqrt{3\times 5}}=0.258$

15 정답 ①

방사 전력

$P_s=\int_S Pds=PS=EHS=\frac{E^2S}{120\pi}$[W]에서

∴ $E=\sqrt{\frac{120\pi P_s}{S}}=\sqrt{\frac{120\pi P_s}{4\pi r^2}}=\sqrt{\frac{30P_s}{r^2}}$

$=\sqrt{\frac{30\times 100\times 10^3}{1{,}000^2}}=\sqrt{3}\fallingdotseq 1.73$[V/m]

16 정답 ②

옴 법칙 $I=\frac{V}{R}$ 및 분류 법칙이 적용된다.

전류계의 내부 저항을 각각 r_1, r_2라 하면

$r_1=\frac{70\times 10^{-3}}{10}=7$[mΩ]

$r_2=\frac{60\times 10^{-3}}{10}=6$[mΩ]

따라서 분류 법칙에 의해 A_2 전류계의 전류는

$I_2=\frac{7}{7+6}\times 13=7$[A]

17 정답 ②

평균값 정의식

$V_{av}=\frac{1}{T}\int_0^T v\,dt$

$V_{av}=\frac{1}{0.04}\int_0^{0.02}5\times 10^4(t-0.02)^2dt=\frac{5\times 10^4}{0.04}\left[\frac{1}{3}(t-0.02)^3\right]_0^{0.02}$

$=3.33$[V]

18 정답 ④

유도 리액턴스 $X_L=\omega L$[Ω], 전류 $I=\frac{V}{\omega L}$[A]이다.

$X_L=\frac{V}{I}=\frac{100}{15}=6.67$[Ω]

따라서 $L=\frac{6.67}{\omega}=\frac{6.67}{2\pi\times 60}=17.7$[mH]

19 정답 ②

C에 전류 $i_C=C\frac{dv}{dt}$[A]이다.

전류 $i=C\frac{dv}{dt}$에서 전압이 급격히 변하면 C에 전류가 ∞가 되어야 하므로 C에서는 전압이 급격히 변할 수 없다.

20 ············ 정답 ①

직렬 공진 시 공진 주파수

$f_r = \frac{1}{2\pi\sqrt{LC}}$ [Hz]

공진 주파수 $f_r = \frac{1}{2\pi\sqrt{LC}}$ 이므로 R값이 큰 값으로 변화해도 공진 주파수는 변화하지 않는다.

21 ············ 정답 ③

벡터 궤적을 정리하면

종류 \ 구분	임피던스 궤적	어드미턴스 궤적
$R-C$ 병렬	가변하지 않는 축에 원점을 둔 4상한의 반원 벡터	가변하는 축에 나란한 1상한의 반직선 벡터

22 ············ 정답 ②

연산자의 성질

$a = -\frac{1}{2} + j\frac{\sqrt{3}}{2}$

$a^2 = -\frac{1}{2} - j\frac{\sqrt{3}}{2}$

$a^3 = 1$

$1 + a^2 + a = 0$

$1 + a^2 + a = 0$

$\therefore\ a + a^2 = -1$

23 ············ 정답 ②

대칭 n상의 성형 결선의 선간 전압과 상전압과의 관계

선간 전압 $V_l = 2\sin\frac{\pi}{n} \cdot V_p \angle \frac{\pi}{2}\left(1 - \frac{2}{n}\right)$

여기서, n : 상수

n상 전력 $P = \frac{n}{2\sin\frac{\pi}{n}} V_l I_l \cos\theta$ [W]

n상 전력 : $P = n V_p I_p \cos\theta$

$= \frac{n}{2\sin\frac{\pi}{n}} V_l I_l \cos\theta$ [W]

24 ············ 정답 ①

충전 전하

$q(t) = CE\left(1 - e^{-\frac{1}{RC}t}\right)$ [C]

$q = CE\left(1 - e^{-\frac{1}{RC}t}\right)$

$= 0.1 \times 100\left(1 - e^{-\frac{1}{10\times 0.1}t}\right)$

$= 10(1 - e^{-t})$ [C]

25 ············ 정답 ②

$R-L$ 직렬 회로에 $e = E_n\sin(\omega t + \theta)$의 교류 전압을 인가하는 경우

$i = \frac{E_n}{Z}\left\{\sin(\omega t + \theta - \phi) - e^{-\frac{R}{L}t}\sin(\theta - \phi)\right\}$

따라서, 과도 전류가 생기지 않으려면 $\sin(\theta - \phi)$가 0이어야 한다.

$\therefore \theta = \phi = \tan^{-1}\frac{\omega L}{R}$

$\theta = \phi = \tan^{-1}\frac{\omega L}{R}$

$= \tan^{-1}\frac{377 \times 40 \times 10^{-3}}{20}$

$= \tan^{-1}0.754$

26 ············ 정답 ①

㉠ 실미분 정리 : $\mathcal{L}\left[\frac{d}{dt}f(t)\right] = s\boldsymbol{F}(s) - f(0)$

㉡ 실적분 정리 : $\mathcal{L}\left[\int f(t)dt\right] = \frac{1}{s}\boldsymbol{F}(s) + \frac{1}{s}f^{(-1)}_{(0)}$

$\boldsymbol{V}_i(s) = \left(R + sL + \frac{1}{sC}\right)\boldsymbol{I}(s)$

$\therefore\ \boldsymbol{I}(s) = \frac{1}{sL + R + \frac{1}{sC}}\boldsymbol{V}_i(s)$

$= \frac{Cs}{LCs^2 + RCs + 1}\boldsymbol{V}_i(s)$

27 ············ 정답 ③

$(R - CG_2)G_1 = C$

$RG_1 = C + CG_1G_2 = C(1 + G_1G_2)$

$\therefore G(s) = \frac{C}{R} = \frac{G_1}{1 + G_1G_2}$

28 ············ 정답 ①

초깃값=0으로 라플라스 변환하면

$2s^2Y(s) + 3sY(s) + 4Y(s) = sX(s) + 3X(s)$

$(2s^2 + 3s + 4)Y(s) = (s+3)X(s)$

$\therefore G(s) = \frac{Y(s)}{X(s)} = \frac{s+3}{2s^2 + 3s + 4}$

29 ············ 정답 ①

- AND 회로 : A, B (AND 게이트)
- OR 회로 : A, B (OR 게이트)

$\therefore X = (A \cdot B) + \overline{C}$

30 ········ 정답 ④

유기 기전력은 단자 전압에 전기자 저항, 브러시, 전기자 반작용에 의한 전압 강하를 합하여 준 값과 같다.

$R_a I_a$: 전기자 저항 R_a에 의한 전압 강하

e_b : 브러시 접촉에 의한 전압 강하

e_a : 전기자 반작용에 의한 전압 강하라 하면,

타여자 발전기에 부하 전류($I = I_a$)가 흐르면 단자 전압 V는

$V = E - R_a I_a - e_b - e_a$ [V]

$\therefore E = V + R_a I_a + e_b + e_a = 100 + 0.2 \times 10 + 1 + 2 = 105$[V]

31 ········ 정답 ①

전동기의 동력은 전기적 출력과 같다.

$\therefore P = E \cdot I_a = (V - I_a R_a) \cdot I_a$[W]

$V = 120$[V], $I_a = 100$[A], $R_a = 0.2$[Ω]이므로

$E = V - I_a R_a = 120 - 100 \times 0.2 = 100$[V]

$\therefore P_m = EI_a = 100 \times 100 = 10 \times 10^3$[W]$= 10$[kW]

32 ········ 정답 ④

규약 효율

㉠ 전동기

$$\eta_M = \frac{\text{입력} - \text{손실}}{\text{입력}} \times 100[\%]$$

㉡ 발전기

$$\eta_G = \frac{\text{출력}}{\text{출력} + \text{손실}} \times 100[\%]$$

33 ········ 정답 ①

동기기에서 저항은 누설 리액턴스에 비하여 작으며 전기자 반작용은 단락 전류가 흐른 후에 작용하므로 돌발 단락 전류를 제한하는 것은 누설 리액턴스이다. 역상 리액턴스는 역상 전류에 대응하는 것으로 3상 평형 단락이 되면 역상 전류는 흐르지 않는다.

동기 리액턴스 $x_s = x_a + x_l$[Ω]

여기서, x_a : 반작용 리액턴스

x_l : 누설 리액턴스

3상 동기 발전기의 단락 사고가 발생하였을 때 돌발(초기) 단락 전류는 누설 리액턴스가 제한하고, 지속(영구) 단락 전류는 누설 리액턴스와 반작용 리액턴스의 합인 동기 리액턴스가 억제한다.

34 ········ 정답 ④

동기 전동기의 장단점

(1) 장점

㉠ 속도가 일정하다.

㉡ 항상 역률 1로 운전할 수 있다.

㉢ 저속도의 것으로 일반적으로 유도 전동기에 비하여 효율이 좋다.

(2) 단점

㉠ 보통 구조의 것은 기동 토크가 작다.

㉡ 난조를 일으킬 염려가 있다.

㉢ 직류 전원을 필요로 한다.

㉣ 구조가 복잡하다.

㉤ 속도 제어가 곤란하다.

동기 전동기의 종류와 특징 및 용도

(1) 종류

㉠ 철극형 : 보통 동기 전동기

㉡ 원통형 : 고속도 동기 전동기, 유도 동기 전동기

㉢ 고정자 회전 기동형 : 초동기 전동기

(2) 동기 전동기의 특징

㉠ 장점

- 속도가 일정 불변이다.
- 항상 역률 1로 운전할 수 있다.
- 필요 시 앞선 전류를 통할 수 있다.
- 유도 전동기에 비하여 효율이 좋다.
- 저속도의 전동기는 특히 효율이 좋다.
- 공극이 넓으므로 기계적으로 튼튼하다.

㉡ 단점

- 기동 토크가 작고, 구조가 복잡하다.
- 여자 전류를 흘려주기 위한 직류 전원이 필요하다.
- 난조가 일어나기 쉽다.
- 속도 제어가 곤란하고 가격이 비싸다.

(3) 용도

㉠ 저속도 대용량 : 시멘트 공장의 분쇄기, 각종 압축기, 송풍기

㉡ 소용량 : 전기 시계, 오실로 그래프, 전송 사진

35 ········ 정답 ②

동기 발전기의 출력

㉠ 비돌극기의 출력

$$P = \frac{EV}{X_s}\sin\delta[\text{W}]$$

(최대 출력이 부하각 δ=90°에서 발생)

㉡ 돌극기의 출력

$$P = \frac{EV}{X_d}\sin\delta + \frac{V^2(X_d - X_q)}{2X_d X_q}\sin 2\delta[\text{W}]$$

(최대 출력이 부하각 δ=60°에서 발생)

36 ········ 정답 ②

퍼센트 임피던스 강하 $\%Z = \frac{I_n}{I_S} \times 100$이므로

단락 전류 $I_S = \frac{100}{\%Z} I_n = \frac{100}{\%Z} \cdot \frac{P}{\sqrt{3}\,V_2}$

$$= \frac{100}{4} \times \frac{40 \times 10^3}{\sqrt{3} \times 200} = 2886.8[\text{A}]$$

37 ······ 정답 ③

변압기의 결선에서 Y-Y결선을 하면 제3고조파의 통로가 없어 기전력이 왜형파가 되며 중성점을 접지하면 대지를 귀로로 하여 제3고조파 순환 전류가 흘러 통신 유도 장해를 일으킨다.

변압기 결선 비교

(1) Δ-Δ결선
- ㉠ 단상 변압기 2대 중 1대의 고장이 생겨도, 나머지 2대를 V결선하여 송전할 수 있다.
- ㉡ 제3고조파 전류는 권선 안에서만 순환되므로, 고조파 전압이 나오지 않는다.
- ㉢ 통신 장애의 염려가 없다.
- ㉣ 중성점을 접지할 수 없는 결점이 있다.

(2) Y-Y결선
- ㉠ 중성점을 접지할 수 있다.
- ㉡ 권선 전압이 선간 전압의 $\frac{1}{\sqrt{3}}$이 되므로 절연이 쉽다.
- ㉢ 제3고조파를 주로 하는 고조파 충전 전류가 흘러 통신선에 장애를 준다.
- ㉣ 제3차 권선을 감고 Y-Y-Δ의 3권선 변압기를 만들어 송전 전용으로 사용한다.

(3) Δ-Y결선, Y-Δ결선
- ㉠ Δ-Y결선은 낮은 전압을 높은 전압으로 올릴 때 사용한다.
- ㉡ Y-Δ결선은 높은 전압을 낮은 전압으로 낮추는 데 사용한다.
- ㉢ 어느 한쪽이 Δ결선이어서 여자 전류가 제3고조파 통로가 있으므로, 제3고조파에 의한 장애가 적다.

38 ······ 정답 ④

유도 전동기의 토크(T)는 공급 전압(V_1)의 제곱에 비례한다.

$T \propto V_1^2$

토크는 전압의 제곱에 비례하므로($\tau \propto V^2$) 기동 토크 τ_s는

$$\frac{\tau_s'}{\tau_s} = \left(\frac{V'}{V}\right)^2$$

$$\therefore \tau_s' = \tau_s\left(\frac{V'}{V}\right)^2 = \frac{1}{\sqrt{2}} \times \left(\frac{1}{\sqrt{3}}\right)^2 = \frac{1}{3\sqrt{2}}\text{[배]}$$

39 ······ 정답 ①

유도 전동기 원선도 작성에 필요한 시험에서 구할 수 있는 것은 다음과 같다.

- ㉠ 무부하 시험 : 여자 어드미턴스(Y_0), 여자 전류(I_0), 무부하손(무부하 시 1차 입력)
- ㉡ 단락 시험(구속 시험) : 동손(P_c), 임피던스(Z), 단락 전류(I_s)
- ㉢ 권선의 저항 측정 : 1·2차 저항(r_1, r_2)

40 ······ 정답 ①

슬립

㉠ $s = \frac{N_s - N}{N_s} \times 100[\%]$

여기서, N_s : 동기 속도[rpm], N : 회전자 속도[rpm]

㉡ 슬립의 범위
- 유도 전동기의 경우 : $0 < s < 1$
- 유도 발전기의 경우 : $-1 < s < 0$

41 ······ 정답 ③

3상 반파 정류에서 위상각 $\alpha = 0°$일 때

직류 전압 $E_{d0} = \frac{3\sqrt{3}}{\sqrt{2}\pi}E = 1.17E$

위상각 $\alpha = \frac{\pi}{6}$일 때

직류 전압 $E_{d\alpha} = E_{d0} \cdot \frac{1+\cos\alpha}{2}$

$$= 1.17 \times 200 \times \frac{1+\cos\frac{\pi}{6}}{2}$$

$$= 218.3[\text{V}]$$

42 ······ 정답 ①

선로 길이(송전 거리)와 송전 전력을 고려하여 경제적인 송전 선로의 전압을 선정할 때 사용한다(스틸의 식).

송전 전압 $E = 5.5\sqrt{0.6l + \frac{P}{100}}$ [kV]

송전 선로의 건설비와 전압의 관계

송전 전압을 승압할 경우를 살펴보면 다음과 같다.
- ㉠ 전선의 굵기가 얇아져 전선 비용을 절감
- ㉡ 절연 내력을 높여야 하므로 애자 비용이 증가
- ㉢ 전선 상호 간 거리의 증대로 지지물 비용이 증가

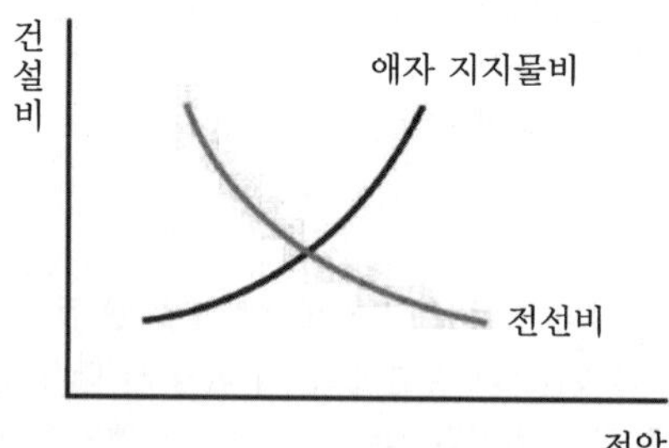

43 ······ 정답 ②

송전 선로는 변압기 유도 기전력에 의한 기수 고조파가 존재하는데, 제3 고조파는 변압기 Δ결선 내에서 제거되고, 제5 고조파는 전력용 콘덴서에 직렬로 리액터를 삽입하여 제거한다.

〈참조〉

$$2\pi 5 f_o L = \frac{1}{2\pi 5 f_o C}$$

$$\therefore\ L = \frac{1}{25} \times \frac{1}{(2\pi f_o)^2 C} = 0.04 \frac{1}{\omega^2 C}$$

44 ······ 정답 ①

무손실 선로에서는 $R=0$, $G=0$이므로

$$Z_0 = \sqrt{\frac{Z}{Y}} = \sqrt{\frac{R+j\omega L}{G+j\omega C}} = \sqrt{\frac{L}{C}}$$

45 ······ 정답 ③

피뢰기의 구비조건

㉠ 방전 내량(피뢰기가 동작 중 흐르는 충격 전류 최댓값)이 커야 하고, 제한 전압(피뢰기가 동작 중 양 단자의 전압 파고치)이 낮아야 한다.

㉡ 정격 전압(속류 차단 전압)이 높아야 한다.

㉢ 이상 전압 내습 시 충격 방전 개시 전압이 낮아야 한다.

㉣ 상용주파 방전 개시 전압이 높아야 한다.

46 ······ 정답 ③

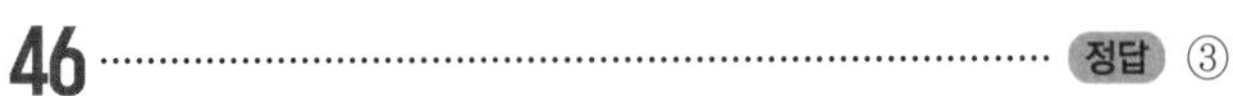

보호 계전기

정전이 없는 양질의 전력을 수용가에 풍요하고도 저렴하게 공급하여 신뢰도 향상과 전력의 질적 향상을 도모하기 위해, 계통을 항상 감시하고, 이상 현상이 생기면 바로 검출하여 정확하게 선택 차단할 수 있도록 전력 계통의 감시 역할하는 보호 계전기(protective relay)가 필요하게 된다.

보호 계전기의 구비 조건

㉠ 고장 구간의 선택 차단이 정확할 것

㉡ 계통의 과도 안정도 범위 내에서 동작 시한을 갖을 것

㉢ 적당한 후비 보호 능력이 있을 것

47 ······ 정답 ④

카르노 사이클은 이상적인 사이클로서 열동작은 다음과 같다.

㉠ 1-2 : 등온 팽창 과정, 보일러

㉡ 2-3 : 단열 팽창 과정, 터빈

㉢ 3-4 : 등온 압축(등압 냉각) 과정, 복수기

㉣ 4-1 : 단열 압축 과정, 급수 펌프

48 ······ 정답 ①

발전소 종합 효율

$$\eta = \frac{860\,W}{mH} \times 100[\%]$$

여기서, W : 발생 전력량[kWh]
m : 연료의 양[kg]
H : 연료의 단위 질량당 발열량[kcal/kg]

$$\eta = \frac{860 \times 5{,}000 \times 0.6}{4{,}300 \times 10^3 \times 5{,}000} \times 50 \times 24 \times 100 = 14.4[\%]$$

49 ······ 정답 ④

특고압을 직접 저압으로 변성하는 변압기의 시설(판단 기준 제30조)

1. 전기로 등 전류가 큰 전기를 소비하기 위한 변압기
2. 발전소 · 변전소 · 개폐소 또는 이에 준하는 곳의 소내용 변압기
3. 25[kV] 이하로서 중성선 다중 접지한 특고압 가공 전선로에 접속하는 변압기
4. 사용 전압이 35[kV] 이하인 변압기로서 그 특고압 측 권선과 저압 측 권선이 혼촉한 경우에 자동적으로 변압기를 전로로부터 차단하기 위한 장치를 설치할 것
5. 사용 전압이 100[kV] 이하인 변압기로서 그 특고압 측 권선과 저압 측 권선 사이에 제2종 접지 공사(접지 저항값이 10[Ω] 이하인 것)를 금속제의 혼촉 방지판이 있는 것
6. 교류식 전기 철도용 신호 회로에 전기를 공급하기 위한 변압기

특고압용 배전용 변압기의 시가지 외 옥외 시설(판단 기준 제28조, 제29조)

1. 사용 전선 : 특고압 절연 전선 또는 케이블
2. 1차 전압은 35[kV] 이하, 2차 전압은 저압 또는 고압일 것
3. 변압기의 특고압 측에 개폐기 및 과전류 차단기를 시설할 것. 단, 변압기를 다음에 의하여 시설하는 경우는 특고압 측의 과전류 차단기를 시설하지 아니할 수 있다.
   ㉠ 2 이상의 변압기를 각각 다른 회선의 특고압 전선에 접속할 것
   ㉡ 변압기의 2차 측 전로에는 과전류 차단기 및 2차 측 전로로부터 1차 측 전로에 전류가 흐를 때에 자동적으로 2차 측 전로를 차단하는 장치를 시설하고 그 과전류 차단기 및 장치를 통하여 2차 측 전로를 접속할 것. 변압기의 2차 측이 고압인 경우에는 개폐기를 시설하고 지상에서 쉽게 개폐할 수 있도록 시설할 것

50 ······ 정답 ②

지중 전선로의 시설(판단 기준 제136조)

지중 전선로를 직접 매설식에 의하여 시설하는 경우에는 매설 깊이를 차량 기타 중량물의 압력을 받을 우려가 있는 장소에는 1.2[m] 이상, 기타 장소에는 60[cm] 이상

공기업 전기 전공필기 합격보장

2022. 4. 1. 초 판 1쇄 인쇄
2022. 4. 8. 초 판 1쇄 발행

지은이 | 강현민, 김환준
펴낸이 | 이종춘
펴낸곳 | BM (주)도서출판 성안당
주소 | 04032 서울시 마포구 양화로 127 첨단빌딩 3층(출판기획 R&D 센터)
10881 경기도 파주시 문발로 112 파주 출판 문화도시(제작 및 물류)
전화 | 02) 3142-0036
031) 950-6300
팩스 | 031) 955-0510
등록 | 1973. 2. 1. 제406-2005-000046호
출판사 홈페이지 | **www.cyber.co.kr**
ISBN | 978-89-315-5844-9 (13560)
정가 | 23,000원

이 책을 만든 사람들
기획 | 최옥현
진행 | 오영미
편집 | THE 기획
교정 | 한여진
본문 · 표지 디자인 | 이플앤드
홍보 | 김계향, 이보람, 유미나, 서세원
국제부 | 이선민, 조혜란, 권수경
마케팅 | 구본철, 차정욱, 나진호, 이동후, 강호묵
마케팅 지원 | 장상범, 박지연
제작 | 김유석

■ 도서 A/S 안내

성안당에서 발행하는 모든 도서는 저자와 출판사, 그리고 독자가 함께 만들어 나갑니다.
좋은 책을 펴내기 위해 많은 노력을 기울이고 있습니다. 혹시라도 내용상의 오류나 오탈자 등이 발견되면 **"좋은 책은 나라의 보배"**로서 우리 모두가 함께 만들어 간다는 마음으로 연락주시기 바랍니다. 수정 보완하여 더 나은 책이 되도록 최선을 다하겠습니다.
성안당은 늘 독자 여러분들의 소중한 의견을 기다리고 있습니다. 좋은 의견을 보내주시는 분께는 성안당 쇼핑몰의 포인트(3,000포인트)를 적립해 드립니다.

잘못 만들어진 책이나 부록 등이 파손된 경우에는 교환해 드립니다.